KB165685

Voyages *of* Discovery

Voyages of Discovery: A Visual Celebration of Ten of the Greatest Natural History Expeditions
Copyright © Co & Bear Productions (UK) Ltd/The Trustees of the Natural History Museum
Voyages of Discovery was published in England in 2000 by Scriptum Editions in association with the Natural History Museum, London.

Korean Translation Copyright © 2024 by Geulhangari Publishers
Korean edition is published by arrangement with the Natural History Museum, London through Duran Kim Agency.

이 책의 한국어판 저작권은 듀란킴 에이전시를 통한 Natural History Museum과의 독점 계약으로 (주)글항아리에 있습니다. 저작권법에 의하여 한국 내에서 보호를 받는 저작물이므로 무단전재와 무단복제를 금합니다.

Voyages *of* Discovery

자연을 찾아서

토니 라이스 지음
함현주 옮김

글항아리

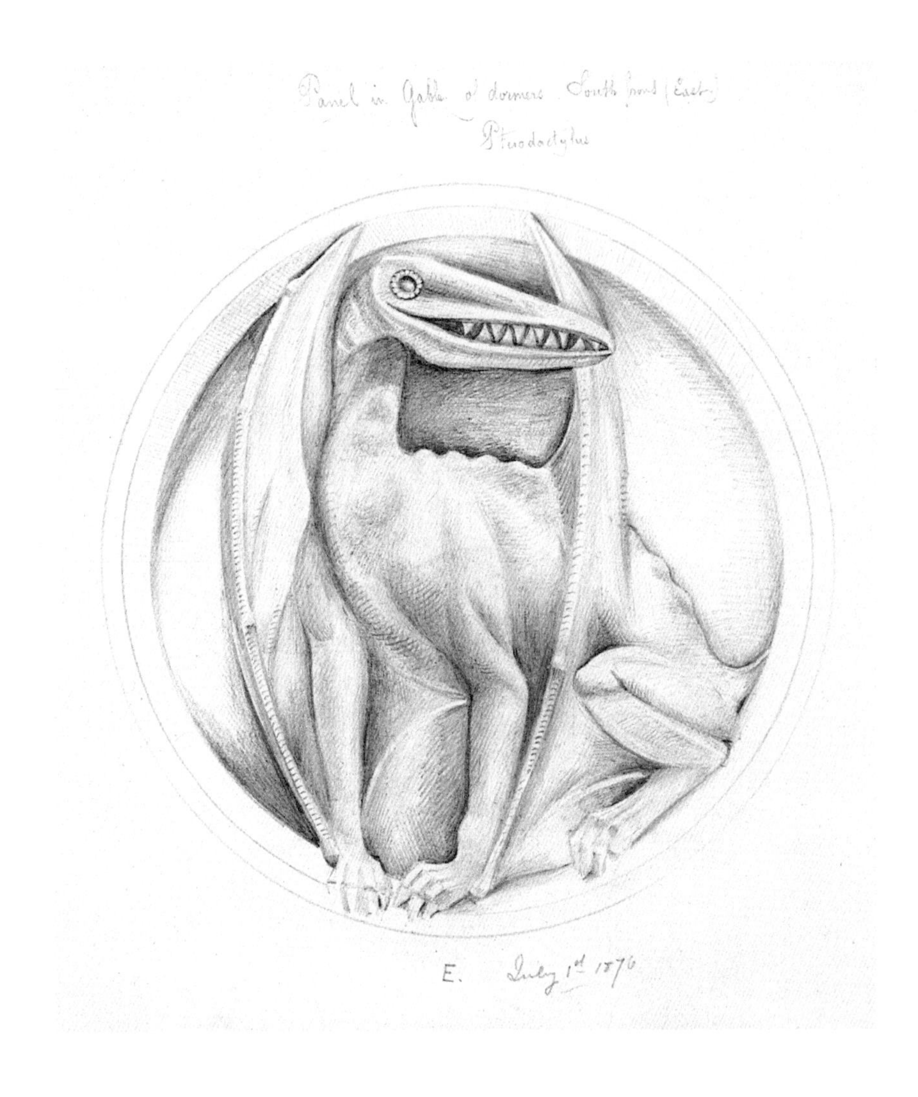

일러두기

- 이 책에 실린 동식물 이름은 국립생물자원관, 국립수목원의 생물종 목록과 국내에 출간된 명감·도감 등을 두루 참조해 적되, 아직 국명(보통명)이 정해지지 않은 종은 유통명 등 관용적으로 널리 쓰이는 이름이 있지 않은 한 대체로 원서에 따라 학명을 그대로 밝혀 적었다.
- 본문의 ( )와 〔 〕는 지은이, 〔 〕는 옮긴이와 편집자의 것이다.

차례

서문

런던 자연사박물관은 세계적인 대규모 박물관 중 한 곳이다. 전 세계에서 가져온 동식물, 화석, 암석, 광물 등 8000만 점이 넘는 소장품은 오랜 역사에 값하는 자연계의 다양성을 증명하며 계속해서 그 수가 느는 중이다. 소장품들이 지닌 과학적·역사적 중요성은 그 크기나 규모와 상관없이 이루 헤아릴 수 없을 만큼 크다. 그중에서도 새로운 종의 분류와 명칭을 처음 공표할 때 사용하는 '기준표본'의 비중이 상당하다. 이곳의 소장품은 박물관에 근무하는 300명 이상의 과학자가 수시로 이용할 뿐 아니라, 매년 8000여 명의 방문 과학자가 이용하는데, 이들이 해마다 이곳에서 보내는 시간을 모두 합하면 1만4000일이 넘을 정도다.

자연사박물관에는 어마어마한 규모의 자연사도서관과 50만 점이 넘는 작품을 모아놓은 미술품 컬렉션도 있다. 조류, 현화식물, 포유류, 곤충류 등을 그린 빼어난 수채세밀화가 포함된 이 컬렉션의 작품들은 하나하나 예술적 우수성은 물론 과학적 정확성을 바탕으로 선별되었다. 그렇기에 자연사학자와 미술사학자도 이 작품들을 두루 참조한다. 한편 박물관과 소장품을 사회적, 문화적, 역사적 관점에서 고찰하려는 사람들과의 협업이 이어지면서 이를 이용하는 사람은 점점 더 많아지고 있다.

『자연을 찾아서』는 과거 300년 동안 이루어진 가장 흥미롭고 의미 있는 자연과학적 자연을 찾아서 중 탄생한 예술작품과 함께 이러한 탐험을 실증하는 자료들을 집중 조명한다. 이 책에 소개된 항해의 끝에는 언제나 새롭고도 귀중한 표본 컬렉션이 남았고, 사람들은 탐험을 통해 그동안 몰랐던 의미 있는 과학 지식을 얻을 수 있었다. 뿐만 아니라 수많은 사람의 손에서 훌륭한 예술작품들이 탄생했고, 그 작품들은 현재 자연사박물관에서 소장 중이다. 이 책은 이처럼 가장 귀하고 아름다운 작품들을 탄생시킨 항해기에 대해 기술한다. 잘 알려진 것이든, 덜 알려진 것이든 여기 적힌 항해기는 모두 극적이고도 영웅적인 이야기다. 독자 여러분도 짐작했겠지만, 자연사박물관에 있는 방대한 소장품 가운데 책에 넣을 자료를 추려내기란 여간 어려운 일이 아니었다. 여기에 실린 도판 중에는 이제껏 공개되지 않은 자료도 많은데, 모두 세상에 널리 알려질 가치가 있는 작품이다. 앞선 세대 과학자와 사학자들이 그랬던 것과 같이, 이 책에 담긴 이야기와 그림은 수많은 독자에게 큰 기쁨과 감동을 줄 것이라고 믿는다.

마이클 딕슨 박사
런던 자연사박물관장

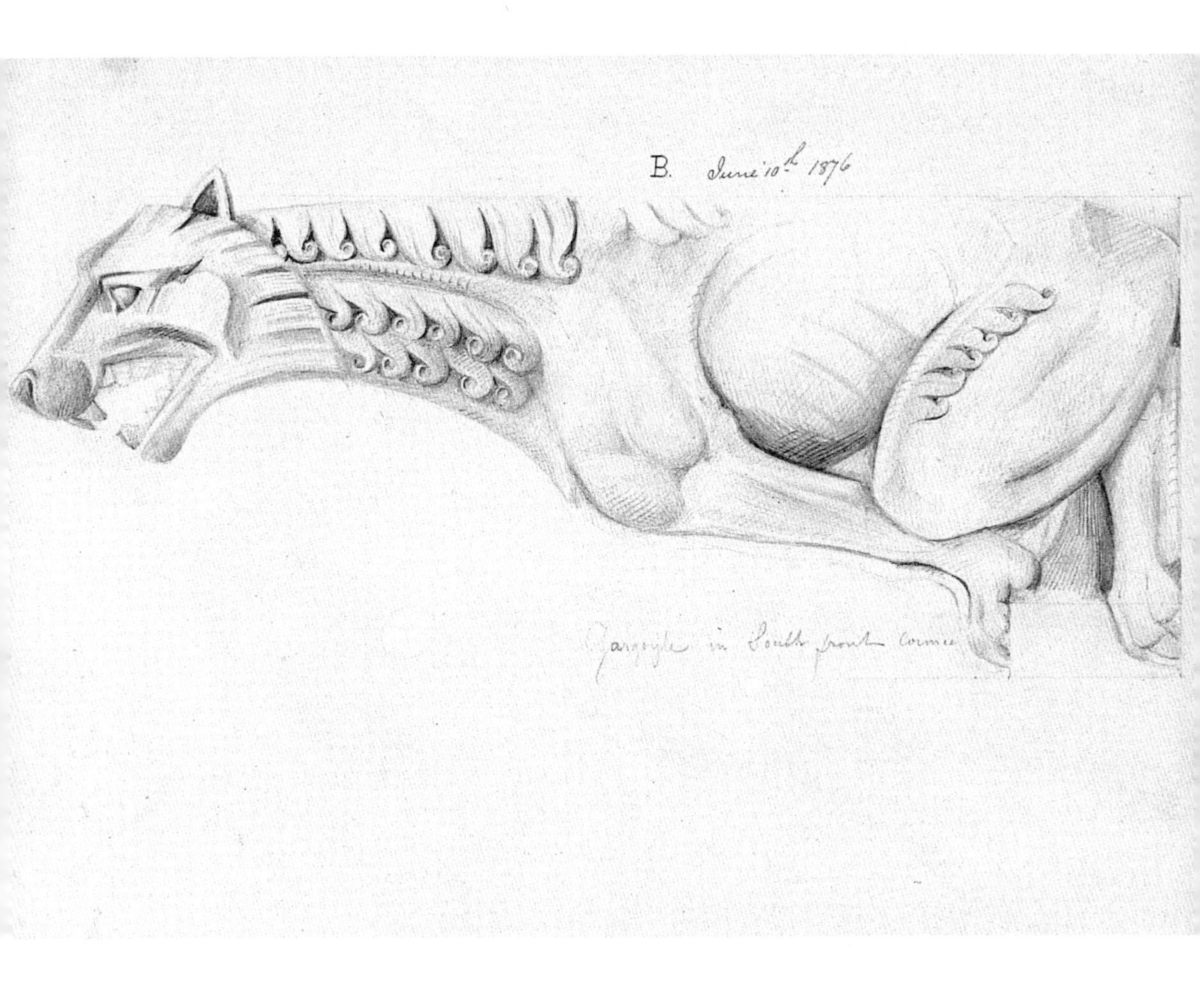

자연사박물관 건물은 그 자체로 예술작품이다. 건물 내외부는 자연의 모습을 표현한 형상들로 화려하게 장식되어 있다. 건축가 앨프리드 워터하우스는 멸종 생물과 현존하는 생물을 모두 담고 있는 자연사박물관 소장품의 특징을 반영하여 1870년대에 이 건물을 설계했다. 위 그림은 그가 박물관 전면부 코니스[서양 건축물에서 처마의 돌림띠를 장식하는 요소]에 쓸 가고일[고딕 건물에 주로 쓰이는 괴물 조각상]을 그린 연필 스케치로, 멸종된 종이 있는 동쪽 전시관에 쓸지, 현존하는 종이 있는 서쪽 전시관에 쓸지는 명시돼 있지 않다.

들어가며

내가 처음 자연사의 세계로 자연을 찾아서를 떠난 건 60여 년 전, 디플로도쿠스Diplodocus〔후기 쥐라기 북미 서부에서 발견된 초식 공룡〕를 만나보겠다고 고지를 오르던 날이었다. 고지란? 지하철역에서부터 한 걸음씩 걸어 오르기 시작해 지금도 나에게 세상에서 가장 신나는 장소 중 하나인 이곳 박물관 정문까지 이어지는 계단들이다. 물론 그곳에서의 재미에 필적할 만큼 신나는 일도 있다. 지도에 없는 산호초를 찾아 물속 깊이 들어가기, 원시림을 통과해 지나가기, 현미경으로 북극 빙하에서 떨어진 물방울 관찰하기 같은 것들 말이다. 모두 저마다의 '테라 인코그니타*terra incognita*'〔라틴어로 '미지의 땅'을 뜻하며, 지도 제작에서 아직 기록되지 않은 땅을 일컫는다〕를 하나씩 지워나가는 신나는 경험을 할 수 있는 발견의 여행이다.

그럼에도 불구하고, 테라코타로 장식된 자연사박물관 정문을 통과하며 시작되는 이 여행은 여러모로 훨씬 더 근사하다. 일단 그곳에 들어서면 과거에 실재했던 거대한 존재와 함께할 수 있다. 그 거대한 존재란 전시관의 공룡들이나 후피동물만을 얘기하는 게 아니라, 비행기도 에어컨도 항말라리아제도 없던 시절 일찍이 발견의 여행을 한 자연사의 위대한 인물들도 아우른다. 바로 그 위인들이 보여준 불굴의 용기 덕분에 런던 자연사박물관의 기반이 마련되었을 뿐만 아니라 분류학, 유전학, 진화론, 대륙이

동설 등 여러 이론의 토대가 갖추어졌다. 이 이론들은 우리 자신뿐 아니라 우리가 나타나게 된 이 행성, 그리고 지구 생명의 연속성에 있어 인간의 역할에 대한 우리 사고방식까지 바꿔놓았다. 그 과정에는 누구나 이름만 들으면 아는 제임스 쿡, 조지프 뱅크스, 칼 폰 린네, 찰스 다윈을 비롯해 숱한 영웅이 존재했다. 이들의 모습을 담은 조각상과 초상화는 필요할 때 참조할 수 있도록 유리병 진열장 사이에 전시돼 있거나 노고가 깃든 자료들을 보관하는 서고에 잠들어 있다. 자연사박물관을 깊이 들여다보노라면 알려지지 않은 영웅들의 업적도 발견할 수 있다. 이들의 능력과 헌신이 없었더라면 우리는 오늘날 잘 알려진 중요한 사실들을 모른 채 살아가게 되었을지도 모른다. 이 영웅들도 우리가 아는 슈퍼스타들과 같은 위험을 무릅썼던 예술가들이다.

우리는 이 흥미진진한 책을 통해 그동안 변화를 거듭해온 역사 기록법 사이에서 인간의 노력이라는 잃어버린 연결고리를 발견하는 한편, 그 연결고리 역시 기록 방식이 진화하는 과정의 일부라는 사실을 확인하게 된다. 이 책은 자연사박물관이라는 거대한 건축물 안에 잠들어 있는 격동의 300년을 여행하는 타임머신이라고 할 수 있다. 역사에도 쐐기돌이 있다면, 바로 이 300년의 기간이 쐐기돌이라고 말할 수 있을 것이다. 이 기간을 통과하며 호기심은 과학이 됐고, 진기한 것들은 표본이 되었다. 그렇게 얻은 과학적 사실들을 바탕으로 우리는 과거에 새로운 의미를 부여했고, 미래에 대해서도 계속해서 많은 질문을 던지고 있다.

곤충이 흙에서 생겨나는 게 아니라 알에서 태어난다는 사실이 입증된 후 불과 몇십 년 뒤인 1699년에 마리아 지빌라 메리안은 수리남을 찾아 나비의 변태 과정과 유충 및 성충의 먹이 식물을 그렸다. 그 그림들이 너무도 훌륭했던 까닭에 린네는 그때까지 과학계에 알려진 모든 동물을

동정하는 책을 쓰면서 메리안이 기록한 종들도 포함시켰다. 네덜란드 화가 파울 헤르만과 피터르 드 베베러도 같은 영광을 누렸다. 두 화가의 예술적 식견을 바탕으로 린네가 오늘날 스리랑카라고 불리는 곳의 식물지를 쓸 수 있었던 것이다. 또한 윌리엄 바트럼의 예술적 재능 덕분에 북아메리카 일부 지역의 진귀한 동식물에 대한 그림과 문서가 남게 되었으며, 태평양에서도 수많은 화가가 중요한 항해가 있을 때마다 결정적인 역할을 했다. 제임스 쿡이 조지프 뱅크스, 그리고 뱅크스의 박물학자 다니엘 솔란데르와 함께했던 인데버호 항해에는 시드니 파킨슨이 있었고, 쿡의 레절루션호 항해에는 게오르크 포르스터가 있었다. 또, 매슈 플린더스가 지휘한 인베스티게이터호 항해에는 최고의 자연사 화가라고 평가받는 페르디난트 바우어가 있었다. 여러 항해 중 가장 유명한 비글호 항해의 찰스 다윈도, 그리고 그와 동시대인인 앨프리드 러셀 윌리스와 헨리 월터 베이츠 등도 이전 항해에서 남긴 그림과 기록들이 없었더라면 새로이 발견된 정보와 자연선택이라는 개념을 연결 짓지 못했을지 모른다.

이 책, 그리고 이 책에 담긴 역사적 증거들이 소장된 보물 창고가 존재하는 것은 18세기 영국 정부의 선견지명, 정부가 발행한 복권, 그리고 한스 슬론이 평생 모은 수집품들 덕분이다. 슬론의 가장 중요한 컬렉션 중 하나는 자메이카로 향했던 첫 번째 항해의 결과물이다. 그는 자메이카를 여행하며 개발한 밀크초콜릿을 세상에 알렸으며 자메이카 화가 개럿 무어의 삽화와 함께 그 섬의 박물지를 상세히 기록한 항해기를 작성했다. 과학과 예술이 공생했던 그 300년이란 시간은 마지막 테라 인코그니타, 즉 지구의 내부 공간을 향한 도전과 더불어 사진술이 발명되면서 끝을 맞이했다. 이로써 챌린저호 항해에 참여했던 과학자들이 대양의 비밀을 파헤친 결과는 화가뿐 아니라 사진사를 통해서도 세상에 알려졌다.

중요한 사실을 처음 발견한 개척자 중 한 사람이 되어보는 상상은 누구나 할 수 있다. 하지만 탐험이 있기 훨씬 전부터—심해저를 제외한—모든 탐험지에 이미 사람들이 살고 있었다는 사실은 간과되기 쉽다. 그 모든 항해가 배에 오른 한 사람 한 사람에게 테라 인코그니타에 들어서는 아주 특별한 모험이었다는 사실도 마찬가지다. 이 책을 읽음으로써 과거의 위대한 존재들과 함께 떠나는 여행이 진정 근사한 이유가 바로 여기에 있다.

데이비드 벨러미 박사

〔1933~2019, 영국의 식물학자이자 환경운동가〕

자연의 예술

자연사 미술natural history art의 기원은 선사시대 동굴벽화로까지 거슬러 올라간다. 그 후 자연사 미술은 자연을 모방한 로마 시대 모자이크, 중국 한나라의 비단 채색 꽃 그림, 중세 채식彩飾 필사본의 장식법, 유럽에서 발달한 꽃 그림, 16세기 박물지에 사용된 목판화 일러스트에 이르기까지 여러 문화권에서 다양한 형태로 발전해왔다. 거의 예외 없이, 초기 자연사 그림은 대부분 일정한 형식을 갖추고 있었으며 심지어 기하학적 구조를 띠기도 했다. 하지만 17세기 후반에 뉴턴주의 과학이라는 개념이 등장하고 철학이 발달하는 가운데 표현의 자유에 대한 인식까지 싹트면서 예술에서도 좀더 자연스러운 접근법이 장려되었다. 이런 17세기 말의 예술적 특징을 시작점으로 하는 이 책을 읽다 보면 지난 300년간 활동해온 가장 영향력 있는 자연사 화가들의 접근법과 스타일을 간파할 수 있다. 특히 아메리카 대륙과 남반구의 바다로 떠났던 이국적인 항해의 결과물이라는 공통적인 특징에 주목해 초창기 유럽의 그림들을 살펴볼 수 있다는 점이 매우 흥미를 끈다. 당시 화가들의 작업 환경과 지구 절반을 여행하느라 견뎌야 했을 고난을 생각하면 더욱 그렇다. 탐험의 시기에 자연사 그림이 발달하는 과정을 보면 초기 자연사 화가들은 기본 소양을 갖춘 아마추어들이었다가 점차 동식물의 구조에 대한 지식을 갖춘 숙련된 전문가가 되어간다

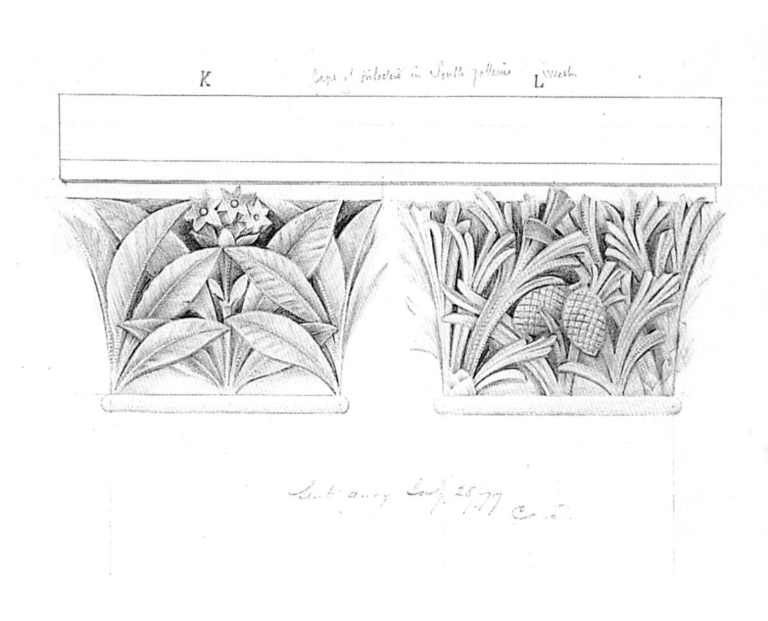

A

B

는 사실을 알 수 있다. 이 책은 한스 슬론의 의뢰로 그려진 작품들과 윌리엄 바트럼의 작품에서부터, 챌린저호 보고서에 실린 정확하고 과학적인 작품까지 따라가며 이러한 변화 과정을 보여준다. 독자 여러분도 『자연을 찾아서』를 통해 아마추어와 전문가라는 두 표지 사이에서, 탐험과 발견이 계속되었던 중요한 시기에 자연사 미술이 발달해온 과정과 그 다양성에 관한 흥미로운 사실들을 알아갈 수 있을 것이다.

18세기 초에는 대부분 개인이 항해 자금을 마련해 항해를 떠날 준비를 했다. 마리아 지빌라 메리안도 개인적으로 수리남 여행을 떠났다가 예술적으로 탁월한 자연사 그림들을 그려냈다. 메리안이 그린 식물과 곤충의 아름다운 조화는, 부정확한 부분도 더러 있고 그림 기법도 지금의 유행과 맞지 않지만, 생동감이나 구성 면에서 눈을 뗄 수 없을 정도로 빼어나며, 더할 나위 없이 이국적이다. 18세기 후반에는 정부의 관할하에 탐험을 꾸릴 수 있게 되면서 여건이 한결 나아졌다. 제임스 쿡의 태평양 항해 때는 왕립해군의 후원으로 파킨슨, 포르스터와 같은 저명한 식물학 화가들을 고용할 수 있었고, 그렇게 고용된 화가들은 과학적으로 더욱 엄밀하고 철저한 자연사 그림을 그렸다. 그들은 식물과 씨앗을 실제 크기로 그려냈는가 하면, 식물이 발견된 장소의 주변 환경을 함께 그려 넣기도 했다. 쿡의 항해에 함께하며 동식물을 채집하고, 그중 새로운 종을 확인해 분류한 뒤 그림으로 기록한 연구가들의 업적은 태평양으로 향하는 길을 열고 그곳에서 새로운 발견들을 해낸 항해의 업적에 비견될 만하다. 이런 흐름은 인베스티게이터호 항해에 선장 플린더스와 함께한 페르디난트 바우어의 작품에서 정점에 이른다. 재능이 특출났던 바우어는 오스트레일리아 시드니 주변과 동부 해안에 서식하는 동식물을 정밀하고도 인상적인 그림으로 기록했다. 17~18세기 항해에 참여했던 아마추어 예술가들은 18세기 후반 활동한 바우어나 파킨슨 등 박물학자 겸 탐험가들에게 그 자리를 내주었다. 19세기 초에는 이들의 역할이 더욱 중요해져서 알렉산더 폰 훔볼트, 찰스 다윈, 앨프리드 러셀 월리스, 헨리 월터 베이츠 등은 그 어느 때보다 과학적 정확도가 높은 그림을 필요로 했다. 사람들은 그런 박물학자들에게 유능하고 꼼꼼한 예술가가 되어 동식물의 구조를 정확하고 세밀하게 기록해주기를 바라고 또 기대했다. 과학적 정확성은 오늘날 자연사 미술의 필수 요건이 되었고, 20세기에는 그만큼의 정확성을 갖춘, 혹은 그것을 능가하는 사진술이 등장하게 되었다.

오늘날에도 자연을 그림으로 그려내는 예술이 여전히 살아 있다. 하지만 비행기나 우주선을 타고 떠나는 지구나 우주를 탐사할 때 연필과 스케치북은 적합하지 않다. 예술적 분석이 하던 역할은 첨단 기술과 디지털 이미지가 대부분 이어받았다. 그러니 미술 시장에 어쩌다 모습을 드러내는 빼어난 자연사 미술작품을 기다리는 인내심과 더불어 그것을 살 수 있는 재력까지 갖춘 수집가가 있다면, 그는 정말 운이 좋은 사람이라고 할 수 있을 것이다. 하지만 자연사박물관의 탁월한 컬렉션을 감상하며 장엄한 탐험의 시기를 상상해볼 수 있는 우리는 그보다 더 운이 좋은 사람들이다. 그림을 이용해 기록을 남길 계획을 세운 사람들, 그렇게 얻은 기록물을 수집해야 한다고 생각한 조지프 뱅크스, 한스 슬론, 피터 콜린슨, 영국 왕립해군, 그 외 수많은 후원자와 후원 기관, 미래 세대가 감상할 수 있도록 수집품들을 집대성해놓은 대영박물관의 존재에 감사할 따름이다.

톰 램

런던 크리스티 경매

장서 및 자연사 미술 전문 디렉터

자메이카 항해
1687~1689

VOYAGE TO JAMAICA

l. 7. 57.
Jun: 17. 1701

밀크초콜릿에 죽고 못 사는 사람일지라도 그렇게나 좋아하는 초콜릿과 대영박물관의 건립을 곧바로 연관 짓지는 못할 것이다. 둘 사이를 잇는 뜻밖의 연결 고리는 바로 17세기 후반 런던에서 의술로 두각을 드러낸 아일랜드 태생의 젊은 개신교도 의사다. 한스 슬론은 1687년 27세의 젊은 나이에도 불구하고 의사로서 이미 탄탄한 경력을 쌓고 런던의 의료계 및 과학계에서 입지를 굳힌 인물이었다. 슬론이 살아가던 당시 세상은 정치와 종교, 특히 철학 분야에서 혼란이 거듭되고 있었다. 그때까지만 해도 학자들 사이에선 서로 동떨어진 가설적 접근이 자연세계에 대한 '올바른' 접근법이라는 믿음이 널리 퍼져 있었기에, 사람들은 사실보다 상상에 근거해 동식물을 비롯한 자연현상을 설명하려 했다. 그렇다 보니 세상에 발표된 자연사 관련 자료는 대부분 터무니없는 허구적 내용으로 가득했다. 외국에 다녀온 여행자들의 공상을 곁들인 목격담을 바탕으로 쓰인 자료가 많았던 것이다. 하지만 훗날 세계에서 가장 높이 평가받는 과학 학회로서, "자

오늘날 *Grias cauliflora*로 불리는 나무. 한스 슬론의 기록에 따르면 "스페인 사람들은 이 나무의 열매를 망고처럼 피클로 만들어 먹는다. 스페인령 서인도제도에서 본국으로 보내졌는데, 매우 진귀하게 여겨졌다".

연과학 지식을 증진하기 위해 설립된" 영국 왕립학회가 한스 슬론이 태어난 1660년에 창설되었다.

왕립학회의 전체적 기조는 면밀한 관찰과 추론에 의한 자연 연구였다. 이런 접근법은 영국 박물학의 아버지 존 레이(1627~1705), 의사이자 철학자 존 로크(1632~1704) 같은 혁명적 사상가들에 의해 더욱 발전했는데, 두 사람은 한스 슬론과도 가까운 사이였다. 이 '새로운' 과학자들은 세계와 그 안에서 살아가는 동식물이 신이 창조한 불변의 피조물이라는 종교적 관점을 기본적으로 받아들이면서도, 자연현상을 자세히 관찰·기록하고 분석하는 것이 진정으로 합리적이고 가치 있는 일이라고 생각했다. 슬론 역시 이런 새로운 흐름을 온전히 받아들였고, 1685년 왕립학회 회원으로 선출되었다.

한스 슬론은 물리학, 화학, 지질학, 고생물학, 자연사에 이르기까지 현재 우리가 과학이라고 부르는 모든 분야에 관심이 많았다. 하지만 그가 처음부터 변함없이 애정을 보인 분야는 바로 식물학이었다. 당시에는 약용식물에서 대부분의 약제를 추출했는데, 17세기 의학이 '약초' 연구와 밀접한 관련이 있었다는 점을 생각하면 당연한 일인지도 모른다. 런던 첼시 약용식물원Chelsea Physic Garden 근처에서 자란 슬론은 어린 시절부터 자연스럽게 식물에 대한 관심을 키워나갔다. 영국 약제사회Society of Apothecaries가 약용식물에 대한 관심을 높이고자 1673년 설립한 첼시 약용식물원은 훗날 슬론의 재정 지원 덕분에 폐원 위기를 넘기기도 했다. 하지만 세상에는 아직 알려지지 않은 새로운 식물종이 너무나 많았다. 구세계 사람들은 신세계를 발견하면서 감자, 옥수수, 고무, 퀴닌[기나나무 껍질에서 나오는 알칼로이드로 말라리아 치료에 쓰인다], 담배처럼 유용한 상품들이 이곳에 존재한다는 사실도 이미 알고 있었다. 이런 상황에서 앨버말 공작이 자메이카 총독으로 임명되면서 주치의 자리를 제안하자, 슬론은 그의 제안을 흔쾌히 받아들였다. 1687년 9월 19일, 앨버말 공작의 쾌속정과 두 대의 상선이 해군 함정의 호위를 받으며 포츠머스를 떠났다. 그들은 중간에 바베이도스에 열흘간 정박했다가 12월 19일 별탈 없이 자메이카 포트로열에 도착했다.

자메이카로 향하는 동안 한스 슬론은 선상 생활과 자연현상, 그리고 항해 중 발견한 조류, 어류, 무척추동물을 관찰하고 일기에 꼼꼼하게 기록했다. 그곳에 도착해서도 15개월 동안 일기를 쓰면서 날씨, 지진, 섬의 지형을 비롯해 주민들—특히 탈출한 아프리카 노예들의 행동 양식—등 다양한 종류의 주제에 관해 기록했다. 그뿐만 아니라 섬 이곳저곳을 돌아다니며 사람들이 만든 가공품과 동식물을 찾아보고 기록했다. 식물은 될 수 있으면 영국으로 가져갈 수 있게 눌러서 말렸다. 식물을 채집할 때는 존 레이의 『식물의 역사*Historia Plantarum*』를 참고했다. 레이는 이 책에 지금까지 알려진 모든 식물종을 기술하고자 했다. 그는 우선 식물을 주요 분류군으로 나눈 다음 '속屬, genus'이라고 하는 하위 등급으로 다시 분류했다. 그리고 식별하고 명명하는 데 도움이 되도록 각 식물의 특징을 짧게 기재했다. 이것은 당시까지의 연구를 뛰어넘는 엄청난 진보였음에도 불구하고 여전히 써먹기가 까다롭고 어려웠다. 이후 스웨덴의 과학자 칼 폰 린네가 식물학자들에게 훨씬 더 간단하고 적용하기 쉬운 분류 체계를 선사하기까지는 그로부터 반세기가 더 걸렸다.

한스 슬론이 만든 표본은 대부분 온전히 보관하기가 어려웠다. 특히 과일이 그랬다. 이에 그는 지역 화가인 개럿 무어 목사를 고용해 둘이서 함께 돌아다니며 신선한 상태의 과일을 자세히 그려두었다. 물론 도중에 마주치는 어류나 조류, 곤충들도 그리게 했다. 그렇게 약 700종의 식물 표본과 그림이 마침내 슬론과 함께 영국행 배에 올랐다. 무어가 미처 그리지 못한 종은 유능한 화가 에버러드 킥이 그렸다. 그가 그린 그림 중에는 초콜릿에 관련된 것도 있었다. 한스 슬론은 자메이카에서 사람들이 치료용으로 초콜릿 음료를 많이 마신다는 사실을 알게 되었다. 하지만 그는 초콜릿 음료가 "메스껍고 소화가 잘 안 된다"고 생각했고, 그 이유는 "[초콜릿에] 유지가 많이 들어 있기 때문"이라고 보았다. 그러던 중 초콜릿 음료에 우유를 섞어 마시면 맛이 훨씬 더 좋아진다는 사실을 발견한 그는 직접 레시피를 개발해 특허를 출원했고 평생 엄청난 소득을 올리게 된다. 그리고 슬론이 사망한 지 한참이 지난 19세기에 캐드버리 사에서 그의 레시피를 이어받았다. 오늘날 캐드버리라는 이름은 세계 각지에서 밀크초콜릿을 가리키는 말로도 쓰인다.

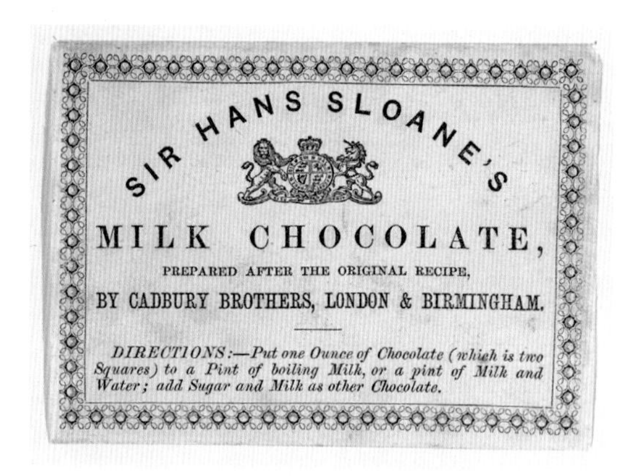

한스 슬론 경의 레시피라고 표시된 19세기 캐드버리 사의 오리지널 초콜릿 포장지. 한스 슬론은 카카오 열매를 자메이카에서 영국으로 수입했다. 그는 자메이카에서 원주민들이 "아무것도 섞지 않고" 카카오 열매만으로 만든 초콜릿 음료를 마시는 모습을 보았지만, 스페인 사람들은—하루에 초콜릿 음료를 대여섯 잔씩 마실 수 있는 이들로—짭짤한 맛을 첨가해 먹는 걸 좋아했다.

한스 슬론은 자메이카에서 앨버말 공작 외에도 많은 사람을 치료해준 것으로 보인다. 그중에는 한때 해적이었으나 일에서 손을 뗀 뒤, 기사 작위를 받고 명성도 얻은 전 자메이카 총독 헨리 모건도 있었다. 어찌 됐건 자메이카에서 한스 슬론의 공식 임무는 당연히 앨버말 공작과 그 수행단의 건강을 돌보는 일이었다. 하지만 슬론의 노력에도 불구하고 앨버말 공작은 1688년 10월 비교적 젊은 나이로 세상을 떠나고 말았다. 홀로 남은 공작부인은 영국으로 돌아가기로 했고, 슬론의 자메이카 생활도 그렇게 갑작스레 막을 내리게 되었다. 고용주를 위해 슬론이 마지막으로 한 일은 영국으로 운구할 그의 시신을 방부 처리하는 일이었다. 1689년 3월 슬픔 속에서 시작되어 5월까지 이어진 귀국길엔 자메이카로 떠나던 때보다 더 많은 사건 사고가 있었다. 슬론이 자메이카를 떠날 때 배에 위험할 수 있는 동물들을 함께 태운 것부터가 문제였다. 그중에는 이구아나와 악어는 물론 2미터가 넘는 구렁이도 있었는데, 영국에 도착하기도 전에 모두 죽고 말았다. 이구아나는 배 밖으로 떨어져 익사했고 악어는 자연사했다. 구렁이는 어느 원주민이 길들인 덕분에 개가 주인을 따르듯 슬론을 따르던 녀석이었으나, 어느 날 담겨 있던 큰 항아리에서 빠져나왔다가 공작부인의 수발을 들던 하인이 깜짝 놀라 쏜 총에 맞아 죽었다. 한편, 배에 탄 사람들은 영국의 정치적 상황을 알지 못했다. 갈등의 기운이 감돌긴 했지만 그들이 떠날 때까지만 해도 영국은 가톨릭교도였던 제임스 2세의 통치하에 있었다. 하지만 영국 해안에 다다르자 한 어부로부터 프로테스탄트인 오렌지 공 윌리엄[윌리엄 3세]이 왕위에 올랐다는 사실을 듣게 되었다.

런던으로 돌아간 뒤 슬론은 그동안 중단했던 일을 다시 시작했고 빠르게 늘어가는 과학계 인사들, 기자들과 다시 관계를 이어나갔다. 그는 앨버말 공작부인 밑에서 4년 가까이 더 일하다가 민간 진료를 재개했

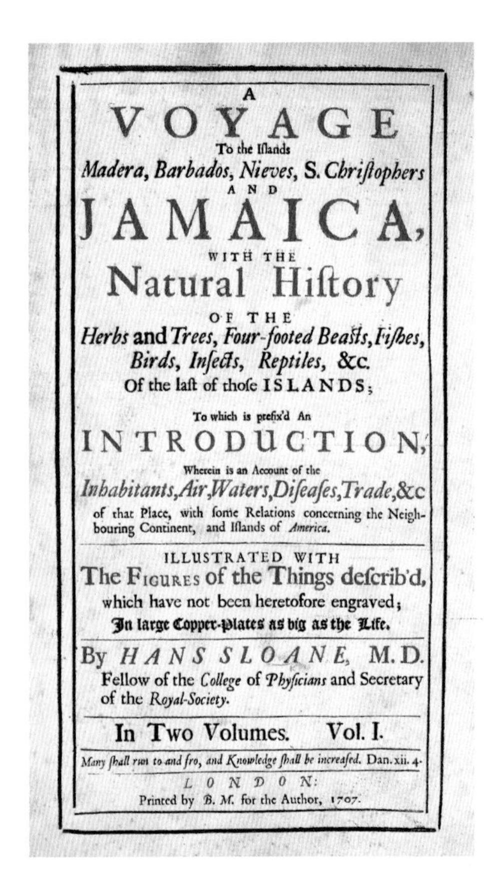

A
VOYAGE
To the Iſlands
Madera, Barbados, Nieves, S. *Chriſtophers*
AND
JAMAICA,
WITH THE
Natural Hiſtory
OF THE
Herbs and *Trees, Four-footed Beaſts, Fiſhes,*
Birds, Inſects, Reptiles, &c.
Of the laſt of thoſe ISLANDS;
To which is prefix'd An
INTRODUCTION,
Wherein is an Account of the
Inhabitants, Air, Waters, Diſeaſes, Trade, &c
of that Place, with ſome Relations concerning the Neighbouring Continent, and Iſlands of *America.*

ILLUSTRATED WITH
The FIGURES of the Things deſcrib'd,
which have not been heretofore engraved;
In large Copper-plates as big as the Life.

By *HANS SLOANE,* M.D.
Fellow of the *College* of *Phyſicians* and Secretary of the *Royal-Society.*

In Two Volumes. Vol. I.

Many ſhall run to and fro, and Knowledge ſhall be increaſed. Dan. xii. 4.

LONDON:
Printed by *B. M.* for the Author, 1707.

한스 슬론이 자메이카와 주변 섬에 대해 쓴 두 권짜리 박물지 중 제1권의 표지. 그는 서문에서 자신의 탐험을 이렇게 정당화한다. "이런 이야기가 무슨 쓸모가 있느냐고 묻는 이도 있으리라. 하지만 나는 이렇게 답하고 싶다. 박물학적 지식은 사실을 관찰한 결과이므로 대부분의 다른 지식보다 더 명확하며, 내 소견으로는 추리나 가설, 추론에 비해 오류에 빠질 위험도 적다."

고, 상류층이 많은 블룸즈버리에 병원을 개원해 당대 최고의 부유층과 유명 인사들을 고객으로 유치하면서 엄청난 수익을 올렸다. 그는 또 1695년 런던 부시장의 상속인이자 자메이카 부동산 소유주의 미망인과 결혼해 1753년 93세를 일기로 사망할 때까지 풍족한 삶을 살았다. 그는 의사로, 자선가로 널리 알려졌을 뿐만 아니라 실력 있는 과학자로도 명성이 높았다. 그리고 무엇보다 '진기한 것'을 모으는 수집가로 대단히 유명했다.

한스 슬론은 일찍이 어린 시절부터 식물 표본을 수집하기 시작해 런던과 프랑스에서 의학 공부를 하는 동안에도 수집을 계속했다. 그러다 자메이카 체류기에 수집품 목록이 어마어마하게 늘었고, 그는 이후로도 끊임없이 수집 활동을 이어나갔다. 자메이카에서 발견한 것을 소상히 알리고자 출판을 준비하던 그는 책에 담을 수 있는 서인도제도 관련 자료를 집중적으로 모았다. 1696년 마침내 한스 슬론은 자메이카에서 발견한 모든 식물을 비교적 간단히 정리하여 기록한 232쪽짜리 『식물 편람*Catalogus Plantarum*』을 출판했다. 그는 이 책을 쓰며 식물을 정확하게 분류해 기록하고자 했다. 그래서 이용 가능한 모든 자료를 주의 깊게 살피며 식물을 명확히 분류하려고 애썼다. 그도 그럴 것이 지금은 18세기 중반 린네가 고안한 이명법二名法(린네가 창안한 생물종 명명법으로 라틴어로 속명과 종소명을 적고 마지막에 명명자의 이름을 적는다)이 전 세계적으로 받아들여지지만, 당시의 식물 분류 체계는 매우 혼란스러웠다. 한편 자메이카에서의 경험을 모두 담은 『자메이카 박물지*Natural History of Jamaica*』를 쓰는 데는 그보다도 훨씬 더 오랜 시간이 걸렸다.

주로 식물에 관한 내용이 담긴 『자메이카 박물지』 제1권은 1707년에 출판되었던 반면, 동물상을 담은 제2권은 1725년이 되어서야 세상에 나왔다. 최고의 전문가 미카엘 판 데르 휘흐트는 개럿 무어가 먼저 그린 그림들과 영국에 돌아간 뒤 에버러드 킥이 그린 더 많은 그림을 바탕으로 판화를 제작해 두 권의 책에 삽입했다. 과학 서적을 많이 출판한 것은 아니지만 이 두 권의 책으로 명성을 얻은 슬론은 1727년 사망한 아이작 뉴턴 경의 뒤를 이어 왕립학회 회장이 되었다. 그는 앞서 1693년부터 1713년까지 왕립학회에서 총무직을 맡은 경험이 있었다. 이후 슬론은 1741년 81세의 나이로 원장직에서 물러나며 의사 생활도 접고 첼시에서 은퇴 후 노년을 보냈다.

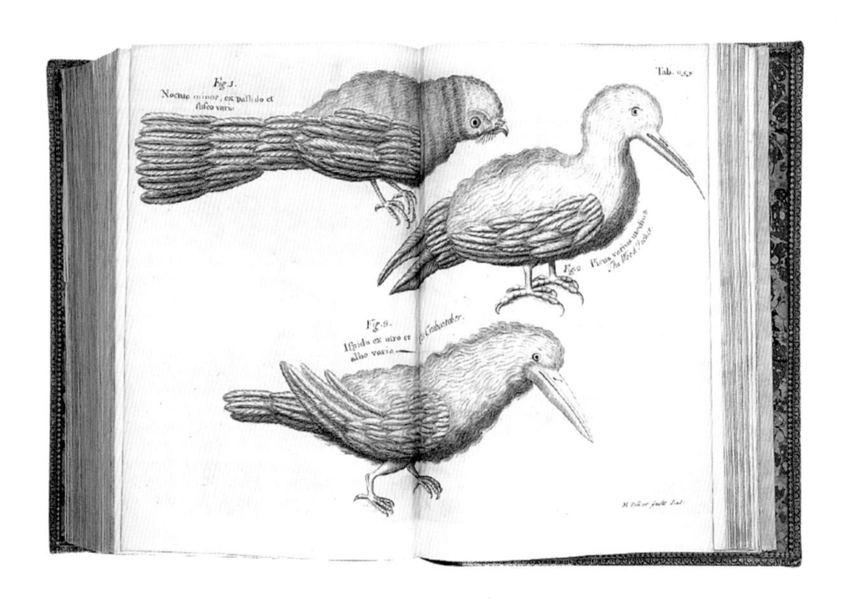

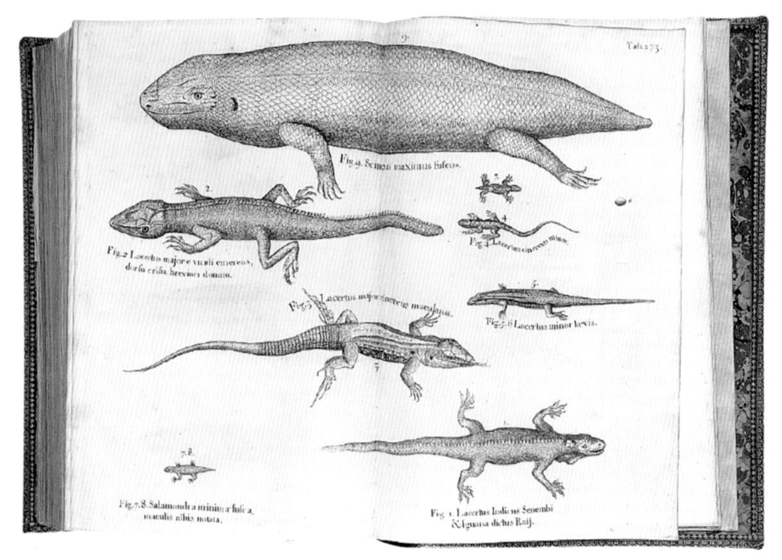

1725년에 출판된 한스 슬론의 『자메이카 박물지』 제2권. 두 권 모두 주로 식물 판화가 실렸지만 제2권에는 마흔한 점의 동물 삽화도 실렸다.

하지만 그런 뒤에도 슬론은 이런저런 과학자들과 관계를 이어나갔고, 영국 내에서는 물론 해외에서도 많은 사람이 이름난 그의 컬렉션을 보려고 찾아들었다. 그가 한평생 과학계, 특히 식물학계의 모든 주요 인사와 직접 만났거나 서신를 교환했을 것이란 말이 있을 정도다. 직접 사 모으기도 하고 다른 식물학자의 수집품을 통째로 사들이기도 하면서 처음 눌러서 말린 식물 표본집을 소장한 이래 수집품을 계속해서 늘려간 결과, 사망할 때쯤에는 그 분량이 가죽 장정으로 265권에 이르렀다. 이 모든 장서의 토대는 자메이카에서 들여온 자료로 만든 책 여덟 권이었다.

슬론의 식물 표본집은 당시에도 유명했고 지금도 그렇지만, 비평가들이 없었더라면 그렇게 유명해지긴 어려웠을 것이다. 장차 슬론보다 훨씬 더 유명한 식물학자가 될 스물아홉의 린네가 1736년 일흔여섯의 한스 슬론을 찾아갔다. 연로한 슬론과 대면한 린네는 면전에선 당연히 그에게 경의를 표했지만, 스웨덴으로 돌아가서는 표본이 무질서한 방식으로 영구히 제본되어버렸다며 그의 표본집을 공개적으로 비판했다. 린네는 그때부터 벌써 직접 모은 식물 표본을 한 장 한 장 따로 보관해 나중에 새로운 분류 체계를 반영하거나 새로 발견한 표본을 끼워 넣을 수 있도록 정리해두었는데, 이는 훗날 식물 표본을 보관하는 보편적인 방법이 되었다.

하지만 한스 슬론이 보유한 방대한 컬렉션이 린네에게도 깊은 인상을 남긴 건 분명하다. 식물 표본집 외에도 1만2500개의 '식물과 식물성 물질'이 유리 상자에 담겨 다섯 개의 수납장 속 아흔 칸의 서랍에 보관되어 있었다. 슬론은 여기서 그치지 않고 수집의 범위를 식물계 밖으로까지 넓혀나갔다. 자메이카에서 가져온 자료를 바탕으로 시작된 그의 동물 컬렉션은 그 규모가 점점 늘어 6000개의 조가비 표본, 9000개가 넘는 무척추동물 표본(그중 절반은 곤충이었다), 1500개의 어류 표본, 1200개의 조류

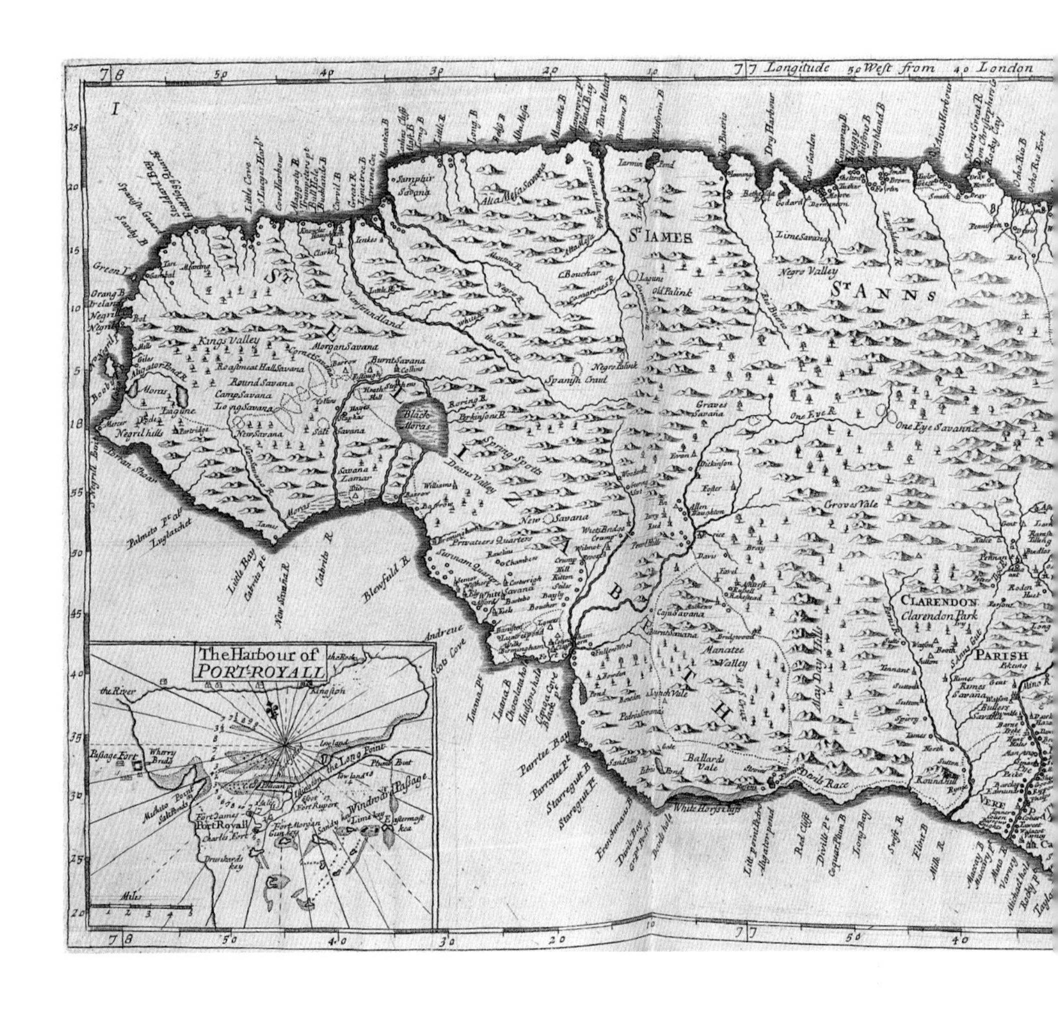

빛 알, 둥지 표본을 갖추었을 정도다. 여기에 더해 동물 박제, 어린 코끼리의 뼈를 비롯한 수백 점의 뼈, 5.5미터에 달하는 고래 두개골까지 기이한 인간의 '호기심'을 소름 끼치게 분류한 3000점이 넘는 척추동물 표본도 포함되어 있었다.

하지만 이조차도 슬론의 전체 소장품에선 일부분에 불과했으니,

『자메이카 박물지』 제1권에 펼쳐볼 수 있도록 실린 자메이카 섬 지도.

그의 기호품과 수집품에는 수천 점의 화석, 바위, 광물, 광석, 금속, 보석과 반보석半寶石도 포함되어 있었다. 보석류 중에는 가공되지 않은 자연석도 있었고 장신구나 장식품, 생활용품으로 만들어진 것도 있었다. 그는 3만 2000개의 메달과 동전을 비롯해 고대부터 당대까지, 구세계와 신세계, 동서양을 아우르는 유물과 민족지학적 수집품을 소장했다. 그의 컬렉션에는 전형적이고 평범한 예술작품도 300점 정도 있었는데, 그중에는 알브레히트 뒤러(1471~1528)처럼 유명한 화가의 작품들도 있기는 했으나 인기가 있거나 주목할 만한 작품은 드물었다. 가장 영예로운 수집품은 뭐니 뭐니 해도 장서일 것이다. 슬론은 다양한 분야에 걸친 방대한 종수의 필사본과 화집을 포함해 제본된 출판물을 5만 종 가까이 소장했는데, 그중에는 삽화가 풍부하게 들어간 책이 많았다. 슬론의 서고는 의심할 여지 없이 당대 가장 광범위한 장서의 보고였다.

당연한 일이겠지만, 슬론은 나이가 들면서 자신이 세상을 떠난 후 이 컬렉션에 닥칠 운명을 우려하기 시작했다. 그는 컬렉션에 진심으로 관심이 있는 사람이라면 목적이 무엇이건 누구나 그것들을 볼 수 있기를 바랐다. 하지만 왕립학회, 의사협회, 옥스퍼드 애슈몰린박물관을 포함한 어떤 기관도 자신의 컬렉션을 보관하기엔 부적절하다고 생각했던 슬론은 그것을 나라에 기증하기로 결심했다. 컬렉션을 제대로 보관하고 관리해야 하며 누구나 이용할 수 있어야 한다는 조건 외에 그의 유일한 요구 사항은 두 딸 앞으로 합쳐서 2만 파운드를 지급해달라는 것이었다. 그가 컬렉션에 투자한 돈이 10만 파운드에 달했다는 점을 고려하면 매우 적은 금액이었다.

한스 슬론은 1753년 1월 10일에 사망했다. 그의 유언장은 불가피하게 숱한 논란을 불러일으켰다. 어쨌든 최종 결과만 살펴보면 1753년 1월 7일 목요일, 의회의 법 제정을 통해 대영박물관이 설립되었다. 영국 정부는 한스 슬론의 컬렉션보다는 규모가 작은 두 가문의 컬렉션을 더 사들였고, 그 소장품들은 슬론의 수집품과 함께 대영박물관이라는 새로운 기관을 탄생시키는 토대가 되었다. 정부는 복권을 발행해 필요한 자금을 충당했는데, 이는 18세기에 드물지 않은 관행이었다. 이처럼 비교적 소박한 규모로 문을 연 대영박물관은 이제 블룸즈버리에 700만 점이 넘는 인공품

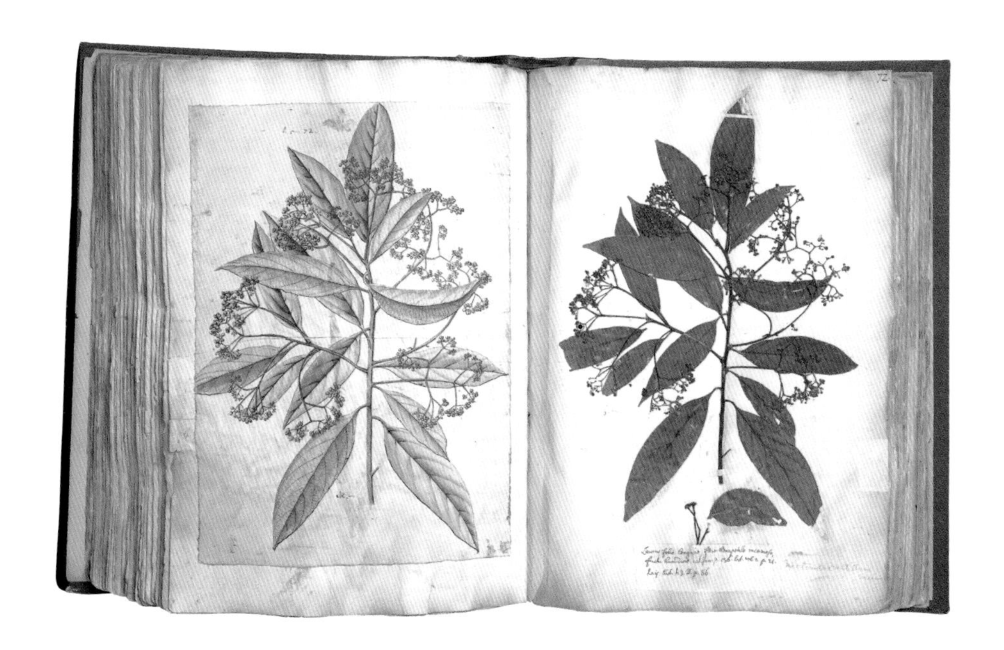

한스 슬론의 저명한 자메이카 식물 표본집 가죽장정본에 눌러서 말린 식물 표본과 그림이 실려 있다. 슬론은 이 관목을 유럽에서 흔히 보던 식물인 월계수에 빗대어 '*Laurus folio longiore, flore hexapetalo racemoso, fructu humidiore*'라고 불렀다. 린네의 식물 분류 체계에 따라 오늘날에는 *Nectandra antillana*라고 부른다. 린네가 고안한 이명법이 표준화되기 전까지 슬론을 비롯한 식물학자들은 이렇게 설명이 길게 이어지는 라틴어구 형태로 식물을 동정했다. 그러다 보니 엄청난 혼란이 뒤따랐고, 동정하면서 다른 학자가 먼저 붙인 이름이 있는지조차 확인하지 않는 학자가 많았기 때문에 혼란은 점점 더 가중되었다. 슬론은 다른 식물학자들의 작업을 꼼꼼히 확인한 다음 그중에서 가장 적절한 분류법을 따랐는데, 특히 영국 식물학자 존 레이의 방식을 주로 활용했다.

을, 대영도서관에 6700만 권이 넘는 장서를 보유하게 되었는가 하면, 사우스켄싱턴에 있는 자연사박물관에는 밀크초콜릿의 시초가 된 한스 슬론의 카카오나무 표본을 포함한 6800만 점의 자연사 표본을 갖추면서 전 세계적인 명성을 떨치는 시설이 되었다.

슬론이 *Zinziber sylvestre minus, fructu è caulium summitate exeunte*라고 칭한 *Renealmia antillarum*. 슬론에 따르면 자메이카인들은 이 식물의 약효를 높이 쳤다고 한다. 그는 적었다. "암이 있으면 이 식물의 뿌리를 찧어서 습포제로 발랐으며 (…) 귀하고도 용한 약재로 여겨져서, 인디언이나 니그로의 민습民習을 믿자 하면 암 같은 중병에도 실패가 없는 치료법이다."

슬론이 Bastard locust tree〔서출 아까시나무〕라는 별명을 붙였던 이 식물은 오늘날 *Clethra occidentalis*로 불린다. 그는 이 식물의 열매를 먹어도 된다고 적었다. "하얀 과육이 달콤하고 포슬포슬하며 안에는 단단한 고동색 씨앗이 들어 있는데, 후추처럼 생겼지만 후추보다 조금 더 크다. (…) 열매는 8월에 익어 나무에서 떨어진다. 사람들은 떨어진 열매를 주워 식용으로 내다 팔거나 후식으로 즐겼다."

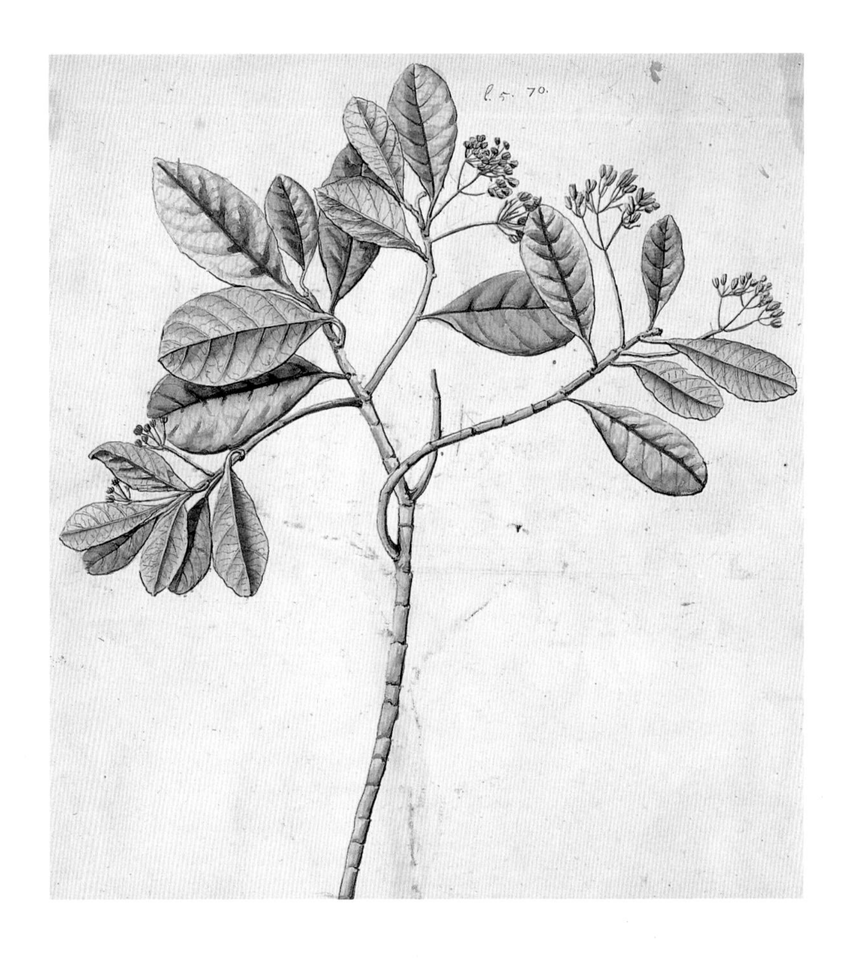

자메이카 북부에서 발견된 이 나무에 슬론이 붙인 이름은 *Laurifolia Arbor flore tetrapetalo*로 시작된다. 곧은 가지는 부드러운 진갈색 껍질로 덮여 있고 속은 흰색이다. "잔가지 끝에" 무작위로 배열된 잎은 길이가 5센티미터, 가장 넓은 부분의 폭은 2.5센티미터다. 잎은 "매끄럽고 광이 나며 도톰하다". 꽃잎이 네 장인(그래서 *tetrapetalo*라고 불렀다) 연노란색 꽃송이가 떨어지면 작고 둥근 열매가 맺힌다. 슬론은 그 열매가 "통후추만 한데 무척 우아하고 예쁘다"라고 기록했다. 현대 학명은 *Erithalis fruticosa*.

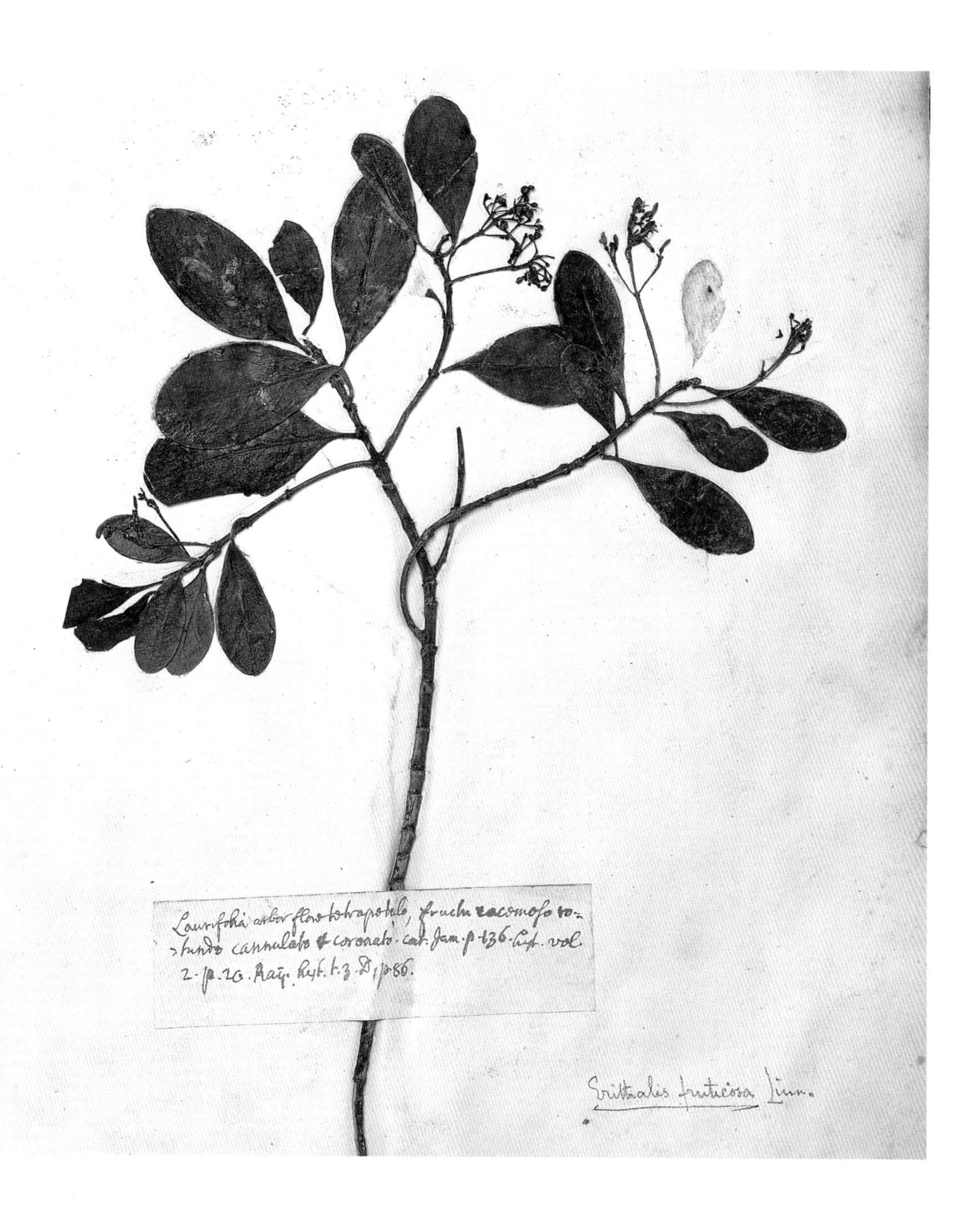
Laurifolia arbor flore tetrapetalo, fructu racemoso ro-
tundo cannulato & coronato. Cat. Jam. p. 136. Hist. vol.
2. p. 20. Raij. Hist. t. 3. D, p. 86.
Erithalis fruticosa Linn.

54
E: Kikius. fec.
Jany. 7. 1701
Copernicia tectorum
Acrocomia lasiospatha Mart.
Palma tota spinosa major fructu
pruniformi. cat. Jam. p. 177. hist.
vol. 2. p. 119. Raij. hist p. 1363?

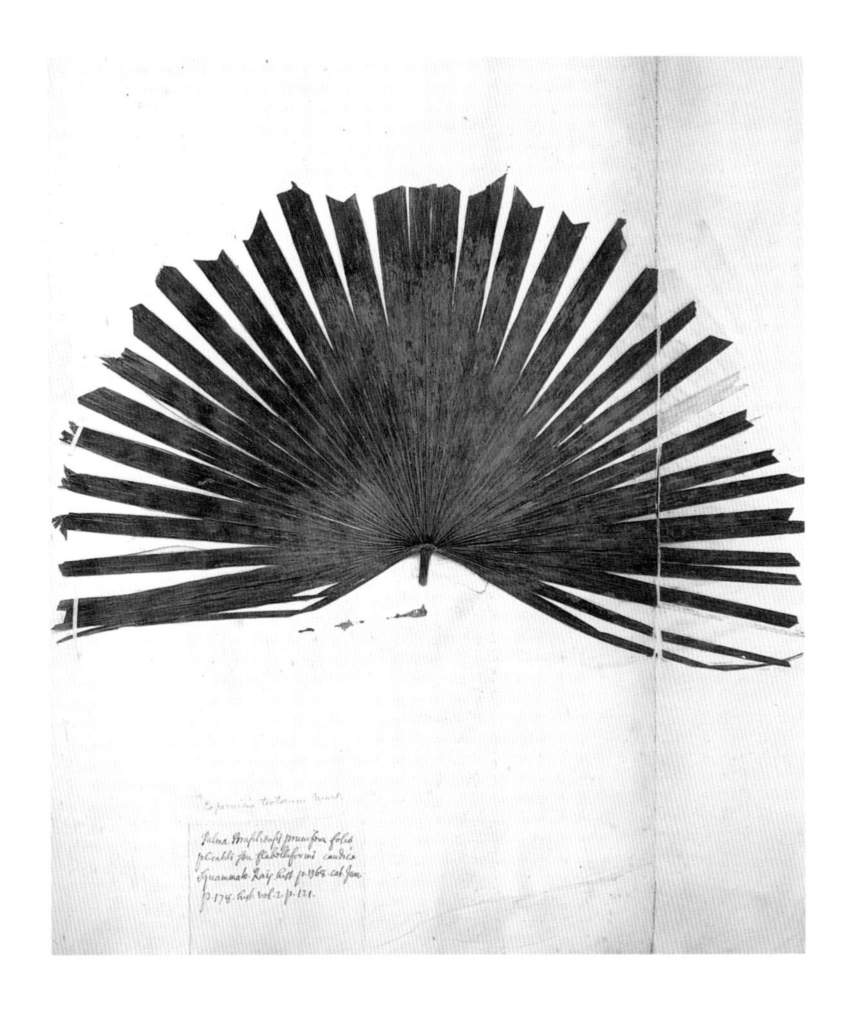

슬론은 이 잎이 달린 나무를 *Palma Brasiliensis prunifera folio plicatili seu flabelli formi caudice squamato*라고 부르고 '자두나무Pruniferous tree'군에 속하는 야자나무로 분류했다. 현대 학명은 *Acrocomia spinosa*. 자메이카에서 다양한 용도의 목재로 쓰이는 이 나무는 특히 지붕을 이는 데 많이 쓰인다(그래서 '이엉나무thatch'라고도 불렸다). 껍질은 상자와 바구니를 만드는 데 쓰였고, 줄기는 활, 곤봉, 화살, 화살촉을 만드는 데 쓰였다. 잎은 풀무 대신 불을 지피는 데 쓰이기도 하고 방수용으로 소금 위에 덮어두기도 했다. 기근이 들면 뿌리와 열매를 식용했다.

42.

슬론은 이 나무를 *Malva arborea, folio rotundo, cortice in funes ductili, flore miniato maximo liliaceo*, 또는 히비스커스, 맹그로브나무라고 불렀다. 현대 학명은 *Hibiscus elatus*. 이 나무는 잎이 둥글고(그래서 이름에 *folio rotundo*가 들어갔다) 다섯 장의 꽃잎이 "같은 길이의 붉은 꽃술대를 에워싸고 있으며 꽃술대에는 수술이 잔뜩 달려 있어서 전체적으로 보면 붉은 백합 같다". 수피는 용도가 뚜렷했다. 슬론은 다른 자료를 인용하며 적었다. "거친 부분(수피)으로는 다른 바지들의 줄[넝쿨]을 잡았는데[줄을 뜻하는 영단어 Cords는 골이 진 코듀로이 옷감을 뜻하기도 한다], 니그로나 노예들을 위한 것이었다."

TYPE SPECIMEN
Erythrodes plantaginea (L.) Fawc. & Rendl.
Satyrium plantagineum L.
J.D. Ackerman 1987
Erythrodes plantaginea

슬론은 *Orchis elatior latifolia asphodeli radice, spica strigosa*라고 묘사한 이 난초과 식물이 디아블로산의 숲에서 자란다고 기록했다. 줄기는 약 45센티미터이고 잎은 어긋나며 길이가 7.5센티미터에, 폭은 4센티미터다. 줄기 끝에서 가느다란 꽃이 올라오며 "꽃자루[꽃대]는 구부러져 있고 꽃뿔[꿀샘]이 뭉툭하다. 하순下脣[아래쪽 꽃잎](난초과 식물에서 꽃잎이 입술 형태를 한 순형화관의 아래쪽 꽃잎)과 작고 커다란 투구 부분[덮개]은 동종의 다른 식물과 유사한 모습으로 갈라져 있다". 오늘날에는 *Erythrodes plantaginea*라는 학명으로 불린다.

Edwd: kickius fect.

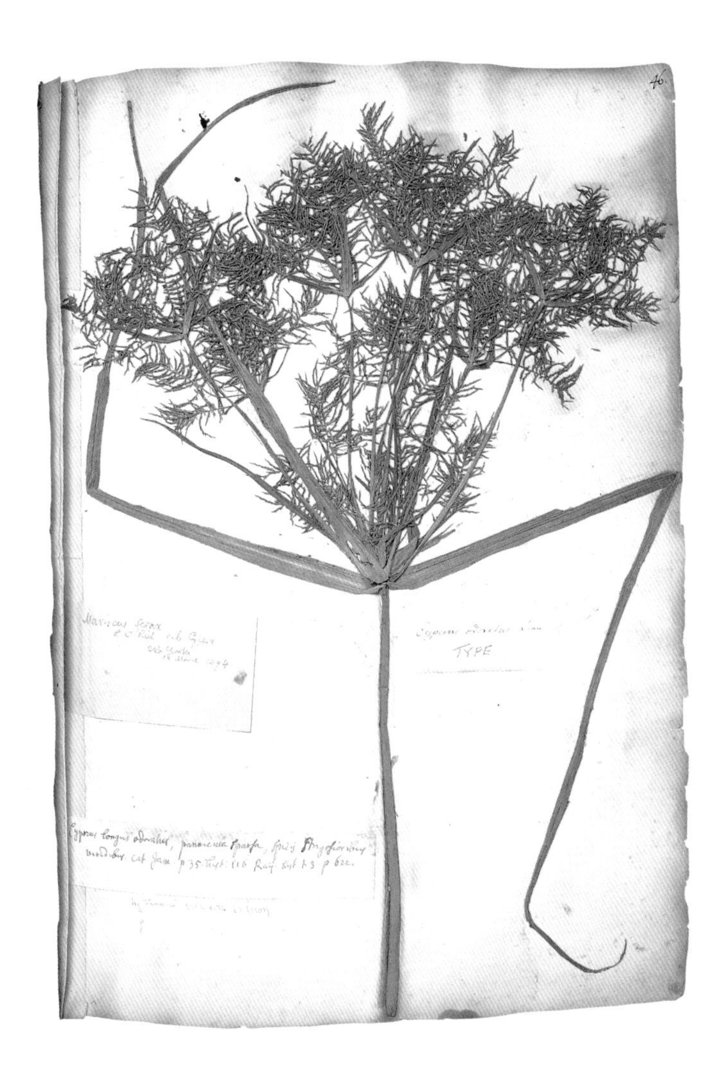

린네가 식물 분류법을 제시하기 이전에 지어진 이름 가운데도 오늘날 식물학계에 남아 있는 학명이 많다. 예컨대 슬론은 '잔잎이 무성한 허브식물'군으로 분류한 이 사초과 식물을 *Cyperus longus odoratus*라고 부르기 시작했다. 이는 존 레이가 향부자라는 식물에 붙인 설명과 상당히 비슷했다. 이후 린네의 분류법에 따라 이 식물은 *Cyperus odoratus*로 불리게 되었다. 그리고 향부자는 *Cyperus longus*가 되었다.

Apocynum erectum fruticosum flore luteo maximo & speciosissimo, 또는 Savanna flower[사바나 꽃]이라고 불린 아래 식물은 오늘날 *Urechites lutea*로 알려져 있다. 슬론은 이 식물이 "사바나 전역에" 자생하는 것을 발견했다. 그리고 "연중 대부분의 시기에 꽃이 피어 장관을 이루었다"고 기록했다. 더욱 의미 있는 식물은 바로 슬론이 만들어낸 밀크초콜릿 음료의 원료가 된 오른편의 카카오, *Theobroma cacao*다. 그는 카카오 열매에 대해 다음과 같이 적었다. "이 열매는 황소의 콩팥처럼 여러 부분으로 나뉘어 있다. 겉에는 몇 개의 줄이 가 있고 갈라보면 안쪽에 기공이 있다. 과육은 기름지며 쌉싸래한 맛이 난다."

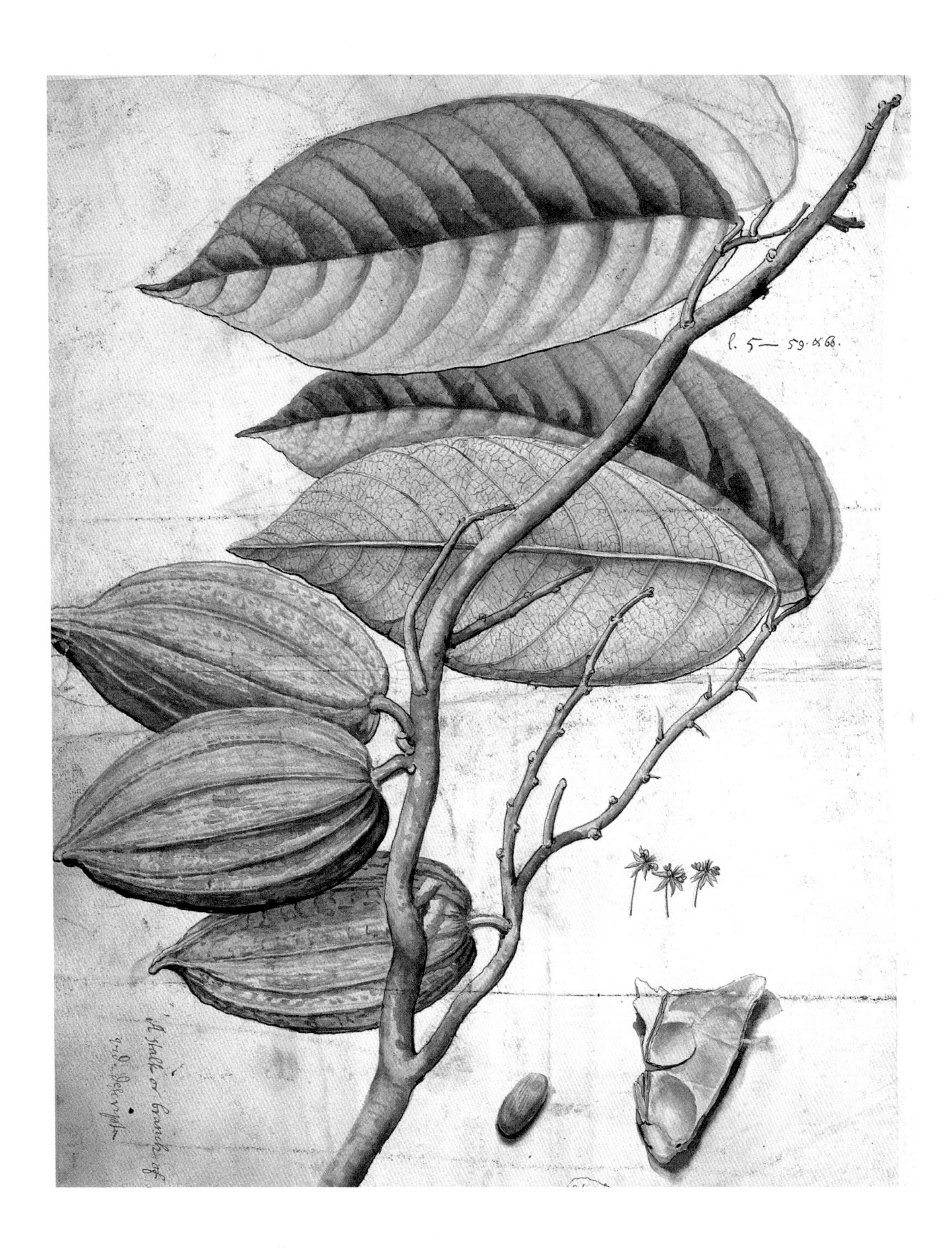

E.k.fecit.

한스 슬론은 이 파인애플과 식물을 *Viscum caryophylloides maximum capitulis in summitate conglomeratis*로 분류했다. "이 식물은 진갈색 실 같은 긴 뿌리털이 자잘하게 많이 모여 길게 늘어진 형태의 뿌리를 갖고 있다. 나무에 착생하는 종으로 뿌리 덕분에 나무껍질을 단단히 붙들 수 있다." 녹갈색 잎이 줄기 아래쪽에서 마치 장미 꽃잎처럼 겹쳐 나는데, "끈끈한 점액"으로 덮여 씨방을 감싸고 있다. 슬론의 기록에 따르면 이 식물은 크고 오래된 나무에 착생하는데, 땅에 떨어져도 그 자리에서 뿌리를 내릴 수 있다. 현대 학명은 *Guzmania linglata*.

슬론이 *Caryophyllus spurius inodorus folio subrotundo scabro flore racemoso hexapetaloide coccineo speciosissimo*라고 명명한 관목의 표본과 그림으로, 오늘날에는 *Cordia sebestena*, 코르디아 세베스테나라고 불린다. 슬론의 기록에 따르면 이 식물은 위로 곧게 자라는 습성이 있으며 "점토색 껍질"로 덮인 줄기가 2.4~2.7미터까지 자란다. 잎은 둥근 모양이고 표면이 거칠며 짙은 녹색을 띤다. 또 "개수도 많고 크기도 큰" 분홍색 꽃을 피운다. 이 식물의 "온전한 열매를 본 적이 없다"고 적은 슬론은 마지막으로 본 것을 "블랙리버브리지 인근 배첼러 씨 집 건너편 바위가 많은 언덕에 자라고 있었으며, 그 광경이 매우 아름다웠다"고 기록했다.

l. 5. – 71

Cyperus minimus Linn.
Gramen cyperoides minimum, spicis pluribus compactis ex oblongo rotundis. Cat. Jam. p. 36. Hist. 1.120. Raij. Hist. t. 3. p. 625.
Voy. Jamaica 1:120 t.79 f.3 (1707)

슬론은 이 작은 사초과 식물을 *Gramen cyperoides minimum*이라고 묘사했다. 이 식물은 다 자라봐야 약 7.5센티미터 정도 길이다. 표본의 보존 상태가 매우 좋아서 아직도 가느다란 뿌리가 보일 정도다. 하지만 슬론은 풀이나 사초과 식물이 자메이카 생태계에서 어떤 역할을 하는지 알지 못했다. "나는 아메리카 섬들에서 과연 풀을 발견할 수 있을지 궁금했다. 유럽 들판에서 보았던 것처럼 이곳의 평원에서도 풀을 발견할 수 있을지 확신할 수 없었다. 하지만 그곳에는 초원이 많았고, 그중에는 유럽에서 본 풀과 유사한 종도 많았다. (…) 이곳의 자연에 풀이 존재해야 하는 이유를 설명하기는 어려운 듯하다. 유럽인들이 오기 전까지 이 섬들에는 큰 네발짐승도 한 종밖에 없었기 때문이다. 씨알이 굵은 옥수수가 인간의 영양원으로 존재하는 것처럼, 이 풀들도 식물체와 씨앗을 먹이로 삼는 새나 곤충을 위해 존재한다고 보아야겠다."

*Cecropia peltata*의 그림과 표본. 슬론은 이 식물을 *Yaruma de oviedo*라고 명명하면서 자메이카를 포함한 서인도 섬들의 삼림지대에 널리 분포해 있다고 보고했다. 이 식물은 실생활에서 여러 용도로 사용된다. 슬론의 기록에 따르면, 잎과 수분이 풍부한 중과피는 '인디언과 니그로'가 상처 치료에 사용했으며, 브라질에서는 목재를 불쏘시개로 사용했다고 한다.
아래의 또 다른 표본과 킥이 1701년 5월 31일 그린 그림은 잎이 가시로 덮여 슬론이 유럽에서 많이 볼 수 있는 유럽호랑가시나무에 비유했던 식물의 것이다. 현대 학명은 *Drypetes ilicifolia*.

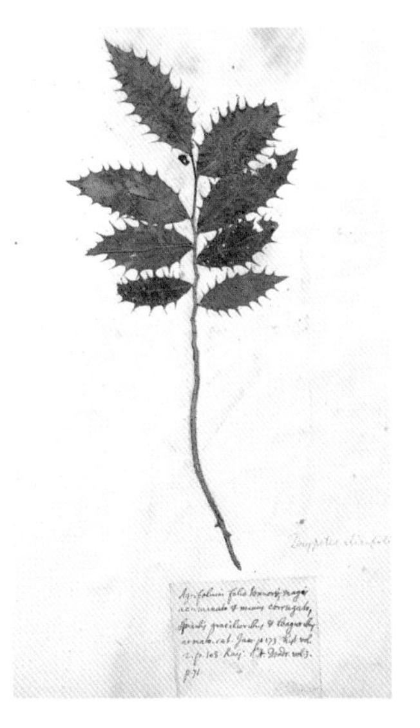

슬론은 식물 표본집 제3권에 이 식물을 *Arum saxatile repens, minus, geniculatum & trifoliatum*이라고 기재했는데, 현대 학명은 *Philodendron tripartitum*이다. 이 식물은 덩굴식물로, 줄기 속이 스펀지처럼 생겼으며 희부연 유액[식물의 유조직 세포와 유관에 들어 있는 액체]을 분비한다. 줄기를 따라 두꺼운 마디가 있고 마디마다 "대여섯 개의 덩굴손[빨판]이 자란다. (…) [이 빨판을 이용하여] 가까이 있는 나무를 잡고 순식간에 딱 달라붙는다".

슬론이 *Prunus racemosa, foliis oblongis hirsutis maximis, fructu rubro* 또는 'Broad-leaved cherry-tree[잎이 넓은 벚나무]'라고 부른 식물의 잎. 새로운 식물을 발견하면 자신이 알고 있는 식물의 이름을 따라 붙였던 그는 이 식물을 유럽에서 익숙하게 볼 수 있는 벚나무속 식물로 분류했다. 이 식물은 "세이지나 디기탈리스처럼 잎에 주름진 줄무늬가 있고 털로 뒤덮여 있으며[그래서 이름에 *hirsutis*가 들어갔다] 신록의 푸른빛을 띤다". 오늘날에는 *Cordia macrophylla*라고 부른다.

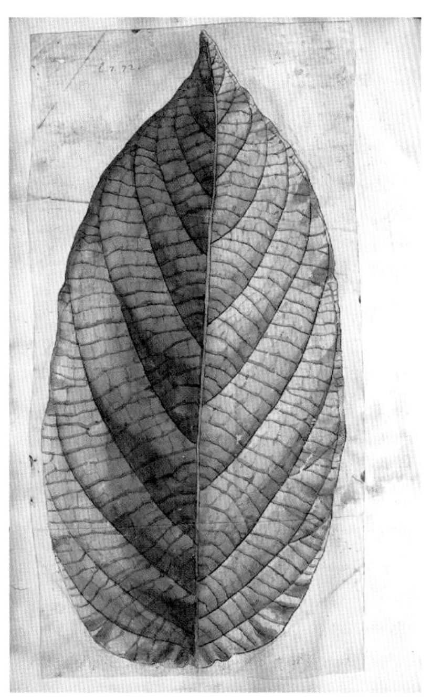

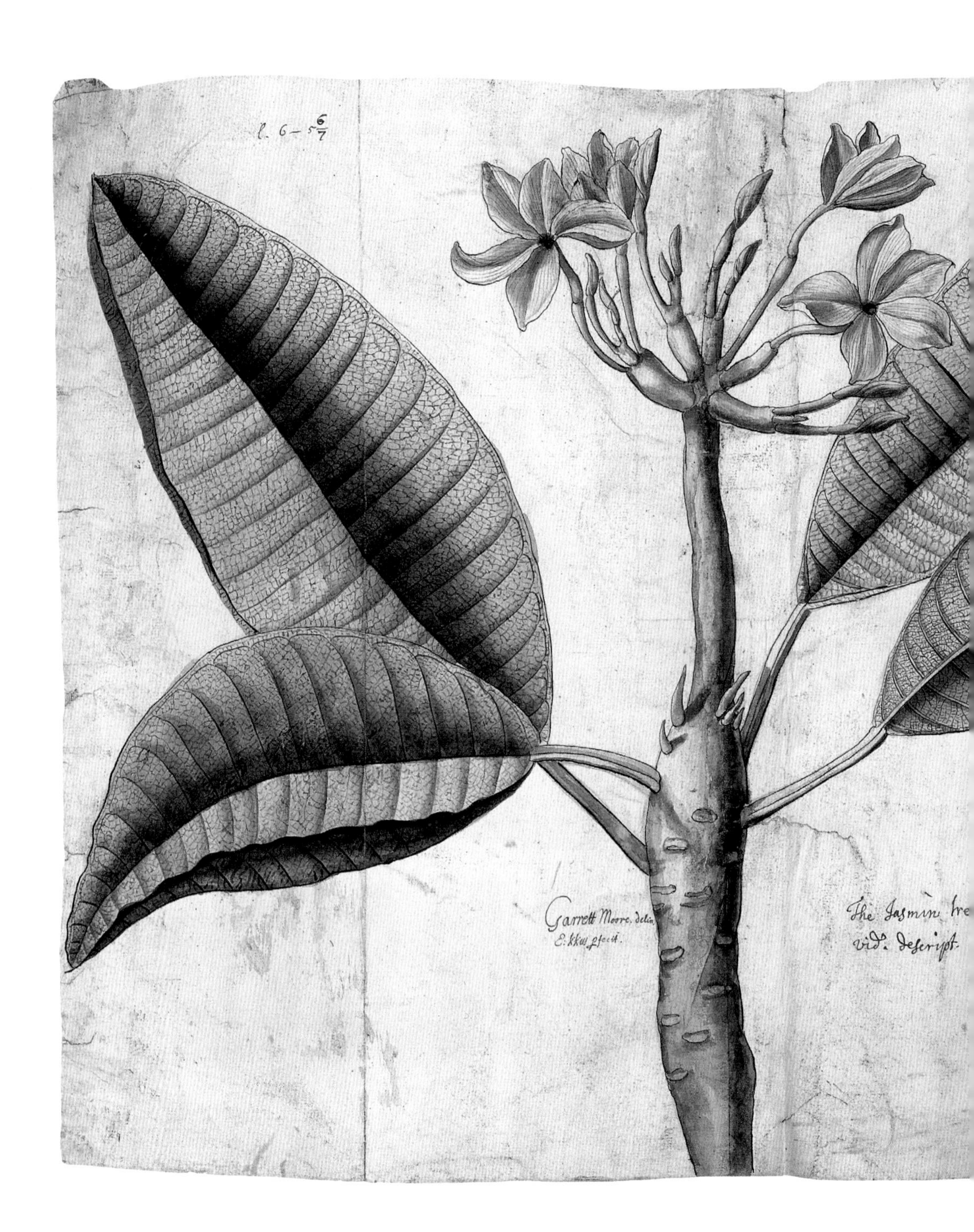
Garrett Moore. delin
The Jasmin tre
vid. descript.

슬론이 '재스민' 또는 *Nerium arboreum, folio maximo obtusiore, flore incarnato* 라고 부른 식물(오늘날에는 플루메리아 루브라, *Plumeria rubra*라고 불린다). 슬론의 관찰에 따르면 플루메리아 루브라는 사과나무 정도 크기로 꽃은 "색이 아름답고 무척 향기롭다". 자메이카, 바베이도스, '카리브해 섬' 정원에서 관상용으로 많이 재배하지만 실용적인 용도로도 쓰인다. "나무에서 가연성 유액이 나온다. 인디언들의 말에 따르면 2스크루플 24그레인[약 4그램] 정도를 섭취하면 매독이나 수종[신체 조직 간격이나 체강體腔 안에 림프액, 장액漿液 따위가 많이 괴어 있어 몸이 붓는 병]에 걸렸을 때 과점액질 및 악액질 체액을 손쉽게 제거할 수 있으며 특히 감기로 인해 생긴 악액질 체액을 없애준다." 아래는 그의 식물 표본집 제4권에 있던 *Tradescantia zanonia*의 표본이다.

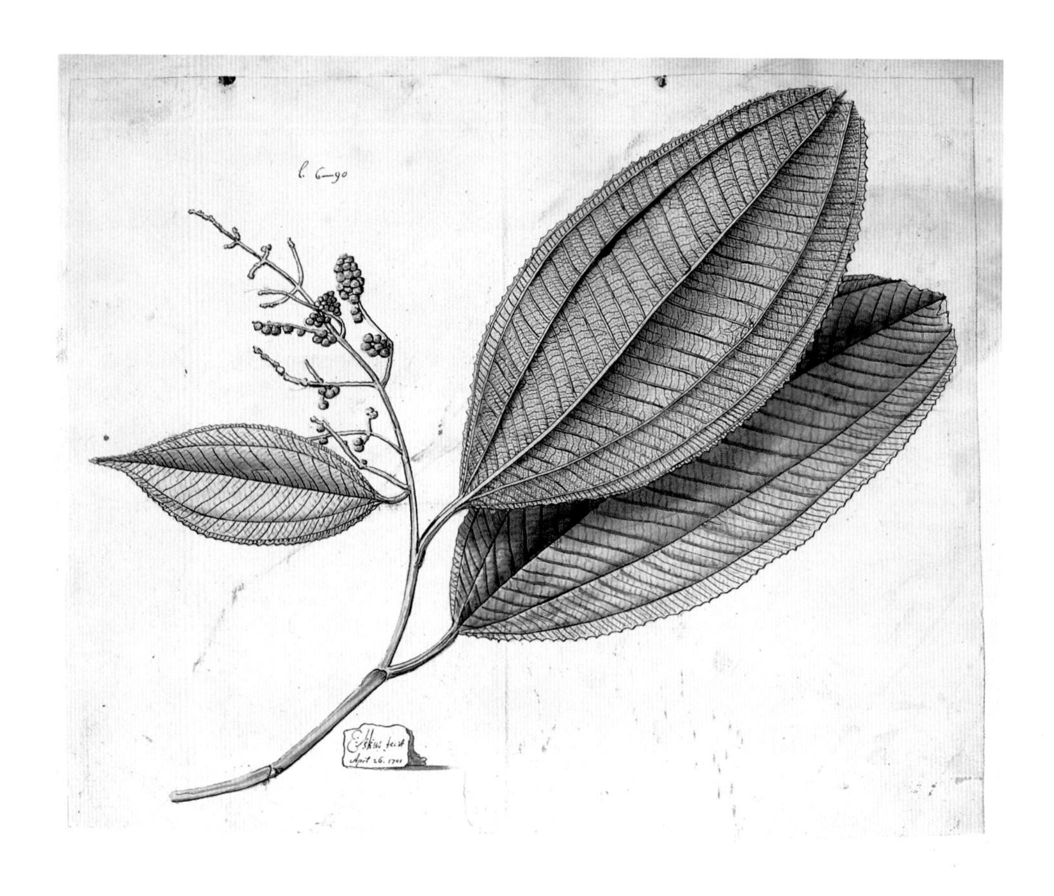

슬론이 *Grossulariae fructu arbor maxima non spinosa, Malabathri folio maximo inodoro, flore racemoso albo*라고 묘사한 식물(지금은 간단히 *Miconia elata*라고 부른다)에 대한 킥의 그림과 표본. 그림은 '1701년 4월 26일'에 기록됐다. 슬론은 특히 이 식물의 줄기에 주목했다. "줄기 두께가 사람 허벅지만 하고 부드러운 적갈색 껍질에 싸여 있으며 높이는 6미터 정도다." 그리고 다음과 같이 기록을 끝맺었다. "이 식물은 디아블로산 같은 내륙 산악지대, 레드힐, 코프 대령의 플랜테이션 주변과 그 너머에 자생하며 (…) 바베이도스에서도 자란다."

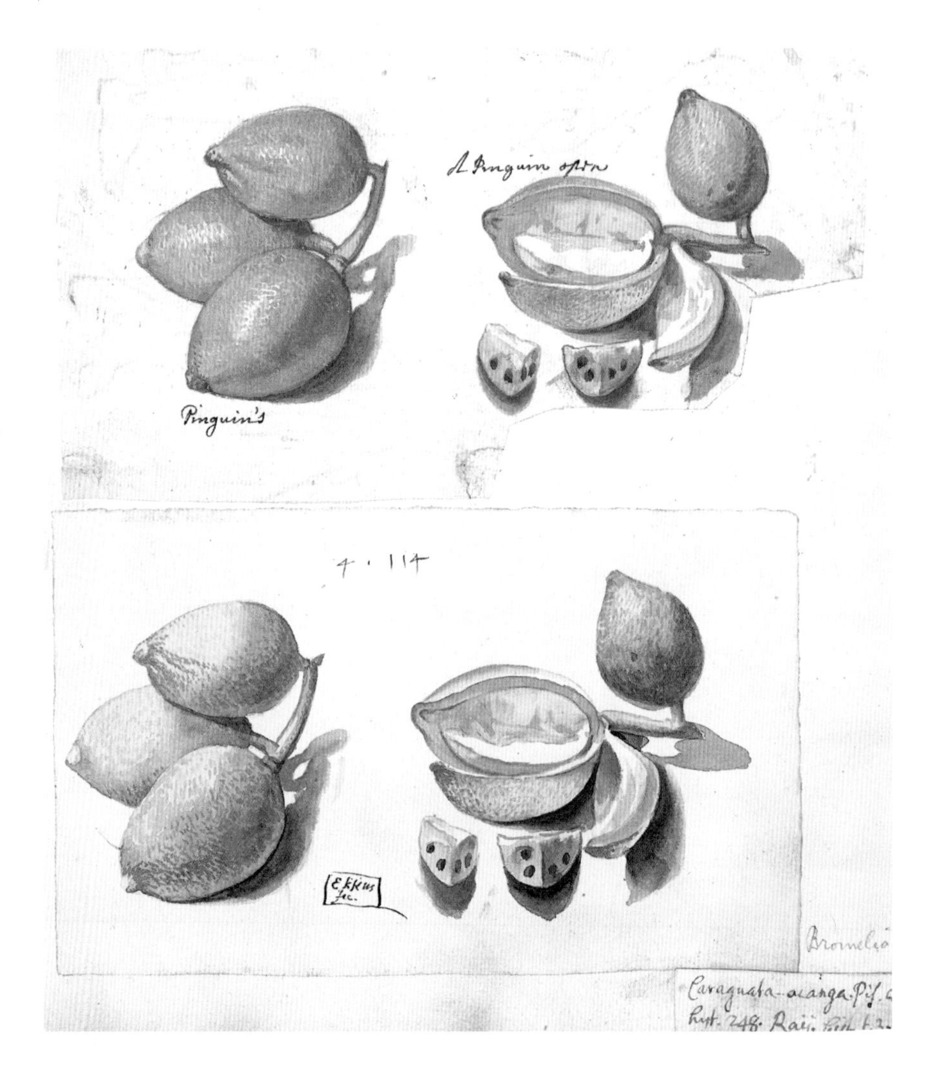

슬론은 이 열매가 열리는 식물을 *Caraguata-acanga*라고 동정했다(오늘날 이름은 *Bromelia pinguin*이다). 그는 이렇게 기록했다. "이 식물은 조갈을 완화해주는 효과가 있다. 영국 군이 히스파니올라섬에 도착했을 때 물이 필요한 상황이었는데, 그때 이 식물이 많은 생명을 구한 것으로 보인다." 하지만 문제점도 있었다. "과일의 산미가 건강에는 좋지만 (…) 너무 시어서 불쾌할 뿐만 아니라 말 그대로 입천장과 혀가 벗겨질 지경이다." 한편 해열 및 이뇨 효과도 있다. 유산을 초래하는 성분도 있어서 "이를 아는 매춘부들이 태아를 유산시키려고 사용하는 일도 많았다".

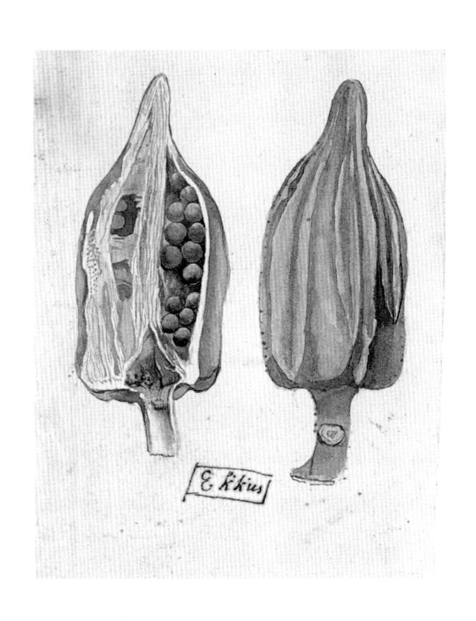

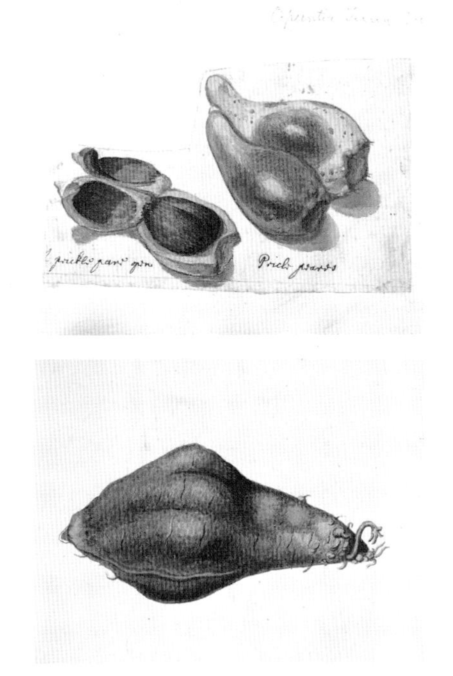

첫 그림은 오크라라고 하는 식물의 꼬투리로 이 식물의 현대 학명은 *Abelmoschus esculentus*다. 두 번째는 'Prickly Pear-Tree(가시 덮인 서양배나무)라고 불렸던 *Opuntia spinosissina*의 열매다. 아마도 우리에게 가장 익숙한 식물은 맨 아래 고구마, *Ipomoea batatas*일 것이다. 슬론은 고구마를 이렇게 설명했다. "사람들은 이 식물을 삶거나 숯에 구워 먹었으며, 영양가가 많은 훌륭한 식재료로 여겼다."

실론섬 조사
1672~1757

SURVEYING CEYLON

런던 자연사박물관에는 유명한 과학자들이 아이디어를 발전시키는 데 크게 기여했으나 그 공을 인정받지 못한 영웅 수백 명의 작품이 소장되어 있다. 그중 대표적인 소장품 두 점이 실론섬—오늘날의 스리랑카—에서, 영국이 그 섬을 식민 지배하기 훨씬 더 전에 탄생했다. 이 이야기를 읽다 보면, 자료들이 제작된 지 한참이 지나 자연사박물관같이 유서 깊은 시설로 오게 되는 과정을 살펴볼 수 있다. 또 그런 자료들이 때때로 전혀 예상치 못한 곳에서 등장한다는 사실도 알게 된다.

네덜란드는 1658년 포르투갈로부터 실론섬을 이양받아 1798년 영국에 넘겨주기 전까지 140년간 섬을 다스렸다. 이 기간에 실론섬은 네덜란드 동인도회사가 효율적으로 관리했는데, 여러 명의 총독이 이곳을 거쳐갔다. 그 가운데 한 명쯤은 실론섬에서 발견된 과학적 가치가 있거나 흥미로운 자료들이 네덜란드의 박물관 및 대학의 어떤 탁월한 컬렉션에서 자리를 찾으리란 걸 예상했을지도 모른다. 그런데 1752년부터 1757년까지

파울 헤르만의 화첩에 그려진 *Musa x paradisiaca*라는 식물의 꼭대기에서 플랜테인(열대 아시아 원산의 파초과 요리용 바나나로 향이 풍부하고 달콤한 맛이 난다)이 열린 모습. 송이의 무게는 18~27킬로그램이다. 열매는 익혀서만 먹는다.

실론섬 총독을 지낸 요안 히데온 로턴이 모아놓은 실론섬 동식물 그림 컬렉션과 소량의 필사본을 1925년에 매물로 내놓은 곳은 바로 헤이그에 있는 서적상 마르티뉘스 네이호프였다. 훗날 자연사박물관 관장이 되어 기사작위를 받게 되는 당시 런던 자연사박물관의 동물학 부서 연구조교 노먼 키니어가 이 자료들을 구매하자고 제안했고, 박물관에서는 이를 75파운드에 구입했다.

로턴은 1710년 네덜란드 위트레흐트 인근 신트마르턴스데이크에서 태어났고, 1731년부터 1757년까지 네덜란드 동인도회사에서 일했다. 동인도회사에서 일을 시작하면서 그는 20년 동안 바타비아(지금의 자카르타), 사마랑, 그리고 술라웨시섬 마카사르 등지에서 차츰 중요한 역할을 맡아 나가는 한편, 1733년 남아프리카 태생의 안나 헨리에타 판 보몬트와 결혼했다. 로턴은 1752년 마침내 실론섬 총독으로 임명되어 아내와 함께 콜롬보로 이주했다. 5년간의 통치는 녹록하지 않았다. 그는 섬이 정치적으로 매우 불안정한 시기에 부임했는데, 당시 싱할라족 원주민 사이에선 내란이 끊이지 않았다. 후임자의 통치기에는 이런 불안정 상태가 더욱 악화되어 싱할라족과 네덜란드인이 전면 충돌하는 상황으로까지 비화됐는데, 로턴이 재임할 때도 상황이 위태롭긴 마찬가지였다. 여기에 더해 외부 세력, 특히 프랑스나 영국이 개입할 가능성도 끊임없이 제기되었다. 이런 불안감에 엎친 데 덮친 격으로 1755년 아내까지 세상을 떠난다.

이 모든 악조건 속에서도 로턴은 과학, 특히 자연사에 대한 열정과 관심의 끈을 놓지 않았다. 이런 관심은 그가 실론섬 총독이 되기 전, 해외에서 파견 근무를 할 때부터 꾸준히 키워온 것이었다. 그는 콜롬보에서 근무할 때도 현지 동식물을 수집했고, 그곳에서 유능한 화가를 고용해 그것들을 그리게 했다. 하지만 그림을 그린 화가에 대해서는 알려진 바가 거

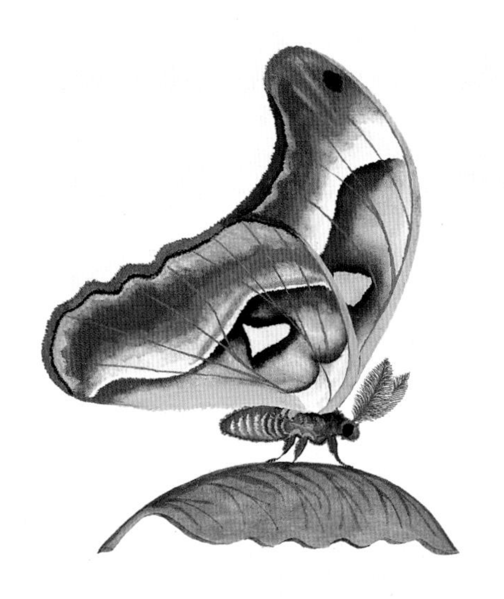

드 베베러가 그린 아틀라스나방, *Attacus atlas*. 인도와 동남아시아에서 자생하며 산누에나방과에 속한다. 산누에나방과에 속하는 수컷 나방의 특징은 빗처럼 생긴 더듬이다. 민감한 냄새 감지 기관인 더듬이는 생존에 매우 중요한 기능을 하는데, 이 더듬이로 암컷이 내뿜은 성페로몬을 감지하여 일정 반경 내에 있는 암컷의 존재를 감지할 수 있다.

균류인 *Phallus indusiatus*는 아시아의 열대지방에서 매우 흔하게 발견된다. 모양과 냄새 때문에 망태말뚝버섯이라는 보통명으로 불린다.

의 없고, 이름마저 자료마다 다르게 기록되어 있다. 그의 성 드 베베런de Beveren 혹은 드 베베러de Bevere는 네덜란드에서 흔한 성으로, 네덜란드 군장교였던 조부 빌럼 헨드릭 드 베베런에게 이어받은 것이었다. 조부는 싱할라족 여성과의 사이에서 아들을 한 명 두었는데, 그가 바로 부친인 윌렘스 드 베베러다. 1700년께 바타비아에서 태어난 그는 결혼 후 동인도회사에서 조수 자리를 얻어 콜롬보로 이주했다. 그리고 1733년 이곳에서 로턴이 고용한 화가가 태어났다. 혼란스럽게도, 그는 당시 흔히 그랬듯 조부의 이름인 빌럼 헨드릭이라고 불렸는가 하면, 피터르 코르넬리스라고 불리기도 했다. 그러나 1757년 20대 초반의 나이로 로턴과 함께 바타비아에 왔다가 1781년에 사망했다는 것을 제외하면, 그의 어린 시절, 교육 환경, 이전의 고용 상태나 이후의 삶에 관해 알려진 바가 거의 없다.

그럼에도 불구하고 그가 대부분 실론섬에서, 몇 점은 바타비아에서 그린 훌륭한 그림은 살아남았다. 자연사박물관 로턴 컬렉션에 소장된 154점의 그림 중에는 조류가 98점, 어류가 7점이고, 무척추동물이 17점, 식물이 16점이다. 따로 출판된 적은 없지만 18세기 자연사학자들은 이 그림들을 익히 알고 있었다. 아마도 로턴이 바타비아에서 1년 가까이 시간을 보낸 후, 자리에서 물러나 네덜란드로 돌아갔다가 1759년부터 1765년까지 다시 런던 풀햄에서 생활했기 때문일 것이다. 그곳에서 그는 영국 여성 레티셔 코츠와 결혼했다. 영어도 유창하게 말하고 쓸 줄 알았던 로턴은 런던의 여러 과학 단체에서 유명했으며, 많은 이의 존경을 받아 1760년 왕립학회 회원이 되기도 했다. 그는 영국에 있는 동안에도, 후에 네덜란드로 돌아간 뒤에도 영향력 있는 주요 출판사들이 드 베베러의 그림을 사용할 수 있도록 허락했다. 일례로 왕립의사협회Royal College of Physicians사서였던 조지 에드워즈는 1758년부터 1764년 사이에 출판된 저서 『자연사 선집*Gleanings of Natural History*』에 그 그림들을 실었다. 또 제임스 쿡의 두 번째 태평양 항해를 함께한 박물학자 J. R. 포르스터가 집필해 1781년 출간된 『인도의 동물학*Indische Zoologie*』과 1769년에 출간된 토머스 페넌트의 『인도의 동물학*Indian Zoology*』에도 드 베베러의 그림이 사용되었다. 조지프 뱅크스의 제도공으로 제임스 쿡의 첫 항해에 함께한 시드니 파킨슨도 페넌트의 책에 사용할 목적으로 드 베베러의 그림을 모작했다. 그리고 이것이 로턴의 생전에 드 베베러의 그림이 사용된 거의 마지막 책이었는데, 그는 페넌트의 책이 출판된 해에 위트레흐트에서 사망했다.

로턴은 드 베베러의 그림을 하를럼의 과학학회에 유산으로 남겼다. 그런데 1866년에 이런저런 사정으로 학회 소장품들이 뿔뿔이 흩어지고 말았다. 그 후로 드 베베러의 그림들도 흔적 없이 사라진 듯했으나 거의 20년이 지난 1883년, 헤이그에서 서적상 네이호프가 그의 그림들을 매물로 내놓았다. 이 서적상은 훗날 드 베베러의 그림들을 자연사박물관에 판매한 업체와 같은 곳이었다. 하지만 이때는 그 그림들의 배경이 깊이 연구되었을 뿐 아니라 나중에 하를럼 식민지 박물관Colonial Musseum 위원회 회장을 지낸 P. J. 판 하우턴이 300플로린을 내고 그림들을 매입했다. 드 베베러의 그림들이 이 박물관을 포함한 다른 네덜란드 기관에 계속 남아 있지 못하게 된 사연은 알려지지 않았다. 어쩌면 판 하우턴에게 적당한 가격을 제시한 사람이 없었기 때문인지도 모른다. 어쨌든 판 하우턴 혹은 그의 유언집행인이 1920년대 초에 그 그림들을 네이호프 사에 되판 것은 분명하다. 그리고 그 그림들은 마침내 약 250년 전 로턴이 풀햄에 머물며 그림들을 보관했던 곳에서 불과 1~2킬로미터 떨어져 있던 마지막 안식처 런던 자연사박물관에 반입된다.

로턴 컬렉션을 획득하기 딱 한 세기 전, 그보다 훨씬 더 오래됐지만 그만큼 의미 있는 또 다른 실론섬 자료들이 대영박물관에 들어왔다. 바로 실론섬 컬렉션이었다. 이 컬렉션이 조지프 뱅크스의 대규모 소장품에 포함돼 대영박물관에 반입된 건 1827년이었지만, 수집이 이루어진 건 네덜란드가 막 실론섬을 식민 통치하기 시작한 시기였다. 17세기 중반에서 후반까지 실론섬은 네덜란드의 전략적 요충지이면서 귀한 천연자원의 보고이기도 했던 주요 식민지였다. 특히 내장의 가스를 제거하는 데 효과가 있다고 보고되면서 유럽에서 매우 귀하게 여겨졌던 시나몬이 이곳에서 생산되었다. 1664년 네덜란드 동인도회사가 시나몬 플랜테이션을 관리하기 시작하면서 암스테르담으로 해마다 수출되는 시나몬의 양은 약 11만3400킬로그램에서 68만400킬로그램으로 급증했다. 이렇게 시나몬 무역이 정점을 찍고 몇 년이 지난 1672년, 젊은 의사 파울 헤르만이 네덜란드 동인도회사 소속 최고 의료 책임자로 실론섬에 5년간 부임하게 됐다. 그는 시나몬 생산뿐만 아니라 섬의 식물학 전반에 큰 관심을 보였다.

1646년에 태어난 헤르만은 실론섬에 당도했을 무렵 오랫동안 진행 중이던 의학 연구를 끝마치지 못한 상태였다. 연구 자체가 식물학과 밀접한 관련이 있기도 했지만, 무엇보다 그는 식물학 자체에 더 관심이 많았다. 그는 실론섬에 가는 것을 유럽인들이 거의 탐구해본 적 없는 지역에서 식물을 채집할 최고의 기회로 여겼다. 섬은 명목상으로 네덜란드 소유이긴 했지만 통치권이 미치는 곳은 포르투갈로부터 넘겨받은 해안 지역에 한정되었다. 내륙 지역 대부분은 여전히 원주민 싱할라족을 지배한 황제 라자싱하의 통치하에 있었기에, 사람의 손길이 닿지 않은 깊은 숲속을 탐험할 기회는 매우 제한적이었다.

헤르만이 실론섬에 머무는 동안 채집해 보존한 식물 표본집을 살펴보면 이런 정황을 확인할 수 있다. 표본 대부분은 그가 활동하던 지역

정원에서 채집한 식물들을 포함해 콜롬보 전체의 식물상을 전형적으로 보여주었다. 그렇다 보니 헤르만이 채집한 수백 가지 식물종 가운데 50종 정도가 실론섬 자생종이 아닌 외래종이었다. 그런 식물들은 보통 유럽산이었는데, 아마도 실론섬에 거주하던 포르투갈인과 네덜란드인이 고향을 그리워하며 정원에 심은 것들이었으리라. 그중 커스터드애플, 구아바, 캐슈너트, 고추, 목화 등 열두 종 정도는 아메리카 대륙에서 들여온 것이었는데, 이는 식물이 비교적 최근에 조사된 지역에서 다른 지역으로 매우 빠르게 이동했다는 사실을 생생하게 보여준다. 이런 '불순물'이 포함되어 있고 실론섬의 식물상을 다소 제한적으로 보여주긴 했지만, 네 권의 건조표본집과 거기에 딸린 화집은 당대 식물학자들에게 매우 중요한 자료가 되었다.

헤르만이 생전에 스스로 이 채집 기록을 알릴 기회는 거의 없었다. 실론섬 체류 기간이 끝난 후 그는 1679년 서른둘의 나이로 레이던대학 식물학과 학과장이 되었고, 1695년 젊은 나이로 세상을 떠날 때까지 그 자리에 있었다. 1687년 이 기록물의 축약본이 나온 것을 제외하면 그는 실론섬의 식물상을 다룬 책을 따로 내지 않았던 걸로 보인다. 헤르만이 사망한 뒤 그의 아내는 남편의 표본집과 글을 적은 노트들을 모아 옥스퍼드대학 식물학 교수 윌리엄 셰러드에게 보냈다. 아마도 어떤 형태로든 그것을 출판해 몇 푼이라도 벌어보려고 한 일이었을 것이다. 셰러드 교수는 헤르만의 노트를 편집하고 식물 이름을 싱할라어로 기록해 71쪽 분량의 목록을 만든 뒤 1717년 『실론섬 박물관*Musaeum Zeylanicum*』이라는 제목을 붙여 익명으로 출판했다. 하지만 책도, 책에 실린 식물 컬렉션도 큰 관심을 받지 못했다. 그러다 거의 30년이 지나 코펜하겐에 사는 국가 약제상 아우구스트 귄터 덕분에 이 기록이 주목을 받기 시작했다. 귄터는 지금은 유명해진 린네가 외래 식물 연구에 관심이 있다는 것을 알곤, 스웨덴 웁살라에

식물 표본이 포함된 헤르만의 화집 원본. 이 두 페이지에는 *Nelumbo nucifera* 또는 연으로 알려진 식물의 잎과 꽃, 종자꼬투리가 그려져 있다. 중국, 티베트, 인도에서 전통적으로 신성하게 여겨지는 이 꽃은 이들 지역에서 산스크리트어로 파드마पद्म, *Padma*라고 불린다. 종소명인 *nuncifera*는 '견과류가 열리는 식물'이란 뜻으로 이 '견과' 열매를 물속 진흙에 넣어두면 몇백 년간 생명력을 유지할 수 있다.

의사였던 헤르만의 주된 관심은 실론섬의 식물 및 식물의 약용에 있었지만, 꼭 기록으로 남기고 싶어했던 동물들도 있었다. 이 홀쭉이로리스가 바로 그런 동물이었다.

있던 그에게 이 컬렉션 전체를 보내주었고, 린네는 즉시 연구에 돌입했다. 그로부터 2년 후인 1747년 린네는 『실론섬 식물지*Flora Zeylanica*』라는 책을 출판했다. 그는 헤르만이 채집한 657종의 식물 목록을 작성하고 그중 429종은 직접 분류한 '속'에 배정했으며, 목록 번호로 표본을 참조할 수 있게 했다. 헤르만의 자료는 그렇게 식물학사에서 매우 중요한 위상을 갖게 되었다.

1707년 루터교 목사의 아들로 태어난 린네는 부친을 따라 목사가 되기를 바란 부모의 기대를 거스르고 웁살라대학에서 의학을 공부했다. 20대에는 라플란드, 독일, 네덜란드와 영국 등 북유럽과 서유럽으로 식물 탐사 여행을 다니며 영국에서 한스 슬론을 만나기도 했다. 이후 스톡홀름에서 짧게 의사로 일한 뒤 1741년 모교인 웁살라대학 식물학과 학과장으로 부임한다. 『실론섬 식물지』는 린네가 펴낸 여러 비슷한 식물책 가운데 한 권에 불과했는데, 그중에는 『실론섬 식물지』처럼 상대적으로 좁은 지역의 식물상을 담은 책이 있었는가 하면 그보다 더 광범위한 지역의 식물을 아우르는 책도 있었다. 이 책들을 바탕으로 구상하던 개념을 발전시킨 린네는 마침내 자연사 분야에 커다란 선물을 안겨주게 된다. 그것은 바로 이명법binomial system, 二名法[분류학에서, 속명 다음에 종소명을 적어서 생물 하나하나의 종류를 라틴어로 나타내는 명명법]이었다.

이명이란 말 그대로 '두 개의 이름'을 뜻하는데, 18세기 중반 린네가 이 분류 체계를 도입한 이래 전 세계 식물학자와 동물학자는 두 어절의 라틴어구로 식물과 동물의 이름을 정하게 되었다. 앞에 놓이는 속명은 '속genus, 屬'이라는 단위로 묶을 수 있을 정도로 유사한 생물에 공통적으로 붙는 이름이다. 여기에 뒤이어 종소명을 붙이면 그 종만을 지칭하는 고유의 단어 조합이 생긴다. 이렇게 해서 인간은 *Homo sapiens*, 사자는 *Panthera*

좀처럼 보기 어려운 아틀라스나방의 복측. 드 베베러가 그린 여러 점의 아틀라스나방 그림 중 하나다. 아틀라스나방은 날아다니는 곤충飛蟲 가운데 날개폭이 가장 넓어서 가로 길이가 30센티미터에 달한다. 여느 나방과 나비가 그렇듯 아틀라스나방도 막 모양의 날개를 가지고 있는데, 여러 줄의 미세한 비늘이 기와나 모자이크 조각처럼 다닥다닥 붙어 우리가 보는 무늬와 색으로 나타난다. 모든 종의 나비와 나방이 속한 나비목, *Lepidoptera*는 그리스어에서 유래됐는데, '비늘 날개'라는 뜻이다.

leo, 그리고 데이지는 *Bellis perennis*가 된다. 따라서 과학자라면 누구나 다른 과학자가 '이명법'을 통해 나타내고자 하는 바를 알 수 있고, 또 알아야 한다. 이명법의 확립은 과학의 진보에 대단히 의미 있는 일이었다. 그때까지는 전 세계적으로 합의된 명명 체계가 없었던 까닭이다. 이명법을 쓰기 전까지 사용된 과학적 명칭은 해당 종의 특징을 라틴어 구절로 묘사한 것이었고, 이는 결과적으로 극심한 혼란과 오해를 불러일으켰다. 『실론섬 식물지』가 출판되었을 당시는 린네가 이명법을 고안하기 전이었으므로, 당연히 책에 실린 식물명도 이명법을 따르지 않았다. 하지만 린네는 1753년 『식물의 종*Species Plantarum*』을 출판하면서 모든 종에 '제대로 된' 이름을 달았고, 이렇게 정성 들여 지은 학명에 『실론섬 식물지』에 적은 애초의 이름을 참조할 수 있도록 함께 달아두었다. 이렇게 해서 린네의 책과 헤르만의 표본집은 긴밀히 연결될 수 있었다. '기준type〔생물학에서 특정 분류군의 특징을 정의하는 성격〕'이라는 개념은 린네가 살던 시기에는 쓰이지 않다가 한참 후에야 고안되었다. 바로 이 개념을 이용해 동식물 확증표본voucher specimens〔생물의 형태적 연구뿐만 아니라 연구 활동에도 사용되어 증거 자료로 인용된 표본을 말하며, 연구 결과의 근거나 검증을 위한 재료가 된다〕의 식물학적, 동물학적 이름을 확인할 수 있다. 그러니 돌이켜 생각해보면 헤르만의 표본들이 린네가 지은 식물명의 '기준'이 되었다고 할 수 있고, 자연사박물관에서는 이런 이유로 그 표본들을 귀하게 여기며 그의 화집과 함께 보관하고 있다. 한편 이렇게 헤르만의 표본이 린네를 거쳐 사우스켄싱턴의 자연사박물관까지 오는 데는 18세기의 탄탄한 수집가 네트워크도 크게 기여했다.

과학 연구를 마친 린네는 헤르만의 자료를 다시 귄터에게 돌려보냈고, 귄터는 그것을 코펜하겐 혹은 덴마크 모처에서 A. G. 몰트케 백작에게 증여하거나 판 것으로 보인다. 몰트케 백작이 사망하고 그 자료는 코펜하겐에 있던 트레쇼우 교수에게 팔렸다. 헤르만의 자료들이 수십 년간 덴마크에 있었던 셈이다. 하지만 결국 트레쇼우 교수는 헤르만의 자료를 위대한 수집가 조지프 뱅크스에게 75파운드에 넘겼다. 1827년 마침내 뱅크스의 어마어마한 보물이 대영박물관으로 반입됐고, 이 보물들은 1881년 런던 자연사박물관으로 이관되었다.

피터르 드 베베러가 로턴 총독을 위해 그린 *Gongylus gongylodes*. 낙엽사마귀의 '낙엽'이라는 말이 이 곤충의 영리한 변장술을 보여준다. 게걸스런 포식자인 사마귀들은 나뭇잎, 심지어 꽃 같은 식물 기관의 형태로 위장해 다리로 순식간에 사로잡을 수 있는 범위에 먹잇감이 들어올 때까지 들키지 않고 기다린다. 이 사마귀들은 뒷다리 체절과 앞다리의 두 번째 마디가 크게 발달해 있다. 그래서 속명이 그리스어로 '공'을 뜻하는 *Gongylus*다.

헤르만 컬렉션에 포함된 야자나무 플랜테이션 그림. 야자나무 수액으로 만드는 알코올 음료 토디toddy의 생산 과정을 볼 수 있다. 맨 오른쪽과 중앙에서 약간 왼쪽에 있는 두 남자가 수액을 뽑기 위해 야자나무를 기어오르고 있다. 그 왼쪽에서는 갓 뽑은 수액을 증류통에 넣고 발효 및 증류하는 작업을 하고 있다. 중앙에선 유럽인들이 담배를 피우며 술을 마시고 있고 오른쪽 끝에는 한 남자가 토하는 듯한 모습이 보인다. 이 플랜테이션에서 나온 술을 과음한 모양이다. 세계 여러 지역에서 이스트 대신 포도즙을 팽창제로 사용했듯이, 인도에서는 전통적인 알코올 음료인 토디를 이스트 대신 사용했다.

*Nymphaea pubescens*의 잎과 전체(오른편) 모습. 헤르만의 화집에 실려 있다. '연'이라는 보통명은 여러 속의 식물을 아우르는데, 이 종은 수련속 중 하나다. 몇몇 연은 동양에서 종교적으로 중요한 의미를 띤다. 흰 꽃을 피우는 이 연은 브라마, 비슈누와 함께 힌두교의 3대 신이자 춤의 신인 시바신을 상징한다.

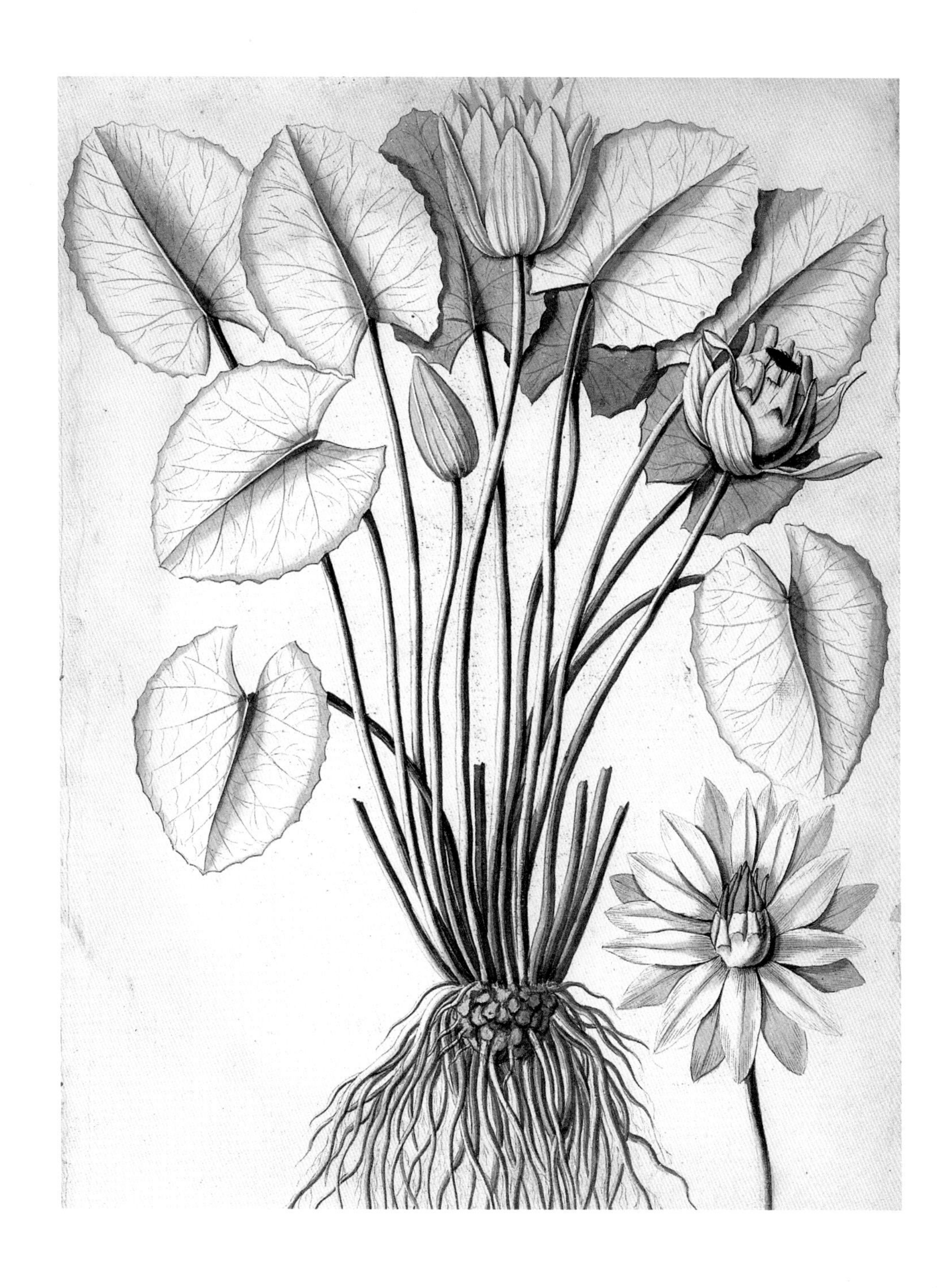

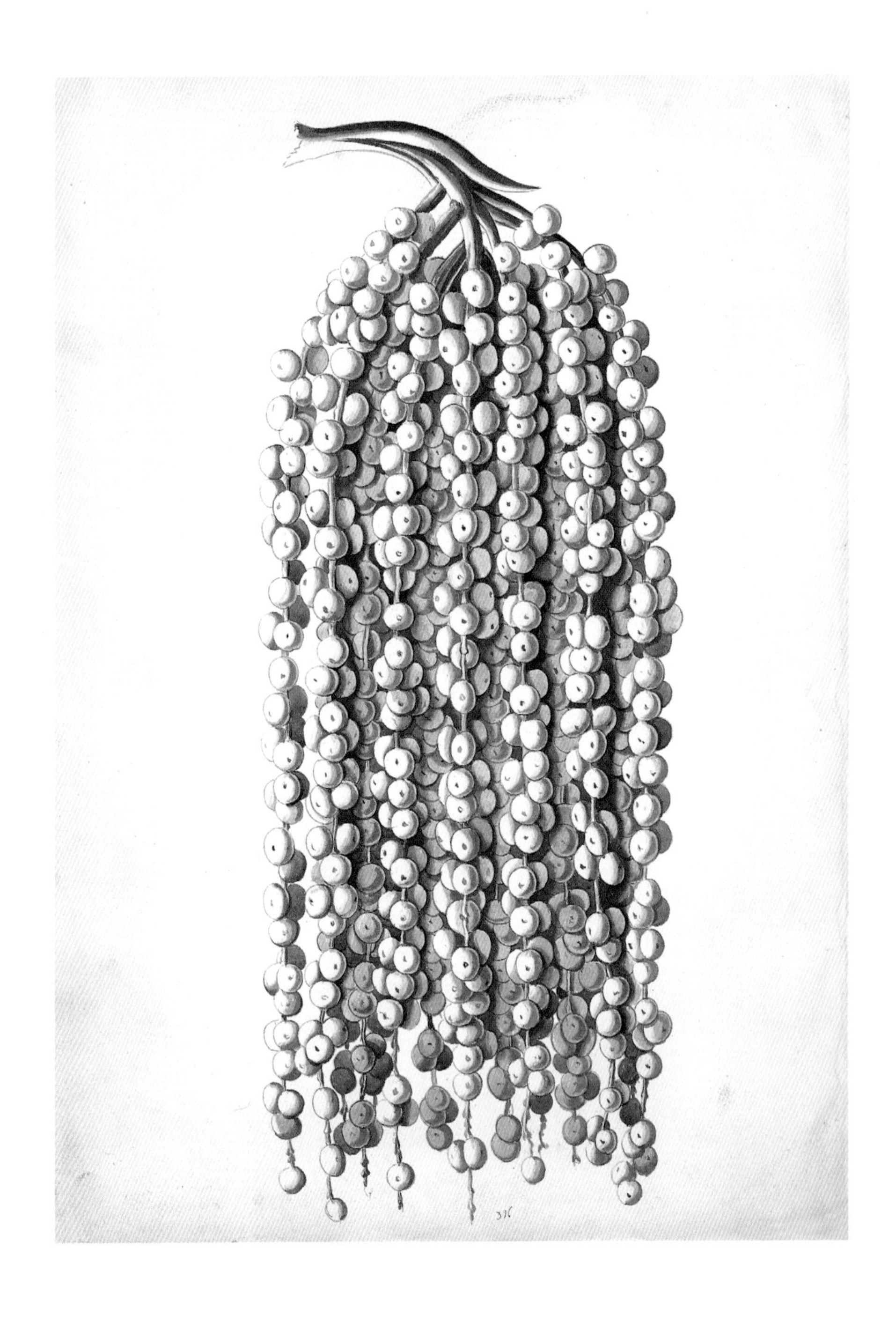

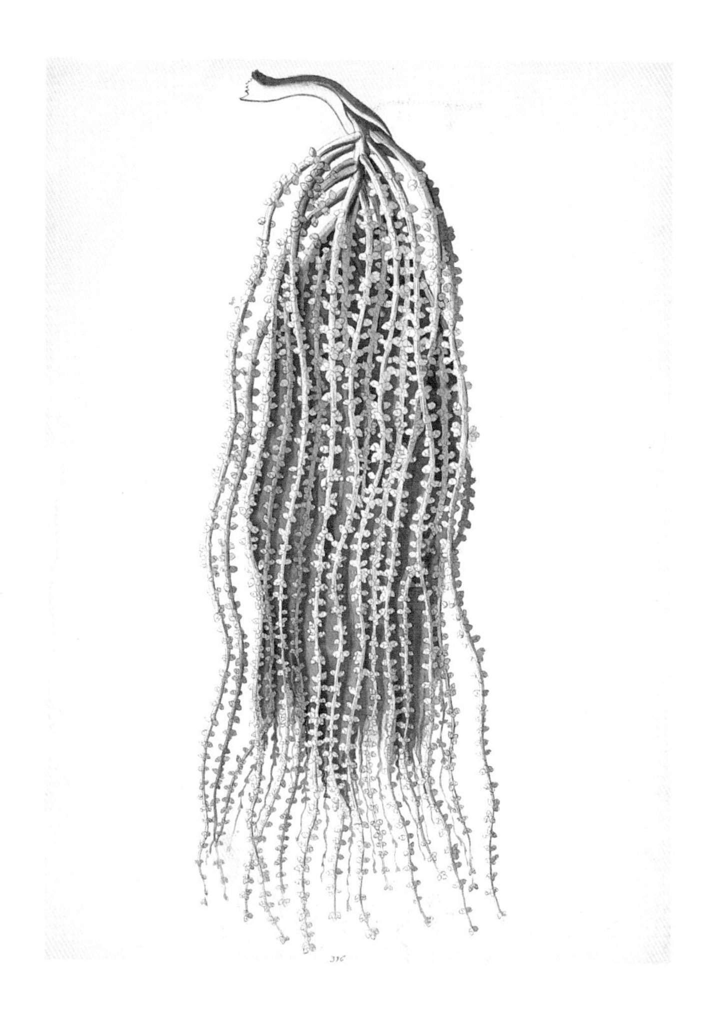

Caryota urens, 붕어꼬리야자의 육수꽃차례로 꽃이 술 모양으로 다닥다닥 피어 있다(위). 이 육수꽃차례의 꽃을 감싸는 포가 변형된 불염포에서 뽑아낸 수액을 발효시켜 토디를 만든다. 수액은 꽃차례 하나당 하루 7~14리터 정도 나오지만, 구멍을 여러 개 뚫어 추출하면 27리터까지 뽑아낼 수 있다. 왼편에서 보듯 열매는 모양이 둥글고, 붉은색 또는 노란색을 띤다. 가려움증을 유발하는 물질을 함유하고 있긴 하지만, 그래도 동물들의 먹이가 되어 씨앗을 퍼뜨린다. 자연에서는 숲속 빈터나 열대우림 아교목층 나무들의 가장자리에서 자라고, 정원에서도 널리 재배된다.

188
396

왼편 그림은 헤르만 컬렉션 중 *Caryota urens*, 붕어꼬리야자로 사고sago〔사고야자나무의 수심樹心에서 나오는 쌀알 모양의 흰 전분으로, 식용하거나 바르는 풀의 원료로 쓴다〕, 키툴kitul〔야자나무 잎자루에서 나오는 말총 비슷한 갈색을 띤 섬유로, 주로 리넨과 면을 닦고 벨벳에 광을 내는 솔을 만드는 데 사용된다〕, 재거리jaggery〔야자나무 수액으로 만든 비정제 흑설탕〕의 원료가 되는 식물이기도 하다. 어린잎은 식용이 가능하고 진액은 사고라는 녹말을 만드는 데 사용되며, 수액은 수분을 날려 재거리(굵은 설탕의 일종)를 만들거나 발효해서 토디를 만든다. 키툴은 잎꼭지에서 나오는 섬유질을 말하는데 바구니나 밧줄을 만드는 데 쓴다. 이 나무는 전통적으로 약용되기도 했는데 어린나무의 기름은 연고나 찜질포 형태로 만들어 뱀에 물린 상처를 치료하는 데 썼다. 한편, 화집에 실린 식물 중에는 잘 알려지지 않은 것들도 있다. 린네는 1745년께 아래 그림들을 연구했지만 결국 어떤 식물인지 알아내지 못했다. 어쩌면 너무 기교가 들어가서인지도 모른다. 이 식물들의 이름은 아직도 밝혀지지 않았다.

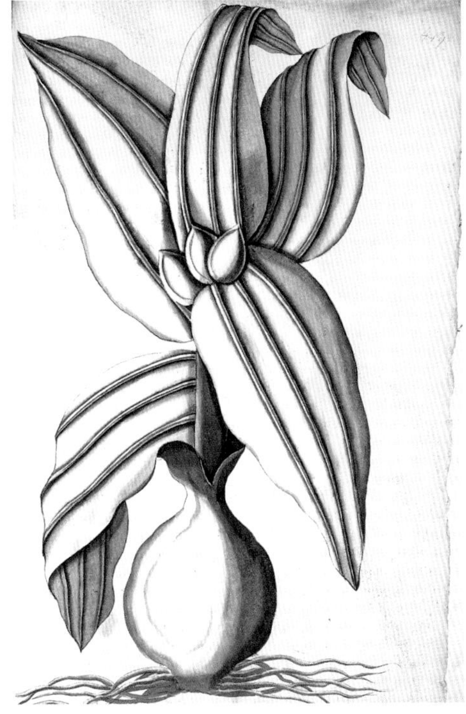

로턴 컬렉션의 두드러진 특징은 새 그림이다. 아래 새는 피터르 드 베베러가 그린 *Dinopium benghalence*라는 종이다. 이 그림은 전체적인 명확성을 해치지 않는 범위 내에서 새의 서식지 및 습성에 대한 정보도 담고 있다. 오른편 그림은 드 베베러의 컬렉션에 포함된 또 다른 새 그림으로, *Terpsiphone paradisi*가 *Nectarinia zeylonica* 아래 앉아 있다. *T. paradisi*는 날아다니며 곤충을 잡아먹는다.

자연사박물관이 소장 중인 드 베베러의 그림은 모두 아흔여덟 점이다. 나무 그루터기에 죽은 채 놓여 있는 아래 물총새 그림도 그중 하나인데, *Pelargopsis capensis*라고 하는 종이다. 동물을 잡아놓거나 죽인 다음 그림을 그리는 경우가 대부분이었던 이 시기에 그려진 그림 가운데 이렇게 대상의 상태를 사실 그대로 보여주는 그림은 매우 드물다. *Psittacula eupatria*가 가지에 매달려 뭔가를 유심히 내려다보는 오른편 그림에서도 느낄 수 있듯, 당시 상황에서 그림 속 동물들에게 그 같은 생명력을 불어넣었다는 점에서 더욱 놀랍다고 할 만하다.

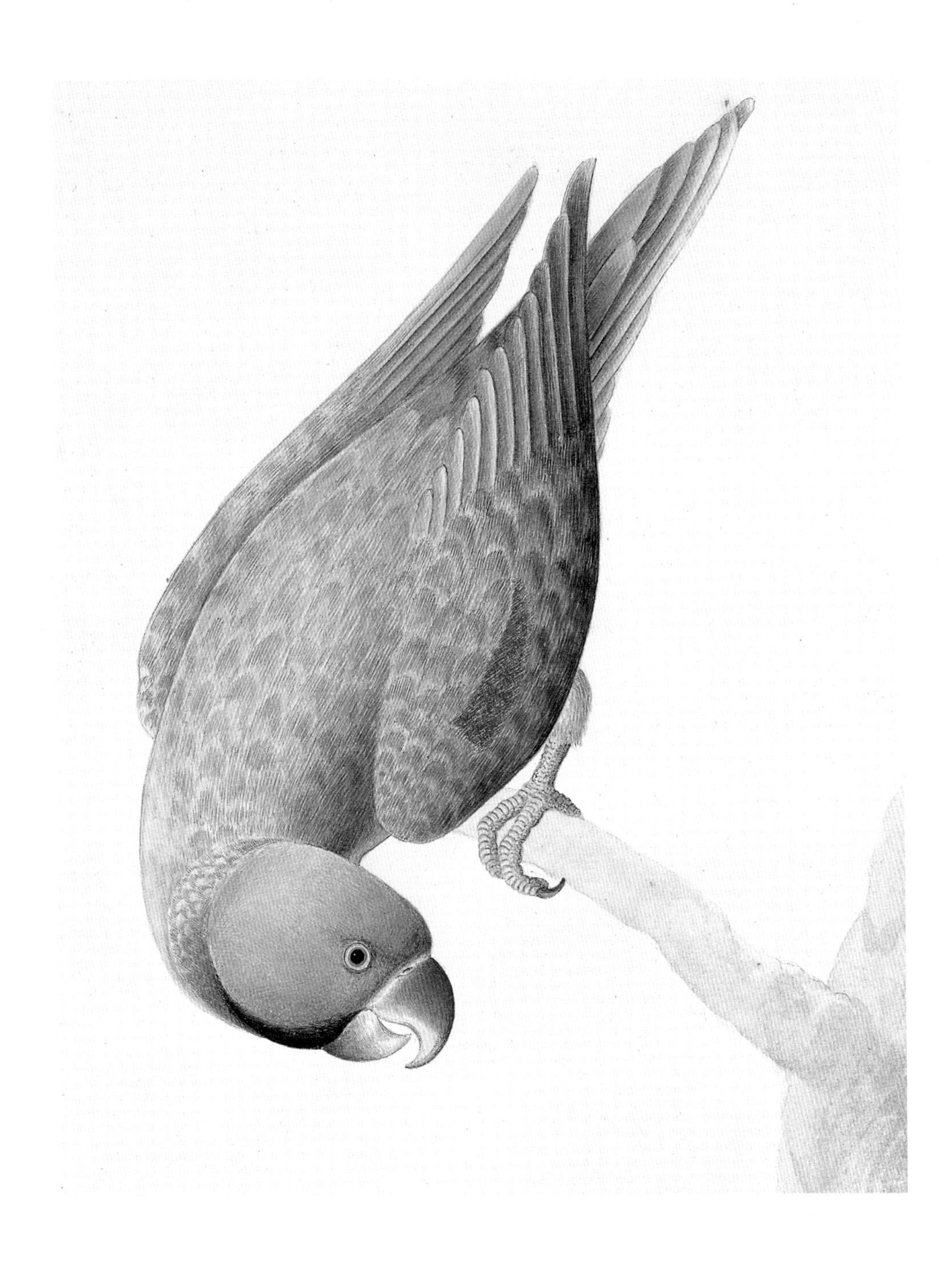

이국적 특성과 화려함의 전형을 보여주는 이 새는 바로 인도공작, *Pavo cristatus*다. 이 종은 스리랑카 및 인도에서 자생한다. 수컷이 암컷을 유혹하기 위해 펼쳐 보이는 깃털은 사실 꽁지깃이 아니라 어마어마하게 길게 늘어뜨렸다가 발딱 세울 수 있는 위꼬리덮깃으로, 이 깃은 허리 아래쪽에서 난다.

드 베베러가 그린 세밀화 속 꽃이 핀 나뭇가지에 앉아 있는 왼편의 새는 큰소쩍새, *Otus bakkamoena*다. 머리에 솟아오른 기름한 귀깃 때문에 영명으로 *Little horned owl*〔작은뿔올빼미〕라고도 부른다. 위 그림은 산누에나방과 제왕나방 애벌레들이 잎이 무성한 줄기를 기어 다니는 모습이다. 그 밑에는 같은 나방의 고치가 매달려 있다.

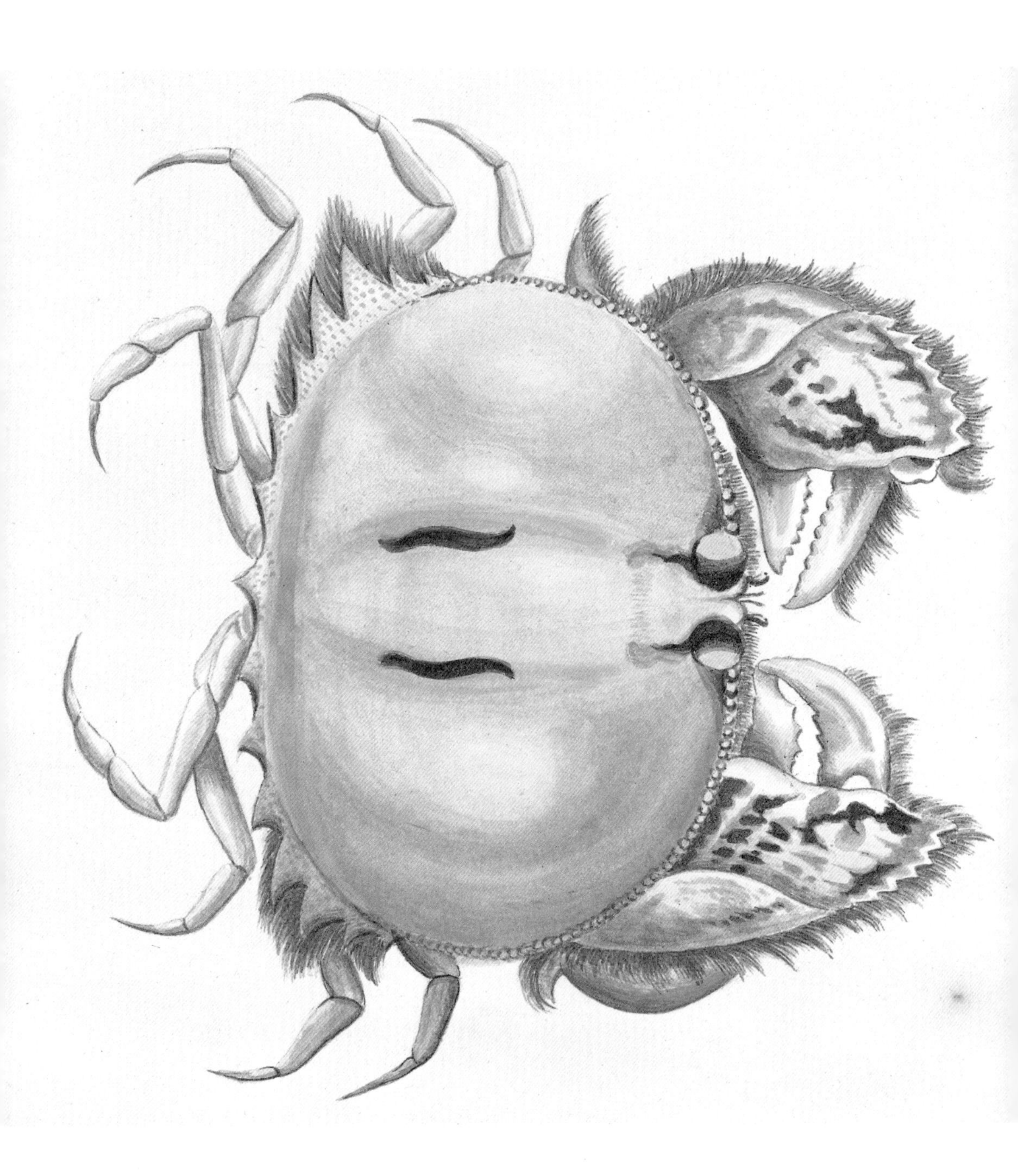

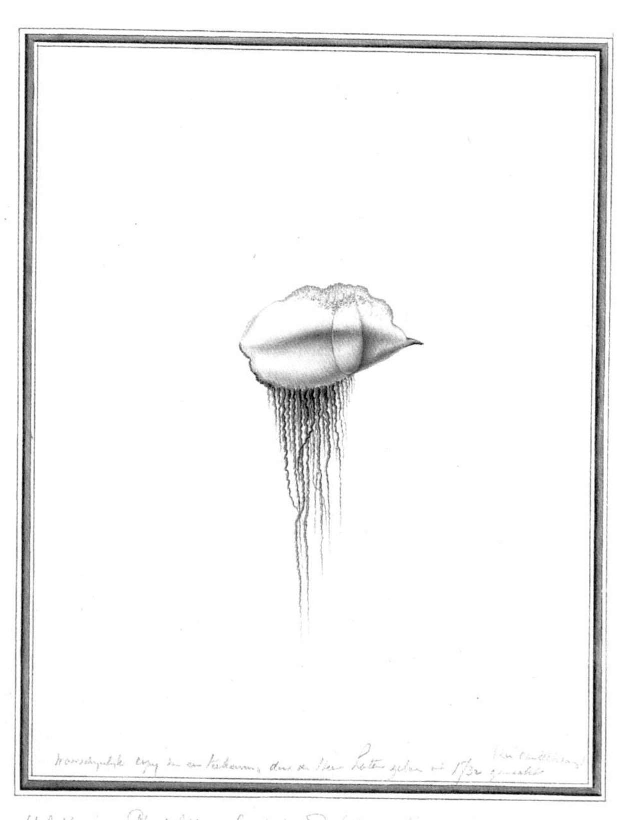

드 베베러는 어류를 비롯해 바다생물도 많이 그렸는데, 집게발을 접어 껍질에 딱 붙였을 때 모습 때문에 안경만두게라고 불리는 왼편의 *Calappa philargius*와 위의 작은부레관해파리, *Physalia physalis* 그림도 그의 작품이다. 작은부레관해파리는 하나의 개충이 아닌 여러 개충이 부유기 밑에 군체를 이루어 자상을 입히는 촉수를 커튼처럼 늘어뜨린 채 부유한다.

위 그림 속 알락큰다람쥐, *Ratufa macrura*는 스리랑카에 자생하는 다람쥐로, 인도반도 최남단인 타밀나두에서도 발견된다. 다른 다람쥐 종처럼 이 종도 길고 날카로운 발톱으로 나무를 단단히 붙잡고 기어오를 수 있다. 기다란 꼬리는 달리거나 뛰어오를 때 균형을 잘 잡을 수 있게 해준다. 이 그림과 *Semnopithecus vetulus*를 그린 오른편 그림은 현재 런던 자연사박물관이 소장한 드 베베러의 포유류 그림 다섯 점 중 두 점이다.

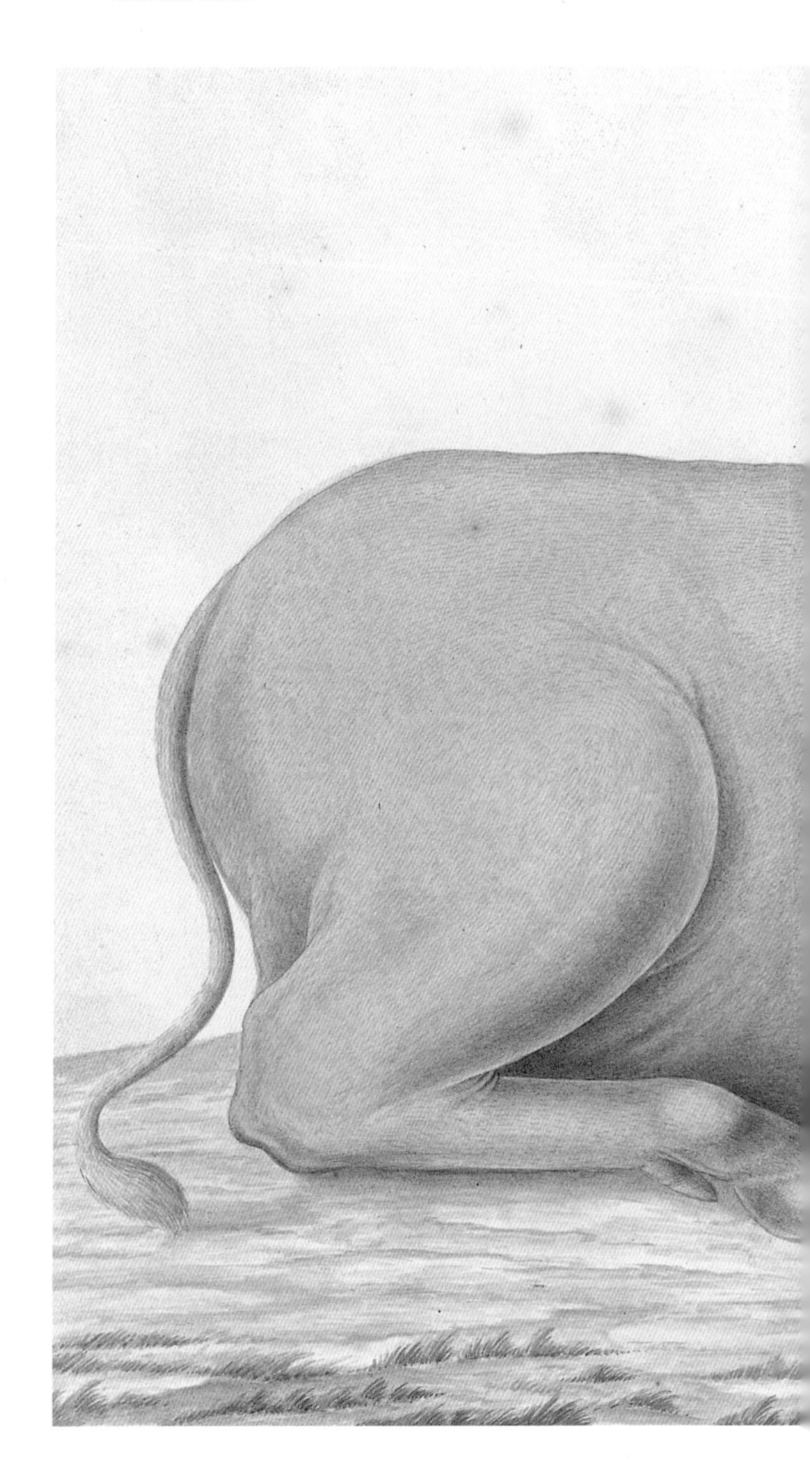

Babyrousa babyrussa, 바비루사. 수컷의 위로 구부러진 엄니 한 쌍이 비슷한 뿔이 달린 사슴을 연상시킨다고 해서 영명으로 'deer hog(사슴멧돼지)'라고 불린다(*babi*는 말레이어로 '돼지'를, *rusa*는 '사슴'을 뜻한다). 바비루사는 인도네시아 동쪽 술라웨시섬과 주변의 토기안섬, 술라섬에서 발견되며 부루섬에도 서식하는데, 처음 이곳에서 유입된 듯하다. 드 베베러가 1757년 로턴과 함께 바타비아에 왔을 때 발견하고 그림으로 기록한 동물 중 한 종으로 보인다.

뒷장의 그림은 인도점박이애기사슴, *Moschiola meminna*. 겉으로 보기에는 사슴처럼 생겼지만 사슴이 아닌 쥐사슴과, *Tragulidae*에 속한다. 어원을 살펴보면 과명과 영명 모두 염소와 관련이 있다. 과명 *Tragulidae*는 '염소'를 뜻하는 그리스어 *tragos*에서 왔고, 영명 *chevrotain*은 프랑스어로 '염소'를 뜻하는 *chèvre*에서 유래됐다. 인도점박이애기사슴은 스리랑카와 인도반도에 서식한다.

수리남 체류
1699 ~ 1701

SOJOURN TO SURINAM

한스 슬론의 자연사 원화 컬렉션에는 1705년에 출판된 네덜란드령 수리남의 나비와 나방을 기록한 책에 도판으로 실린 훌륭한 수채화들이 있다. 이 책과 책에 실린 그림들은 마리아 지빌라 메리안이라는 훌륭한 여성의 작품이었는데, 그는 이 작품으로 한스 슬론을 비롯한 동시대 인물들에게 찬사를 받았을 뿐만 아니라 후속 세대 곤충학자들과 자연사 미술을 공부하는 사람들에게도 존경을 받게 된다. 이는 단지 메리안의 그림과 글이 명백한 예술적·과학적 가치를 지녔기 때문만이 아니라, 그런 작품을 탄생시키기 위해 엄청나게 힘들고 위험한 여정을 견뎌냈기 때문이다. 게다가 그가 활동한 17세기 후반은 나이 쉰둘의 여자가, 보호해줄 남자 하나 없이 딸과 단둘이 신세계에 간다고 하면 너무 과격하다고 여겨지던 시대였다.

메리안은 1647년 프랑크푸르트암마인에서 출판업자이자 판화가인 부친 마테우스 메리안의 딸로 태어났다. 하지만 세 살 때 아버지를 여의었고, 모친 요한나 지빌라는 이듬해에 정물화가 야코프 마렐과 재혼했다. 그렇게 메리안은 성장기에 자연스레 예술세계를 접할 수 있었다. 그는

메리안은 수리남에서 지낸 2년간 곤충과 나비의 한살이를 기록했다. 왼편 그림은 그중 하나로 산누에나방 *Arsenura armida*의 애벌레가 *Erythrina fusca*의 잎을 먹고 있는 모습이다.

1665년 화가 요한 안드레아스 그라프와 결혼하고 1670년에 뉘른베르크로 이사한 뒤 화훼화가이자 판화가로 일했고 1675년부터 1680년까지 세 권의 화훼판화집을 출판했다. 하지만 그의 작품세계는 점차 어린 시절부터 열정을 보였던 곤충학이 중심을 이루게 되었다. 1679년 메리안은 50점의 동판화가 실린 유럽 나비의 변태에 관한 소책자를 출판했는데, 이 책에는 그때까지 알려지지 않았던 곤충의 한살이 전 과정이 담겨 있었다. 그처럼 선구적인 자연사 일러스트레이션과 세세한 부분까지 놓치지 않는 탁월한 눈썰미 덕분에 메리안은 과학계와 미술계에서 두루 이름을 떨쳤다. 한스 슬론도 크게 감명을 받아 책에 실린 동판화 작품들의 원화 몇 점을 사들였다.

유럽 나비에 관한 책 제2권은 메리안과 남편, 그리고 두 딸이 프랑크푸르트로 돌아온 무렵인 1683년에 출판되었다. 불행한 결혼 생활을 이어가던 메리안은 1685년 남편 그라프를 떠나 두 딸과 함께 개신교 라바디파 갱생 공동체에 들어갔다. 이 공동체는 네덜란드 프리슬란트주 레이우아르던 인근 발타 성을 본거지로 했다. 당시 네덜란드 부유층 사이에서는 개인 컬렉션을 모으는 게 유행이었는데, 발타 성의 성주 솜멜스데이크도 조가비, 새 가죽, 광물, 나비 같은 자연물로 구성된 개인 컬렉션을 소장하고 있었다. 대부분 네덜란드의 해외 식민지에서 온 것이었는데, 솜멜스데이크가 수리남 총독을 지낼 때 채집해온 곤충들도 있었다. 익숙한 유럽 종들과 비교해 크기나 형태, 색이 너무나도 이국적이었던 그 나비들은 메리안의 상상력에 불을 지폈고, 결국 그는 나비들의 서식지를 직접 찾아가 관찰하기로 했다. 1691년 라바디파 공동체를 떠난 메리안은 암스테르담에서 니콜라스 빗선 시장을 포함해 영향력이 가장 컸던 몇몇 인사를 알게 되었다. 그렇게 그에게 기회가 찾아왔다. 빗선 시장과 다른 명망 있는 지인들의 도움으로 1699년 네덜란드 정부로부터 지원금을 받게 된 것이다. 마침내 그

해 6월, 메리안은 쉰둘이라는 비교적 많은 나이에 둘째 딸과 함께 수리남 파라마리보로 떠나는 2개월간의 항해를 시작했다.

그다지 쾌적한 항해는 아니었다. 선실은 비좁고 통풍도 잘 안 되었으며 쥐까지 득실거렸고 음식은 매일 거기서 거기에 신선하지도 않았다. 게다가 물도 턱없이 부족했다. 하지만 수리남의 환경은 더했다. 날은 매일 뜨겁고, 너무 습한 날과 너무 건조한 날이 번갈아 이어지는 그곳의 날씨는 익숙하지 않은 사람에겐 고역이었다. 게다가 수리남은 항상 폭력 사태의 위험이 도사리는 곳이었다. 농장주와 그들이 고용한 감독관들의 비인간적인 처우에 노예들이 반란을 일으키는 일이 많았기 때문이다. 수리남에서 2년을 보낸 메리안은 식물이 풍성하고 곤충이 넘쳐나는 매력적인 환경을 뒤로하고 그곳을 떠나기로 결정했고, 그렇게 딸과 함께 네덜란드로 돌아갔다.

메리안은 수리남에서 놀랄 만큼 많은 작업을 했다. 애벌레들을 찾아 식물에 놓고 기르면서 관찰도 하고 그림도 그렸다. 그 애벌레들이 번데기가 되는 과정도 관찰했고 번데기가 성충이 될 때까지 세심히 보살폈다. 그렇게 얻은 관찰 결과는 대부분 세상에 알려지지 않은 것들이었다. 암스테르담으로 돌아온 메리안은 직접 그린 그림과 손수 제작한 판화를 실은 『수리남 곤충들의 변태*Metamorphosis Insectorum Surinamensium*』라는 책을 출판했고, 대단한 호평을 받았다. 60점의 다색 판화 중에는 곤충 외에 개구리, 두꺼비, 뱀, 거미는 물론 악어까지 다른 동물 판화도 몇 점 있었지만 나머지는 모두 나비와 나방 그림이었다. 각각의 판화에는 한두 종의 애벌레가 식물을 먹는 모습과 함께 애벌레 성충이 한 귀퉁이로 날아가는 모습이 담겼다. 이런 구도는 예술적 완성도가 높으면서 정확성까지 한 치도 양

보하는 법이 없었다. 당시 나비와 나방은 대부분 이름이 없었기 때문에 그는 식물만 동정했다. 하지만 덕분에 훗날 곤충의 명칭을 확인하는 데도 거의 문제가 없었다. 다른 나라의 자연사 자료라고 하면 기껏해야 화가가 훼손되거나 보존 상태가 엉망인 표본을 보고 그리거나 심지어 상상만으로 그린 것이 대부분이던 시기에 메리안의 책이 출판되었다. 그의 작품들은 후대 자연사 그림 화가들이 동경해 마지않는 대단히 높은 기준을 세웠고, 많은 화가가 그를 따라가지 못했다.

네덜란드어와 라틴어로 출판된 메리안의 책은 자국은 물론 해외에서도 잘 팔렸고, 1726년에는 프랑스어로도 출판되었다. 하지만 메리안은 프랑스어 출판본은 보지 못하고 1717년 69세를 일기로 암스테르담에서 사망했다. 그러나 그가 사망하기 훨씬 전부터 수집가들은 이미 수리남 곤충 책은 물론 그가 이전에 그린 원화에도 관심을 보여왔다. 표트르 대제도 메리안의 작품을 찬탄해서 레닌그라드[지금의 상트페테르부르크]에는 아직껏 몇 점의 그림이 남아 있다. 뛰어난 관찰자이자 예술가였고, 영리한 사업가였던 메리안은 이런 관심의 상업성을 알아챘고, 그렇게 해서 이윤을 극대화하는 데 거리낌이 없었다. 그래서 그의 작품 중에는 '원화'가 한 점이 아닌 작품도 있다. 가령 수리남 곤충 책에 실린 판화의 본그림이 된 수채화는 두 세트인데, 하나는 런던의 한스 슬론 컬렉션에, 또 하나는 윈저에 있는 왕립도서관에 소장돼 있다.

다시 찍은 그림과 출판물들도 계속해서 많은 관심과 칭송을 받았다. 하지만 뭐니 뭐니 해도 메리안의 업적에 가장 걸맞고, 또 지속적이었다 할 수 있는 보상은 현대 동식물학의 아버지 린네가 그의 유럽 곤충과 수리남 곤충 작품을 전부 연구하고 참조했다는 사실이다. 메리안은 그림을 그리고 설명을 적을 때 활용한 재료들을 따로 모아서 보관하지 않았기 때문에 린네도 그것까지 직접 조사해볼 수는 없었다. 하지만 메리안이 관찰한 기록물에 대한 확신이 있었던 그는 1758년 출판된 위대한 저서 『자연의 체계*Systema Naturae*』에서 당시까지 알아낸 전 세계 4400종의 동물 목록을 작성해 동정하고 기재문을 쓰면서 그중 몇몇 항목을 전적으로 메리안의 설명에 기초하여 작성했다.

A New Draught of SURRANAM upon the coast of Guianna Made and Sold by John Thornton Hydrographer at the signe of England Scotland and Ireland in the Minories London
Aceooreorum Regio
A Scale of Miles
Armadillo hills
Truckeribo
Tomontibo
Mapanny or Willughbys River
Country
Mor ganam
Toorarica
Erackirack
Specklewood
Cashwini
Cor = mi = co
Commawina
Cot = ti co
Serino Iland creek
Paramaribo
Fort
Surranam River
Byams Point
Flatts
Windward Passage
Leward Passage
Leward bay
Noehiarwhars
Redrock
Good fishing here
Red Banck
Mud Creek
Wiampebo
Som Ocomoco Indeans dwell here
good trading heer for bread and drinck
Pramario
Sir Martin Noelias plant
Kingsland
Humphres
Wena
Com-

METAMORPHOSIS
INSECTORUM SURINAMENSIUM.
OFTE
VERANDERING
DER
SURINAAMSCHE
INSECTEN.

Waar in de Surinaamsche Rupsen en Wormen met alle des zelfs Veranderingen na het leven afgebeeld en beschreeven worden, zynde elk geplaast op die Gewassen, Bloemen en Vruchten, daar sy op gevonden zyn; waar in ook de generatie der Kikvorschen, wonderbaare Padden, Hagedissen, Slangen, Spinnen en Mieren werden vertoond en beschreeven, alles in America na het leven en levens-groote geschildert en beschreeven.

DOOR
MARIA SIBYLLA MERIAN.

Tot AMSTERDAM,
Voor den Auteur, woonende in de Kerk-straat, tussen de Leydse en Spiegel-straat, over de Vergulde Arent, alwaar de zelve ook gedrukt en afgezet te bekoomen zyn; Als ook by GERARD VALCK, op den Dam in de wackende Hond.

MARIÆ SIBILLÆ MERIAN
DISSERTATIO
DE
GENERATIONE
ET
METAMORPHOSIBUS
INSECTORUM
SURINAMENSIUM:
In quâ, præter
VERMES & ERUCAS SURINAMENSES,
EARUMQUE ADMIRANDAM METAMORPHOSIN,
Plantæ, flores & fructus, quibus vescuntur, & in quibus fuerunt inventæ, exhibentur.
HIS ADJUNGUNTUR
BUFONES, LACERTI, SERPENTES, ARANEÆ,
ALIAQUE ADMIRANDA ISTIUS REGIONIS ANIMALCULA;
omnia manu ejusdem Matronæ in America ad vivum accurate depicta, & nunc æri incisa.
ACCEDIT
Appendix Transformationum PISCIUM in RANAS, & RANARUM in PISCES.

AMSTELÆDAMI,
Apud JOANNEM OOSTERWYK,
cIↃ IↃ CCXIX.

메리안의 대표작 『수리남 곤충들의 변태』 1705년판(위 왼쪽)과 1719년판의 표제지. 이 책에 실린 그림은 모두 수리남의 수도 파라마리보에 체류했던 2년간 완성되었다. 파라마리보는 영국에서 초기에 제작된 왼편의 수리남 북부 지도에서 오른쪽 하단 귀퉁이에 위치한다. 『수리남 곤충들의 변태』를 펴낸 건 메리안의 결단력을 입증하는 일이었다. 그는 이렇게 기록했다. "네덜란드로 돌아오자 자연에 관심이 많은 사람 몇몇이 내 그림을 보더니 꼭 출판하라고 당부했다. (…) 지금까지 아메리카 내륙에서 그려진 그림에서는 볼 수 없었던 매우 독특한 작품이라고 했다. 하지만 출판하려니 돈이 들어 처음엔 망설였다. 그래도 결국 책을 내기로 마음먹었다."

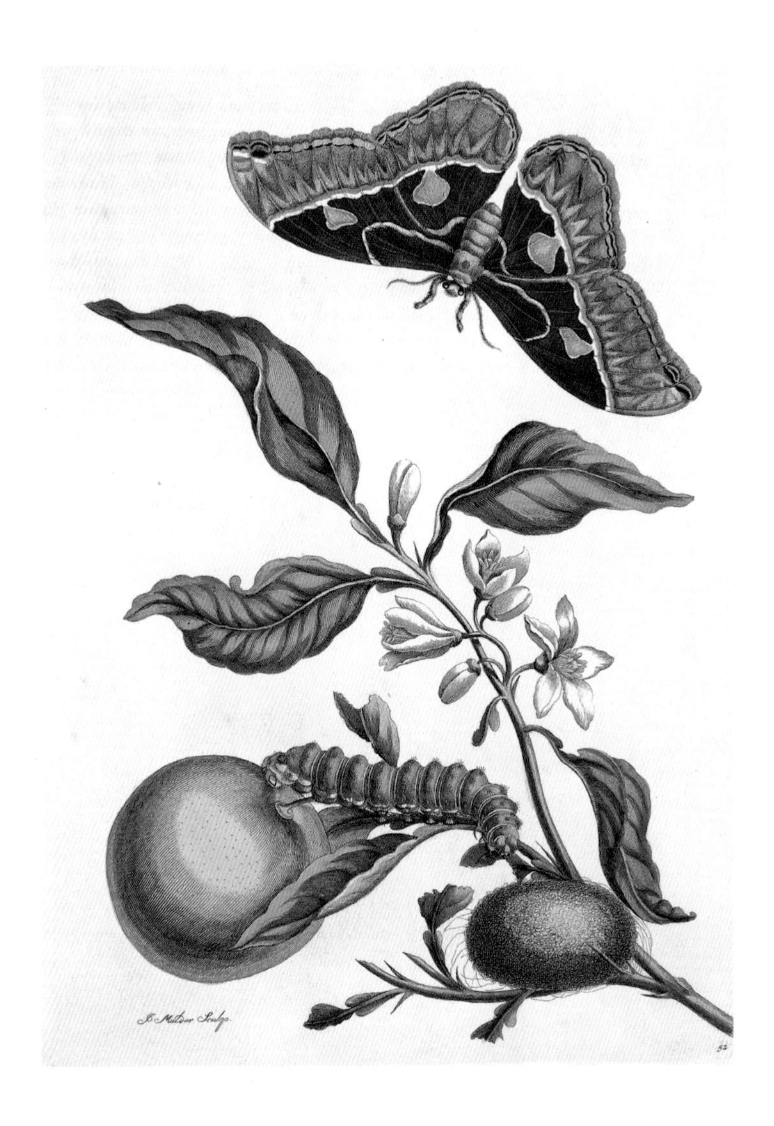

광귤, *Citrus aurantium*. *Rothschildia aurota*의 애벌레, 번데기, 성충이 함께 그려져 있다. 메리안은 이 곤충에서 상업성을 발견하고 다음과 같이 기록했다. "흔히 볼 수 있는 이 애벌레는 살이 통실통실하게 올라서 데굴데굴 굴러다닐 정도다. 1년에 세 번 애벌레를 볼 수 있으며 튼튼한 실을 뽑아내는데, 보니까 좋은 비단을 만들 수 있겠다 싶었다. 그래서 몇 마리를 네덜란드로 보냈다. 그곳에선 비단이 인기라 이 애벌레를 채집하는 수고만 감수한다면 좋은 비단으로 돈을 벌 수 있을 것이다."

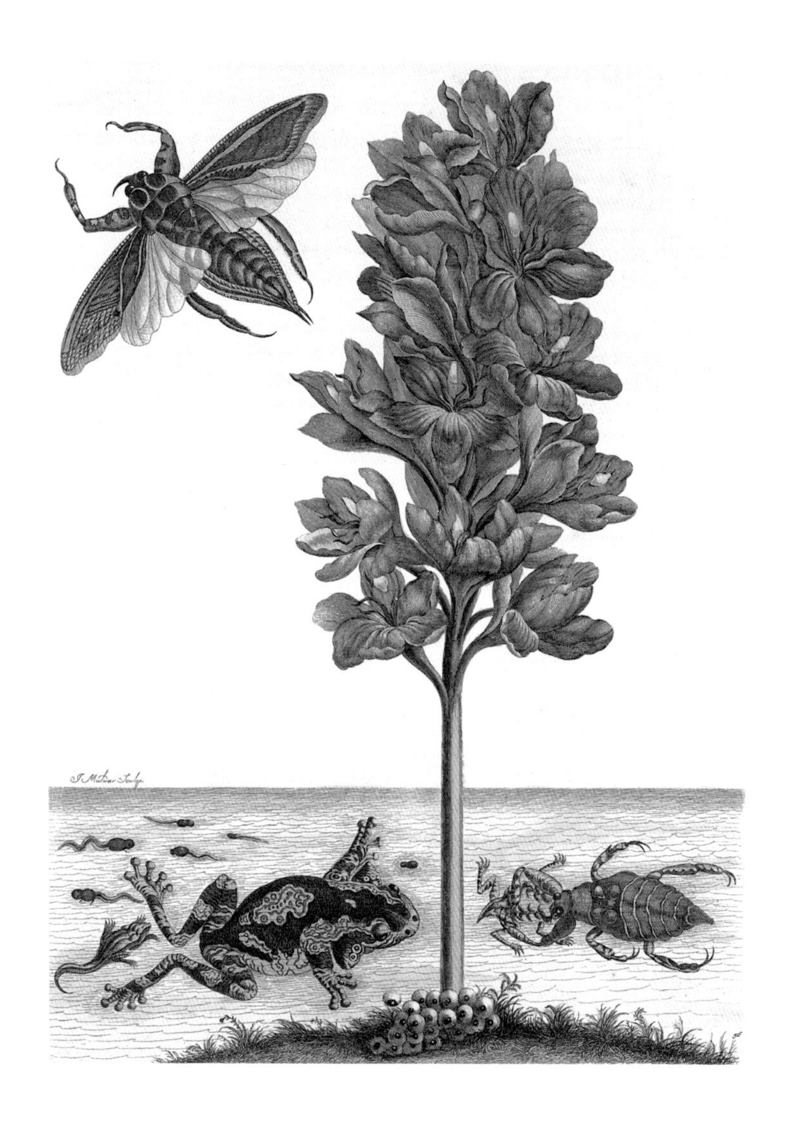

중앙을 차지한 식물은 부레옥잠, *Eichhornia crassipes*이며 *Lethocercus grandis*가 부레옥잠 위를 날고 있고 오른쪽 아래에는 그 유충이 있다. 부레옥잠의 뿌리 쪽에는 *Phrynohyas venulosa*의 알 덩어리가 있고 그 바로 위에는 알에서 나온 올챙이와 어린 개구리, 개구리 성체가 있다.

메리안이 쓴 『신종 화훼화첩*Neues Blumenbuch*』에 실린 직접 채색한 두 점의 판화. 이 책은 1680년에 출판되었는데 지금은 굉장히 귀한 희귀본으로, 뒤이은 수리남 여행 기간에 꽃필 메리안의 예술적 재능을 미리 엿볼 수 있는 작품이다. 당시 유행하던 미술 사조를 보여주는 한편, 곤충을 그려 넣은 걸 보면 곤충학에 대한 열정이 메리안의 삶을 바꾸어놓을 것이라는 사실을 암시하는 듯 보이기도 한다.

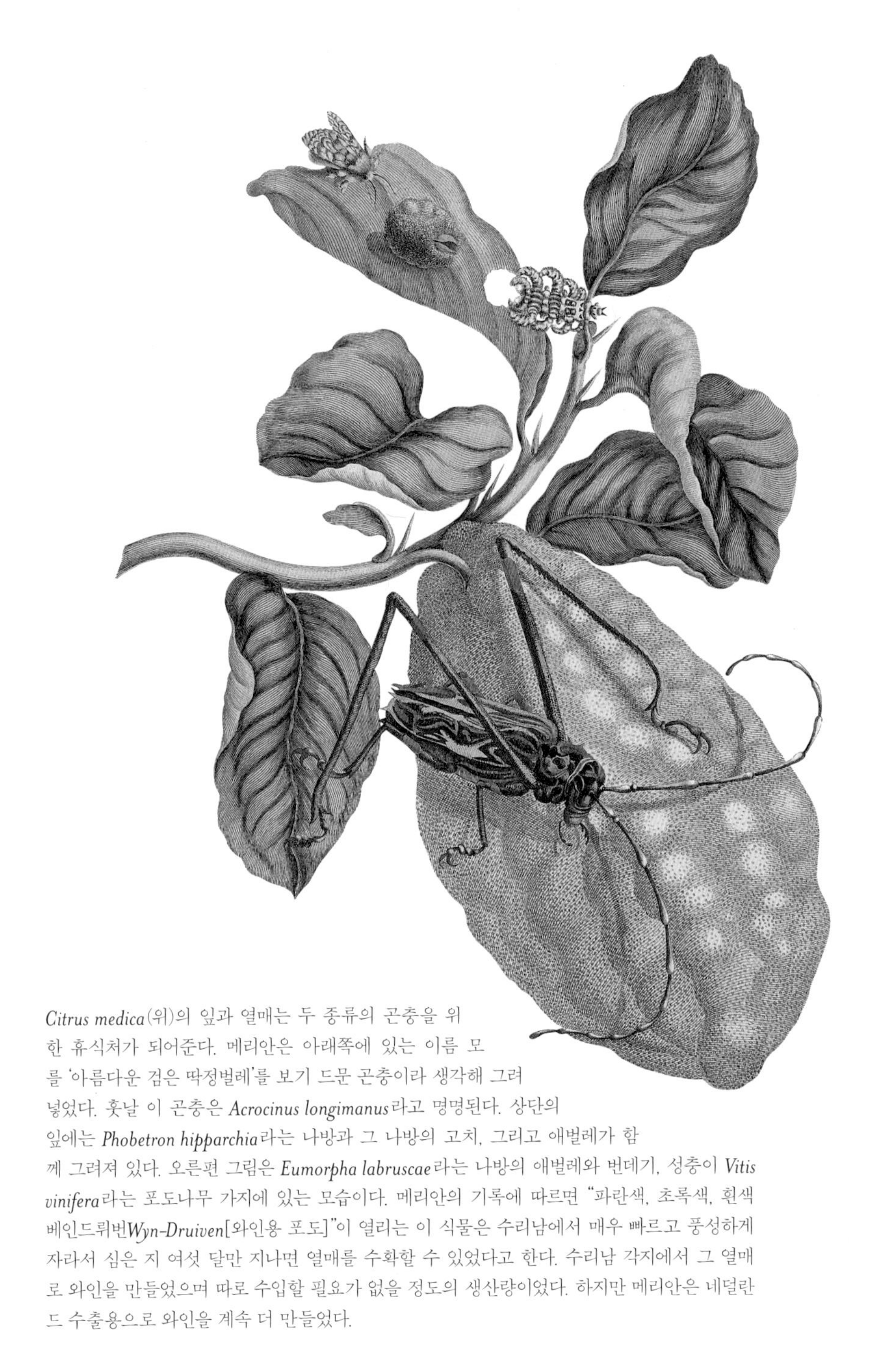

Citrus medica(위)의 잎과 열매는 두 종류의 곤충을 위한 휴식처가 되어준다. 메리안은 아래쪽에 있는 이름 모를 '아름다운 검은 딱정벌레'를 보기 드문 곤충이라 생각해 그려 넣었다. 훗날 이 곤충은 *Acrocinus longimanus*라고 명명된다. 상단의 잎에는 *Phobetron hipparchia*라는 나방과 그 나방의 고치, 그리고 애벌레가 함께 그려져 있다. 오른편 그림은 *Eumorpha labruscae*라는 나방의 애벌레와 번데기, 성충이 *Vitis vinifera*라는 포도나무 가지에 있는 모습이다. 메리안의 기록에 따르면 "파란색, 초록색, 흰색 베인드뤼번*Wyn-Druiven*[와인용 포도]"이 열리는 이 식물은 수리남에서 매우 빠르고 풍성하게 자라서 심은 지 여섯 달만 지나면 열매를 수확할 수 있었다고 한다. 수리남 각지에서 그 열매로 와인을 만들었으며 따로 수입할 필요가 없을 정도의 생산량이었다. 하지만 메리안은 네덜란드 수출용으로 와인을 계속 더 만들었다.

P Sluyter sculp.

아르게모네 멕시카나, *Argemone mexicana*로 보이는 식물 위에 딱정벌레 두 종이 있다. 위쪽의 딱정벌레는 하늘소 *Callipogon cinnamoneus*이며 식물체 중앙엔 통통한 하늘소 애벌레가 있다. 왼쪽 잎에 앉은 애벌레와 그림 맨 아래에 보이는 성충은 *Taeniotes farinosus*다.

이 단순한 구도의 그림 한가운데 커다란 파인애플, *Ananas comosus*가 우뚝 솟아 있다. 메리안은 파인애플의 맛과 향에 감탄하며 이렇게 기록했다. "껍질이 손가락만큼 두껍다. 껍질을 잘 벗기지 않으면 과육에 박힌 날카로운 털이 남아 있어 먹다가 혀를 찔리면 아리다. 맛은 포도, 살구, 레드커런트, 사과, 배를 섞어서 한꺼번에 먹는 맛이다." 그림 오른편에는 애벌레와 번데기가 있고 왼편에는 성충이 된 나비가 보이는데 모두 *Philaethria dido*라는 종이다.

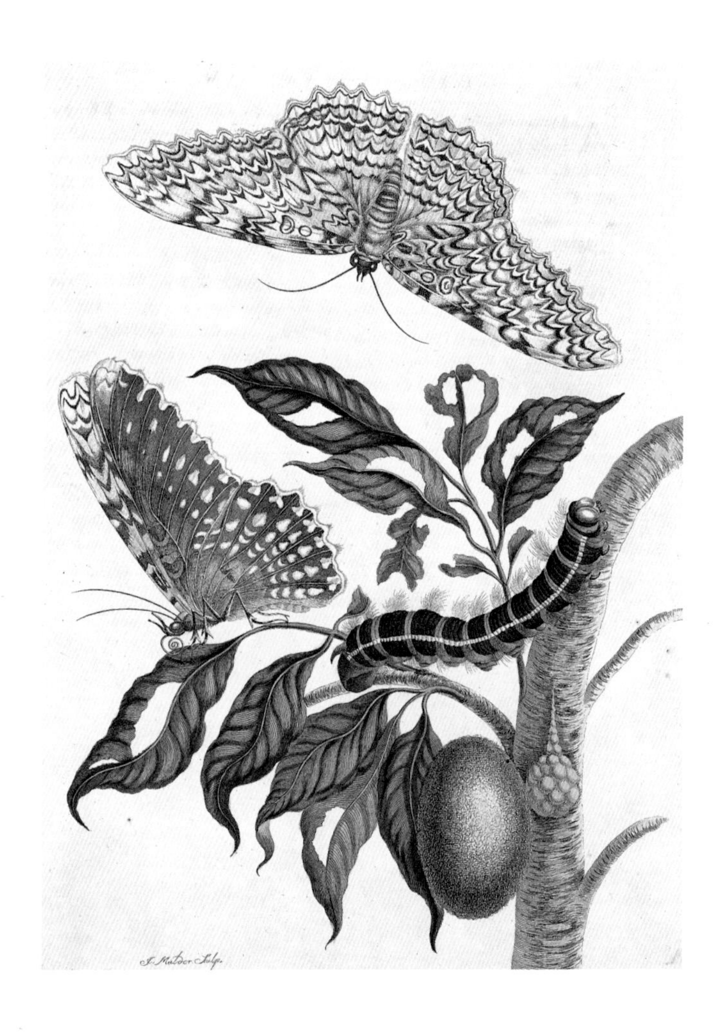

Thysania agrippina 나방의 애벌레, 고치, 성충(위). 메리안은 이 그림 속 유칼립투스 나무를 'Gummi Guttae'라고 불렀다. 반대편 그림에선 날고 있는 사슴벌레 *Macrodontia cervicornis*가 눈에 띄고, 그 밑으론 서로 관련 없는 곤충들이 보인다. 아래쪽에는 메리안이 '옷솔'을 닮았다고 묘사한 이름 모를 곤충의 고치와 애벌레가 있는데, 그는 이 애벌레가 변태해 그림 맨 아래에 있는 난초벌이 된다고 잘못 생각했다. 중앙에는 *Rhynchophorus palmarum*의 유충과 성충이 보인다. 유충은 이 지역에선 고급 식재료였는데, 메리안은 "숯불에 올려 구워 먹는 이 벌레는 이곳의 별미다"라고 기록했다.

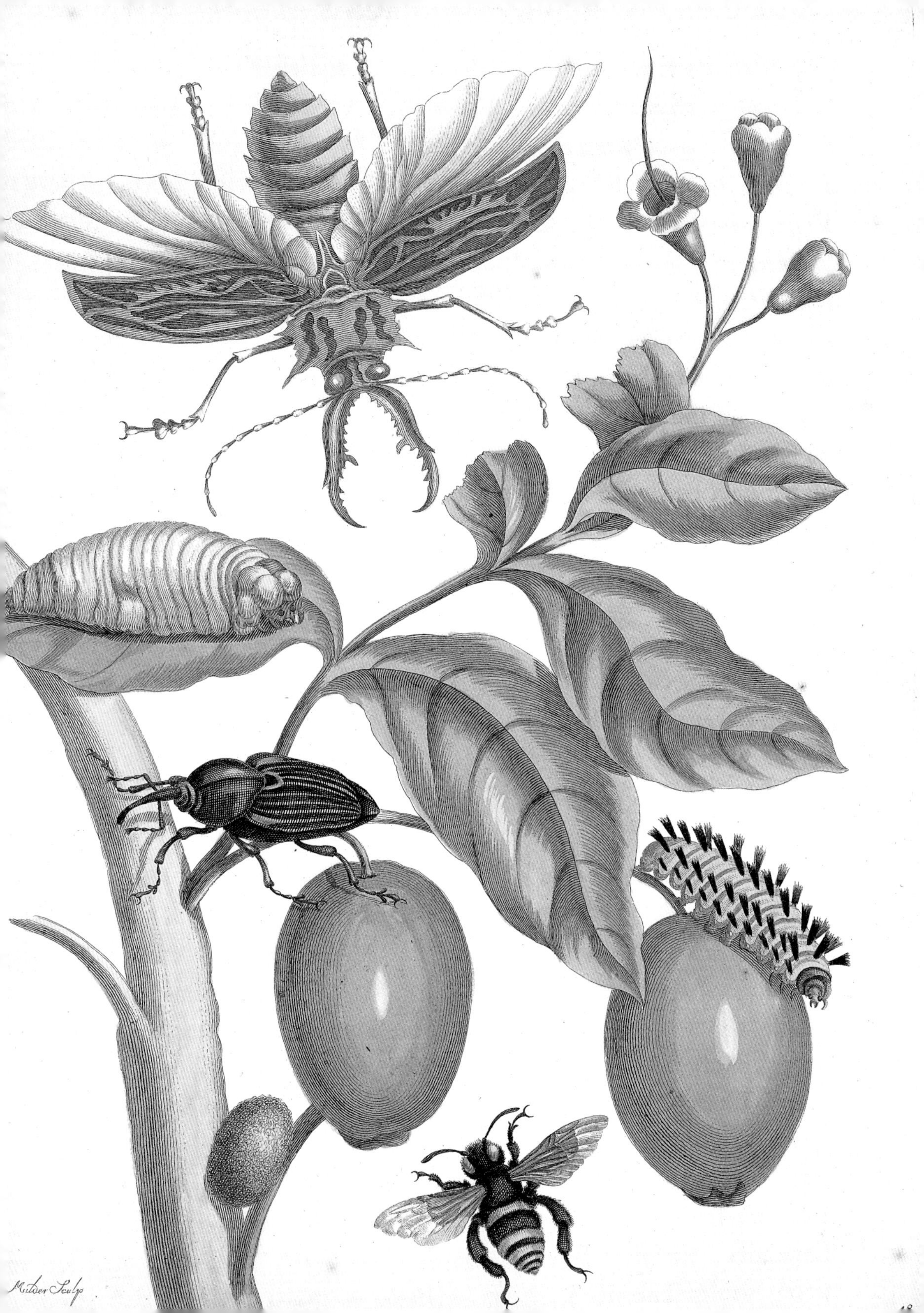
Milder Sculp

1
1.
1.
2.
P Sluyter Sculp.

왼편 그림은 *Erinnyis ello*의 녹색 애벌레와 성충 나방이 *Jasminum grandiflorum*의 가지 위에 있는 모습이다. 이 애벌레는 재스민이나 다른 식물들의 잎을 먹고 산다. 메리안은 *Corallus enhydris*라는 뱀이 재스민 밑에 단단하게 똬리를 틀고 그 안으로 대가리를 깊숙이 숨기고 있는 모습도 관찰했다. 뱀이나 도마뱀, 이구아나는 수리남에 있는 재스민 아래 숨기를 좋아했다. 메리안의 기록에 따르면 재스민이 굵고 풍성하게 자랐던 까닭에 그 주변으론 향기가 그윽했다고 한다. 생물들을 서식지에서 직접 어렵게 관찰하고 기록한 메리안이었지만, 그의 책에 실린 판화 중에는 배경과 대조를 이루는 곤충, 식물, 조가비를 그린 위 그림처럼 좀더 장식적인 작품들도 있었다.

1705년판 『수리남 곤충들의 변태』에 담긴 60점의 판화는 오른편 그림처럼 메리안의 수채화를 토대로 조판해 제작한 것이다. 메리안은 그중 몇몇을 직접 조판하기도 했다. 아래 복제본은 1981년 이 책의 재판본에 실린 것이다. 오른편 그림 속 왼쪽 맨 위에 있는 거미는 *Heteropoda venatoria*로, 몸 아래쪽 주머니에 알을 품고 있으며 갓 부화한 어린 거미들도 보인다. 크고 검은 *Avicularia avicularia* 거미들을 두고 메리안은 이렇게 기록했다. "개미를 찾지 못하면 새 둥지에서 작은 새들을 잡아와 피를 빨아먹었다." 현실에서는 있을 법하지 않은 기상천외한 얘기였지만, 메리안은 이 거미가 벌새를 잡아먹는 장면을 그려 넣었다.

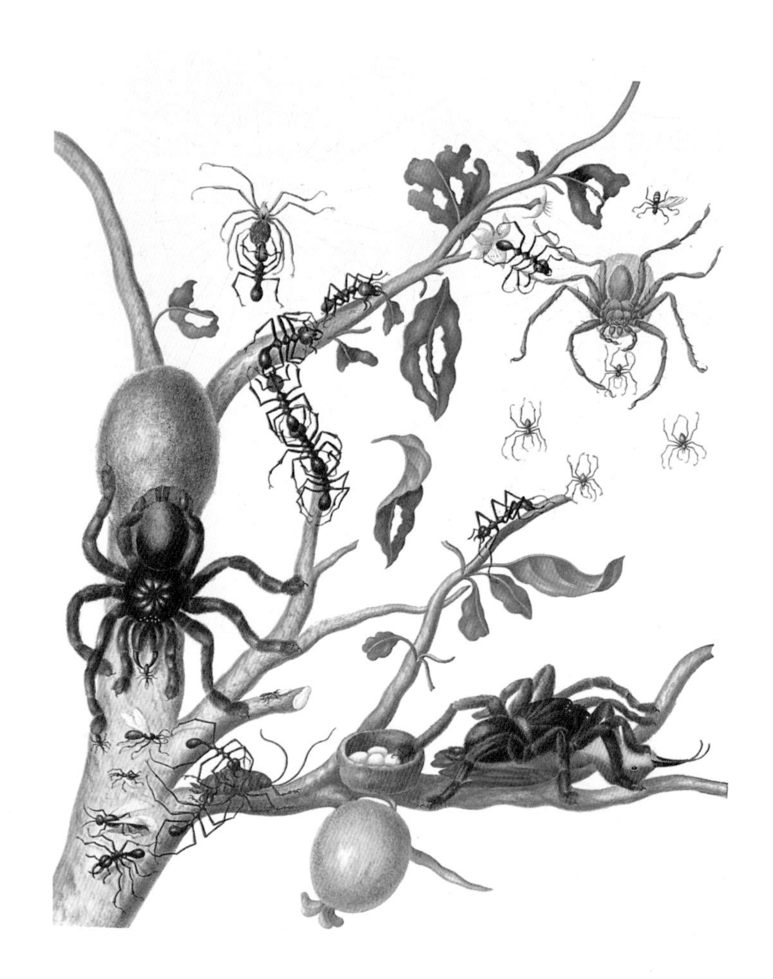

P. Sluyter Sculp.

Morpho menelaus 나비(위). 메리안은 이 나비를 "반짝이는 은 위에 가장 매력적인 군청색과 녹색, 보라색을 입혀놓은 듯한 모습이 이루 형언할 수 없을 만큼 아름답다. 이 나비의 아름다움은 붓으로 다 표현할 수 없다"라고 묘사했다. 그렇지만 메리안은, 동물 태아의 가죽으로 만들어 캔버스나 나무, 수제 종이보다 표면이 훨씬 더 부드러운 카르타논나타*carta non nata*라는 최고급 피지에 가늘고 뾰족한 붓을 이용해 보석 같은 색깔을 내보려 노력했다. *Heliconius ricini*의 애벌레와 성충 나비(오른편)는 피마자라고 알려진 *Ricinus communis*를 먹고 산다. 수리남에서는 피마자 기름을 상처 치료제나 전등 연료로 사용했다.

P Sluyter Sculp.

위 그림에서는 카사바, *Manihot esculenta*가 시각적으로 작품의 뼈대 역할을 한다. 메리안은 기록했다. "〔카사바〕 뿌리를 빻은 뒤 꼭 짜서 독성이 있는 즙을 제거한다. 그런 다음, 모자 제조업자들이 쓰는 도구와 비슷한 철판에 즙을 짜낸 뿌리를 올려놓는다. 그 밑으로 약하게 불을 지펴 뿌리에 남아 있는 수분을 증발시킨다. 이 뿌리를 러스크처럼 구우면 정말 네덜란드식 러스크 같은 맛이 난다." 이 식물을 먹고 있는 줄무늬 애벌레가 카사바 농장을 위협하는 지독한 해충이라고도 적혀 있다. 2미터 정도 돼 보이는 *Boa hortulana*—오늘날에는 *Corallus hortulanus*라고 불린다—한 마리가 줄기를 휘감은 채 그림을 장식해주고 있다.

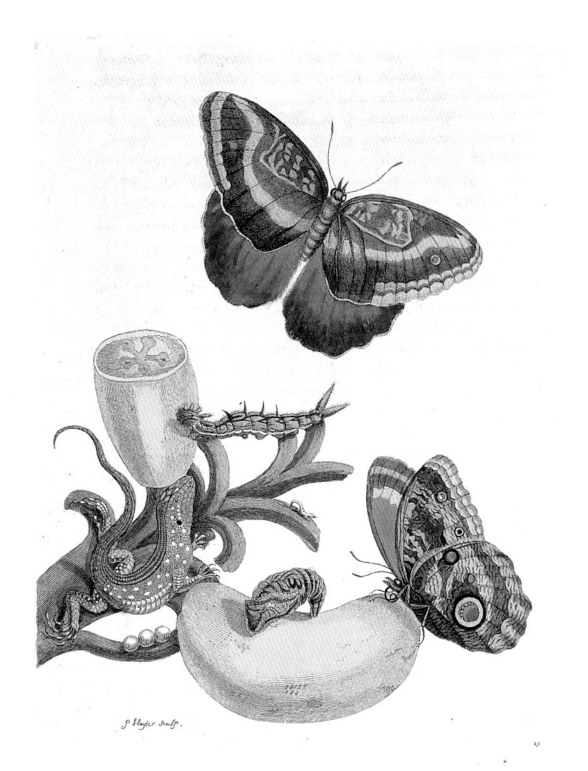

*Caligo teucer*의 애벌레와 나비가 바나나를 먹고 있다(위). *Cnemidophorus lemniscatus* 도마뱀은 순전히 그림을 아름답게 꾸미기 위해 들어갔다. 도마뱀은 메리안의 집 바닥 아래 보금자리를 만들고 그곳에 네 개의 알을 낳았는데, 그중 세 개가 그림 속 줄기 위에 놓여 있는 것이 보인다. 메리안은 네덜란드로 돌아갈 때 그 알들을 가지고 떠났고, 도중에 알이 부화했지만 새끼들은 살아남지 못했다. 아래 그림 속 *Jatropha gossypifolia*는 약용했는데, 메리안은 아메리카 원주민들과 아프리카 노예들을 통해 그 사실을 알게 되었다. 뿌리는 뱀에게 물린 상처를 치료하는 데 사용됐고 잎은 설사약이나 관장약으로 사용됐다. 커다란 녹색 애벌레와 불그스름한 번데기, 큼지막한 나방은 모두 그 잎을 먹고 사는 *Cocytius antaeus* 나방이다.

메리안은 곤충의 변태에 관한 책을 출판한 후 수리남에서 연구한 파충류와 양서류 그림들을 가지고 두 번째 책을 구상했지만 끝내 자금을 구하지 못했다. 그는 *Stagmatoptera precaria* 라는 사마귀의 한살이를 나무줄기 위에 세 단계로 그려냈다(왼편). 나무 아래는 등에 새끼들을 업은 동물이 있다. 메리안은 이 동물을 '숲 쥐forest rat'라고 불렀다. 사실 이 동물은 주머니쥐로서, 주머니쥐속 동물이다. 위 그림에선 큰다닥냉이처럼 생긴 수리남의 식용식물 *Sesuvium portulacastrum*의 구부러진 줄기가 그림의 틀을 잡아주고 그 아래로 애보기두꺼비, *Pipa pipa* 가 보인다. "원주민들은 이 두꺼비를 좋은 식재료라고 여겨 잡아먹는다." 메리안은 이 두꺼비의 번식 방법에 대해서도 기록했다. "암컷은 알을 등에 이고 다니는데, 알을 등껍질 속에서 포란하기 때문이다. 등에 정자를 받아 알을 키우는 것이다. 알에서 부화한 새끼 두꺼비들은 마치 하나의 알에서 나오듯 어미의 피부를 뚫고 차례차례 기어 나온다. 이 모습을 보고 나는 그 암두꺼비와 새끼들을 브랜디에 집어넣었다."

이 그림은 수리남의 파충류와 양서류에 대한 연구를 바탕으로 구성됐다. *Paleosuchus palpebrosus*로 보이는 수리남 카이만이 '독사'라고 적힌 동물을 물고 있는 모습이다. 이 뱀은 현재 *Anilius scytale*라고 알려져 있다. 카이만의 뒤쪽으로는 알에서 나오는 새끼 파충류 한 마리가 보이는데, 뜻밖에도 큰 카이만의 새끼가 아니라 이와 다른 종인 *Caiman crocodilis*다. 메리안은 이 종의 성장 속도에 깊은 인상을 받았다. "거위 알만 한" 알에서 나온 새끼들이 단기간에 깨고 나온 알보다 "일곱 배에서 여덟 배는 더 크게" 자랐다는 것이다.

파충류 *Tupinambis nigropunctatus*. 메리안은 이 도마뱀이 수리남의 숲에서 발견된다고 적었다. 그는 크기가 도롱뇽과 악어의 중간 정도 되는 도마뱀이라는 것 외에 이 도마뱀에 대해 별다른 언급을 하지 않았다. 이 도마뱀도 다른 도마뱀처럼 알에서 태어나며, 관찰 결과 새알을 먹는 것을 확인할 수 있었다고 한다.

북아메리카 여행
1753~1777

TRAVELS IN NORTH AMERICA

2.
1.
3.
4.

1753년은 식물학 발전에 있어서 경사스러운 해였다. 현대 식물 명명법의 출발점이 된 린네의 『식물의 종』이 세상에 나온 해이기 때문이다. 모든 식물종이 원산지에 상관없이 간단한 라틴어 두 마디로 된 이름을 사용하는 새로운 체계가 도입됨으로써, 후대 식물학자들은 그동안 어쩔 수 없는 문제라고 여겨온 끔찍한 혼란을 피할 수 있게 된 것이다. 게다가 수천 종의 식물이 바깥세상에 알려지지 않은 채 과학계에서 발견되길 기다리고 있던 북아메리카는 린네의 새로운 명명법이 세상 그 어느 곳보다 더 필요한 곳이었다.

훗날 수많은 식물을 발견한 윌리엄 바트럼은 열네 살이던 바로 그 해에 아버지 존 바트럼과 함께 펜실베이니아 킹세싱의 집을 떠나 뉴욕주에 있는 캐츠킬산맥으로 처음 식물 탐사 여행을 떠났다. 겸손한 퀘이커 교도였던 존 바트럼(1699~1777)은 스스로 지식을 습득하여 농부가 된 사람이었다. 그는 자연사에 대한 열정이 대단했으며 특히 식물에 관심이 많았는데, 그 관심과 열정은 윌리엄을 비롯한 그의 아들들에게 고스란히 전해

존 바트럼과 윌리엄 바트럼이 탐험 중 발견한 식물. 그들은 친구이자 스승인 벤저민 프랭클린에 대한 존경의 표현으로 이 식물에 *Franklinia alatamaha*라는 이름을 붙였다.

졌다. 1729년에 존 바트럼은 집에 식물원을 조성하기 시작했다. 나중에 그 식물원은 린네 같은 전문가들을 비롯한 유럽 고객들에게 북아메리카 식물과 씨앗을 공급하고, 종국에는 아메리카 고객들에게 유럽 식물을 판매하는 특화된 원예 묘목장이 되었다. 신세계 식물들의 잠재적 약효나 상업적 가치와 별개로, 17세기 중반부터 영국의 부유한 지주들 사이에서는 전 세계의 외래종 식물을 자기 땅에 식재하는 것이 유행했다. 1700년대 초반 들어 동양, 특히 중국산 식물이 새롭게 유행의 중심에 서기 전까지만 해도 북아메리카 식물들이 이렇게 식재되는 식물 소재로 특히 인기가 많았다. 그럼에도 북아메리카의 자연사에 대한 관심은 계속 이어졌고, 1731년부터 1747년 사이 마크 케이츠비의 도감 『캐롤라이나, 플로리다, 바하마제도의 자연사*Natural History of Carolina, Florida and the* Bahama *Islands*』가 출판되면서 그 관심은 더 높아졌다. 이 책에 실린 도판의 원화는 현재 영국 윈저성에 있는 왕립도서관에 소장되어 있다.

영국에서 케이츠비를 후원하던 모직물상이자 원예가 피터 콜린슨은 나중에 존 바트럼도 후원한다. 콜린슨은 중개상 역할도 하고 잠재 고객들에게 존 바트럼을 소개하기도 했으며, 식민지에 거주하는 식물 애호가들에게 판매할 수 있도록 유럽 식물을 공급해주기도 했다. 그 결과 유럽에서 존 바트럼의 사업은 제법 크게 성장했다. 1735년부터 1760년까지는 매년 식물 외에 씨앗도 약 20세트씩 팔았는데, 한 세트에 100종의 북아메리카 식물 씨앗이 들어 있었으며 가격은 5기니였다.

존 바트럼은 1742년, 허드슨강 상류 쪽으로 향해 캐츠킬 지역의 '식물을 탐사했다'. 그로부터 10여 년간 수많은 채집 여행을 다니다가 아들 윌리엄과 함께 캐츠킬 지역에 다시 식물 탐사를 가기도 했다. 하지만 그가 채집한 식물은 대부분 자신이 살던 펜실베이니아의 자생종이거나 동쪽 해안을 따라 뉴잉글랜드부터 당시 세워진 지 얼마 안 되었던 조지아주까지 상대적으로 좁고 길게 이어지는 영국 식민지에서 발견된 종이었다. 그도 그럴 것이 캐나다와 미국 중서부에 관심을 보이는 프랑스, 플로리다를 차지하려는 스페인과 경쟁하던 영국은 18세기 중반까지만 해도 북아메리카 내에서 기반이 약했다. 하지만 7년 전쟁의 결과 1763년 체결된 파리조약으로 상황이 크게 바뀌었다. 스페인은 플로리다를 영국에 이양했고 프랑스는 루이지애나를 제외한 미국의 거의 모든 지역에서 철수했다. 안정을 찾은 듯 보이는 형국에—머지않아 식민지 이주자들이 이 분위기를 무너뜨리긴 하지만—영국 왕 조지 3세는 전보다 더 식민지에 관심을 보이기 시작했다. 콜린슨은 존 바트럼이 조금 연로하긴 해도 플로리다로 다음 식물 탐사를 나서야 한다고 생각했다. 이런 뜻을 품고 몇몇 힘 있는 조력자의 지원도 받아 콜린슨은 1765년 존 바트럼을 북아메리카 주재 왕실 식물학자로 앉힌다. 그가 받기로 한 연봉은 50파운드였는데, 이는 독일에서 이민해 필라델피아에서 묘목장을 운영하며 잠깐 일한 적이 있는 전임자 윌리엄 영이 받았던 금액의 6분의 1 수준이었다.

60대 후반이 된 존 바트럼은 눈이 점점 더 어두워져갔다. 하지만 그는 1765년부터 1766년까지 사우스캐롤라이나, 조지아, 그리고 플로리다 북부로 주요 채집 여행을 다녔다. 포트조지에서 세인트존스강을 따라 수원지까지 640킬로미터를 이동한 적도 있었다. 한편 이미 10대 때부터 화가로서 상당한 장래성을 보인 윌리엄 바트럼은 일을 도우며 탐사 중 발견된 동식물을 그리기 위해 부친과 동행했다. 탐사는 매우 성공적이었고, 두 사람은 아직 알려지지 않은 수많은 신종 식물을 발견했다. 그중 가장 눈길을 끈 종은 단연 프랑클리니아 알라타마하*Franklinia alatamaha*라는 아름다운 꽃나무였다. 그 이름은 바트럼 부자에게 크게 영향을 미친 벗이었던 벤저민 프랭클린의 이름을 딴 것이었다. 두 사람은 이 식물이 매우 한정된 지역에서만 발견되며 그 지역 안에서도 금세 사라져버리고 만다는 사실을 알게 됐고, 그런 까닭에 200년 넘게 존 바트럼이 펜실베이니아에서 키운 종을 포함한 재배종 형태로만 세상에 알려졌다. 아이러니하게도, 이 탐사로 채집한 식물들을 담은 첫 번째 상자는 1768년 2월 콜린슨이 영국 왕에게 가져갔고, 그가 사망한 지 얼마 지나지 않아 벤저민 프랭클린이 두 번째 상자를 왕에게 가져갔다. 미국 독립혁명이 발발하기 불과 몇 달 전이었다.

플로리다 여행을 시작할 때 이미 스물여섯이었던 윌리엄 바트럼은 아버지 존 바트럼에게 조금은 실망스러운 아들이었다. 윌리엄의 예술 활동을 장려해왔던 콜린슨은 영국 지인들에게 그의 어린 시절 작품들을 보여주기도 했다. 하지만 아들이 좀더 평범한 직업을 갖기를 바랐던 존 바트럼은 처음엔 윌리엄을 필라델피아에 있는 한 상인에게 견습생으로 보내기도 했다. 그러나 이런 시도는 그의 뜻대로 풀리지 않았고, 노스캐롤라이나 케이프피어의 어느 교역소에서 삼촌과 한동안 일하게도 해보았지만 상황은 마찬가지였다. 게다가 윌리엄은 인쇄업을 가르쳐주겠다는 벤저민 프랭클린의 제안도 거절했다. 프랭클린은 윌리엄의 예술적 능력과 발전 가능성을 알아보고 판화가를 권하기도 했지만 윌리엄은 그것 역시 거절했다. 마침내 플로리다를 여행하다 그 지역에 매료된 윌리엄은 부친을 설득해 자금을 지원받아 세인트존스강 기슭에서 인디고 농장을 시작했지만, 그 사업도 얼마 안 가 실패하고 말았다.

콜린슨이 사망한 후 윌리엄 바트럼은 또 다른 퀘이커 교도 존 포더길(1712~1780)의 후원을 받게 되었다. 의사이자 식물학자였던 존 포더길은 에섹스의 업턴 지역에서 가장 큰 개인 식물원을 소유하고 있었다. 포더길은 1768년부터 식물, 씨앗, 자연사 그림 등의 공급책으로 윌리엄을 고용

그림 왼편의 가지에 앉아 있는 새는 *Cardinalis cardinalis cardinalis*라고 하는 홍관조다. 바트럼은 이 새를 Red Sparaw[붉은참새] 또는 Red bird of America[아메리카붉은새], Virgnia nightingale[버지니아나이팅게일] 등 여러 이름으로 번갈아가며 불렀다. 홍관조가 앉아 있는 가지는 *Osmanthus americanus*라는 나무의 가지다. 바트럼은 '*Olea Americana, foliis lanceolato-ellipticis, baccis atro-purpureis Catesby*' 또는 Purple berr'd bay[보랏빛장과월계수]라고 이름 붙인 이 "독특하고 달콤한 향이 나는 관목"을 노스캐롤라이나주 케이프피어강 근처에서 발견했다. 엉뚱하게 그림을 가로지르며 헤엄치는 물고기는 아직까지 종이 밝혀지지 않았다.

했다. 또 자신이 떠나 있는 동안 미합중국이 되어버린 이 땅의 동남부 지역을 탐사하는 그를 재정적으로 지원하기도 했다. 이제 부친은 일흔에 접어들었고, 윌리엄은 혼자 탐사를 떠났다. 1773년 4월에 필라델피아를 떠난 그는 먼저 찰스턴에 갔다가 다시 배를 타고 서배너로 향했다. 그 후로 3년 반 동안 한 번씩 근거지를 옮겨 다닌 그는 배도 타고 말도 타고 걷기도 하며 길기도 짧기도 했던 일련의 탐험을 이어나갔다. 그는 혼자 다닐 때도 있었고 동행과 함께할 때도 있었는데, 아메리카 원주민도 자주 대동했다. 이 무렵 그는 아메리카 원주민들에게 꽃 사냥꾼이라는 뜻의 '푸크퍼기

Puc-puggy'라고 알려졌다. 이런 식으로 윌리엄은 사우스캐롤라이나의 해안 지역, 케이프피어강, 서배너강 골짜기, 그리고 조지아주를 가로질러 모빌, 배턴루지 등을 탐험했다. 미시시피강 스페인 해변에 있는 융성한 프랑스 정착지, 푸앵트쿠페에도 다녀왔다. 플로리다에서는 집중적인 탐사를 이어가며 몇 해 전 아버지와 갔던 세인트존스강과 커스코윌라의 세미놀족 마을이 있는 플로리다주 북부까지 탐험했다. 이 모든 여정에서 직접 겪은 이야기를 담은 『노스캐롤라이나, 사우스캐롤라이나, 조지아, 그리고 플로리다 동부와 서부 여행기*Travels Through North & South Carolina, Georgia, East & West Florida*』(이하 『여행기』)가 마침내 1791년 주목도가 좀 떨어지는 도판 몇 점을 싣고 필라델피아에서 출판되었다. 하지만 책은 그 지역의 풍경, 기후, 일반적인 초목, 탐사 중 발견한 독특한 동식물을 자세히 기록하고 있었으며 그가 만나고 함께 지낸 많은 아메리카 원주민의 외모, 행동, 생활양식까지 다룬 놀라운 문서였다.

이 책은 다른 면에서도 주목을 끌었다. 우선 연대순이 매우 특이하다. 윌리엄 바트럼은 오랜 여행 끝에 부친이 세상을 떠나기 불과 몇 달 전인 1777년 1월 필라델피아로 돌아왔다. 하지만 그는 살짝 기억이 헷갈렸는지 여행 중 1년을 '앞지르게' 되었고, 결과적으로 책에는 그가 1778년에 돌아온 것으로 적혀 있다. 게다가 잘 쓰인 모험담에 사실이 끼어드는 게 내키지 않았던지 특별한 경험을 묘사하는 글, 특히 아메리카 원주민이나 동물들을 만난 이야기는 사실과 잘 맞아떨어지지 않을 때도 있었다. 이렇다 보니 사람들은 책에 대해 엇갈린 반응을 보였는데, 대체로 열광적인 반응은 아니었다. 그런 데다 세인트존스강의 앨리게이터를 생생하게 묘사한 부분처럼 책의 가장 신뢰할 만한 기록에 대해서도 의혹이 불거졌다. 폭넓은 독자층으로부터 인정을 받았음에도 윌리엄 바트럼은 당연히 이런 반응에 크게 실망할 수밖에 없었다. 하지만 책의 별난 특성에도 불구하고—어쩌면 그 덕분인지도 모르지만—첫 출간 후 200년이 지나 바트럼의 책과 그 바탕이 된 그의 여행은 점차 인기를 얻기 시작했으며, 특히 미국에서 각광을 받았다.

윌리엄 바트럼의 또 다른 소박한 바람 하나는 자신이 발견한 수많은 신종 식물에 대해 발견자로서 인정받는 것이었다. 하지만 그 바람은 그의 살아생전엔 이루어지지 않았다. 포더길의 후원을 받는 동안 바트럼은 그에게 신종이 다수 포함된 209종의 식물과 59점의 그림을 보냈는데, 그중 몇 점은 포더길이 사망한 1780년까지도 완성되지 못한 채로 남아 있었다. 그 가운데 다수는 책에 도판으로 실린 작품이었는데, 식물뿐만 아니라 조류, 어류, 양서류, 파충류 및 다양한 무척추동물을 그린 훌륭한 그림이 많았다. 그의 그림은 대체로 매우 정확했지만 몇몇은 독특한 비율 때문에 함께 등장하는 동물과 식물이 기괴하게 확대되거나 축소되어 있기도 했다. 게다가 세인트존스강에서 연기를 내뿜는 앨리게이터 그림처럼 사실화라기보다는 상상화에 가까운 그림도 있었다. 만약 그런 그림들이 널리 알려졌더라면 그를 깎아내리는 사람들에게 훨씬 더 큰 빌미를 주었을 것이다. 이런 상황 때문에 그의 그림은 1968년이 되어서야 전작이 출판될 수 있었다.

포더길이 사망하자 조지프 뱅크스는 바트럼의 그림과 식물 자료를 포함한 모든 수집품을 사들여 다니엘 솔란데르가 수집 및 선별, 관리하는 자신의 서재와 식물 표본실 자료에 포함시켰다. 하지만 솔란데르는 1783년 젊은 나이로 세상을 떠나기 전까지 태평양 자료, 특히 인데버호 항해 때 모아들인 자료에 정신이 팔려 있었다. 그래서 윌리엄 바트럼이 세상을 떠난 지 4년이 지난 1827년 뱅크스의 컬렉션이 대영박물관에 반입되기 전까지

"도판 1의 세인트존스 앨리게이터 삽화는 봄철 이 끔찍한 괴물들의 행동을 보여준다. 앨리게이터들은 목구멍에서 입 밖으로 폭포 줄기처럼 물을 내뿜거나 담배 연기처럼 콧구멍으로 증기를 뿜는다." 바트럼은 포더길에게 보내는 글에서 그림에 나오는 앨리게이터의 습성을 이렇게 묘사했다. 이 그림은 바트럼의 가장 유명한 그림이다. 그는 육필로 쓴 일기 『플로리다 여행*Travels in Florida*』에서 앨리게이터들의 "무시무시한" 울음소리와 함께 해가 뜨곤 했다고 적었다. 이 앨리게이터들은 1801년에 *Alligator mississippiensis*라고 공식 명명되었다.

도 바트럼의 자료들은 거의 검토되지 못한 상태였다.

위대한 탐사 후, 바트럼의 남은 반평생은 비교적 조용했으며 대중의 찬사도 많지 않았던 듯하다. 독립전쟁 이후 몇 년간 미국과 영국의 교류는 과거보다 좀더 어려워졌지만, 그래도 바트럼은 미국 과학계와 계속 연락하며 지냈다. 그는 결혼하지 않고 이제는 형의 소유가 된 부친의 집에서 독신으로 살았다. 형 존은 그에 비해 영업에 좀더 능했고, 정원도 운영했다. 윌리엄은 기꺼이 형을 도와 방문객들에게 정원을 구경시켜주었다. 가끔은 주문을 받아 그림을 그리기도 했으며, 강의를 했다는 기록은 남아 있지 않지만 그 무렵 개교한 펜실베이니아대학에서 잠시나마 식물학 교수를 지내기도 했다.

어쩐 일인지 플로리다와 조지아에서 그 대단한 모험을 한 이후 바트럼은 여행을 많이 다니지 않았다. 1786년 씨앗을 채집하다가 나무에서 떨어지는 바람에 다리가 심하게 부러지는 부상을 입은 게 얼마간 영향을 미쳤을지도 모른다. 하지만 그 이유를 차치하더라도, 초년에 엿보였던 게으른 성향이 만년에 다시 수면 위로 올라온 것으로 보인다. 그래서인지 마지막 30년 동안 윌리엄은 딱히 하는 일 없이 인생을 그저 무위도식하며 보낸 듯하다. 윌리엄은 한창 때 극성 수집가들의 물욕을 채우는 데 생의 많은 부분을 헌신했지만, 정작 그가 살면서 모은 소유물은 놀라울 만큼 단출했다. 세상을 떠날 때 유서에 밝힌 그의 소유물은 겨우 옷 두 상자, 잠을 청하던 깃털 이부자리와 베개, 안경 두 개, 트레이 하나와 양철 편지함 하나, 그리고 책 몇 권과 현금이 조금 든 지갑이 전부였다.

Sabatia bartramii(왼편)는 바트럼의 이름을 따 명명되었다. 바트럼은 이 식물에 대해 다음과 같이 기재했다. "상록성이며 연중 꽃이 핀다. 푸른 사바나에 사는 또 다른 사랑스런 주민으로 (…) 커다랗고 풍성하게 피는 꽃은 만개했을 때 10~12.5센티미터에 이르며 꽃 전체가 짙은 장밋빛으로 물든 모습이 진홍색 침대 한가운데 아름다운 금빛 별을 올려놓은 듯하다. 꽃잎은 15장에서 20~30장까지 나기도 한다." 바트럼이 탐험하고 그림으로 기록한 사바나 지역 중 한 곳은 오늘날 페인스프레리라고 불린다(아래). 이 지역은 플로리다주 앨라추아카운티 게인스빌 남부 34제곱킬로미터에 걸쳐 있다.

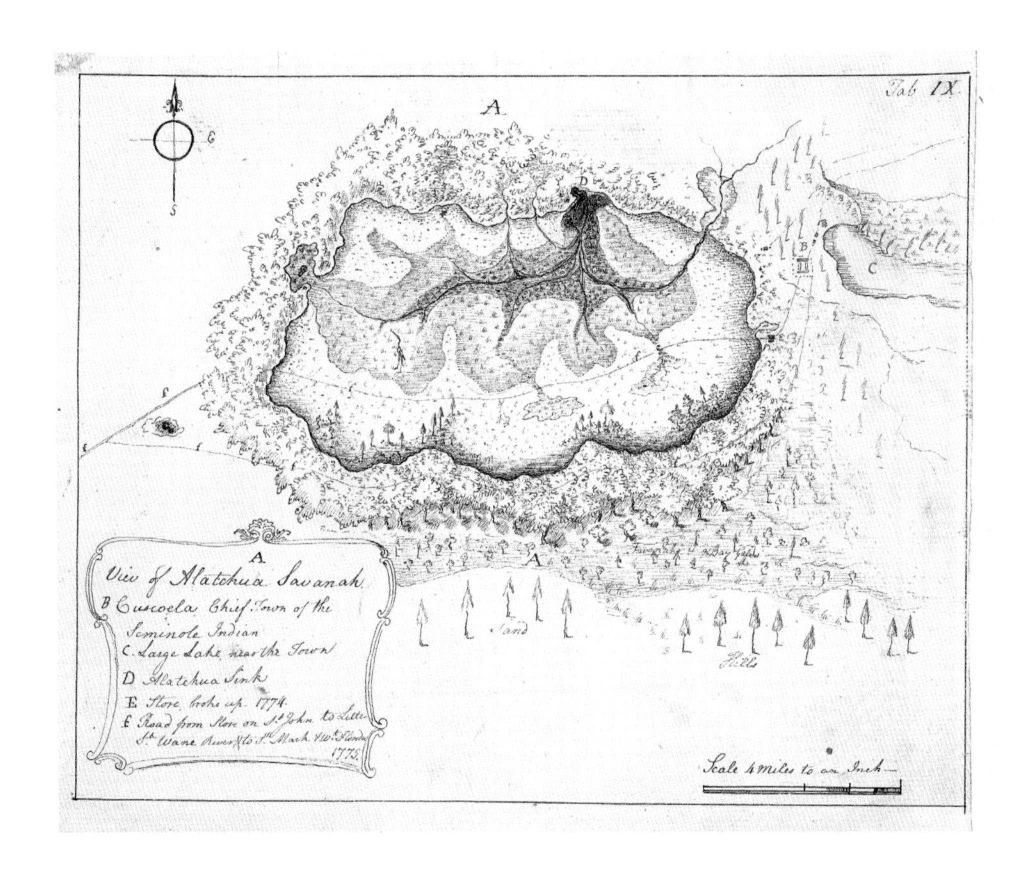

Momordica charantia(위). 윌리엄 바트럼은 이 그림을 그리려고 아버지 존 바트럼과 경쟁하며 씨앗을 공급하던 전문 원예가 제임스 알렉산더가 키우던 식물을 표본으로 구했다. 바트럼의 *Nelumbo lutea* 그림(오른편)은 주목할 가치가 있는데, 눈에 잘 띄진 않지만 그림 왼쪽 구석의 연잎 밑쪽에 파리지옥, *Dionaea muscipula*의 첫 식물학 그림 기록이 있기 때문이다. 그림 전경에 걷고 있는 새는 푸른가슴왜가리, *Ardea herodias*(혹은 어쩌면 캐나다두루미)로 확인되었는데, 연의 잎이나 꽃과 비교할 때 이상하리만큼 작아서 균형이 맞지 않는 모습이다.

Tab. I.

II
Fig 2

앞의 그림처럼 이 그림도 *Nelumbo lutea*의 연밥이 "지푸라기색 껍질에 허연 속살을 가진 달팽이"인 *Triodopsis albolabris*와 함께 그려져 있다. "집 없이 살아 있을 때는 몸이 검은 줄무늬와 점으로 뒤덮여 매우 어두운 회색을 띤다." 가운데 살짝 휘어진 채 서 있는 *Pterocaulon undulatum*의 꽃은 수종을 비롯한 여러 질병의 치료에 효과가 좋다고 알려져 있다. 왼쪽에 *Peltandra virginica*의 화살 모양 잎도 보인다. 바트럼이 포더길에게 일러준 바에 따르면 "플로리다주 사람들은 이 식물의 뿌리를 굽거나 삶아서 먹는다". 그 밑으로 *Pistia stratiotes*도 함께 있다. 바트럼은 이 식물이 다른 식물들과 함께 "섞이고 엉긴 채 자라서 드넓은 습지를 이루고 있는" 모습을 발견하기도 했다.

『여행기』에서 바트럼은 낭상엽(주머니, 병, 깔때기 모양의 내강을 가진 잎) 식충식물인 자주사라세니아, *Sarracenia purpurea*와 노랑사라세니아, *Sarracenia flava*(위)가 잎 안으로 곤충을 유인하여 아래쪽을 향해 자란 뻣뻣한 털로 덮인 벽에 가두는 모습을 묘사했다. "잡힌 곤충들은 이 털 때문에 밖으로 되돌아 나갈 수 없으며 통로 모양의 잎 표면에서 나오는 달콤한 소화액(꿀이 든 분비물)을 먹기 위해 밑으로 내려간다." 도망칠 수 없게 된 곤충들은 잎 주머니에 고인 용액에 녹아버린다. 같은 그림 속 먹이를 삼키는 뱀은 *Cemophora coccinea*다. 바트럼은 *Canna flaccida*를 묘사한 오른편 그림을 그리면서 앨라배마 탤라푸사강 인근 무크라사족 인디언 족장에게 선물받은 것으로 보이는 돌파이프를 그려 넣었다.

N° 1.
N° 2
N° 1.
Wild Lemmon's
grows in the Province of Georgia
The Flowers are green the Fruite the size of a Damson Plumb
N° 2. A very early Flowering Hawthorn
grows in same Province

큐 왕립식물원을 설립한 어머니를 둔 조지 3세의 공식 식물학자 존 바트럼은 *Nyssa ogeche*라고 하는 아메리카 유칼립투스 열매를 보내라는 지시를 받았다. 왼편 그림은 윌리엄 바트럼이 그린 이 유칼립투스의 가지. 1768년 식물의 씨앗과 식물체를 수입하던 피터 콜린슨은 영국에서 존 바트럼에게 불만 섞인 편지를 썼다. "이렇게나 쓸 만한 표본이 없다니 좀 희한하군요. 열매를 구했으면 합니다. 분명 재배되고 있을 겁니다." 작은 가지는 산사나무속에 속하는 '막 꽃을 피운 산사나무' 가지다. 바트럼은 조지아주에서도 이 식물을 발견했다. 위의 꽃은 *Sarracenia flava*, 즉 노랑사라세니아라는 식충식물의 것으로 보인다.

이 그림 속 새를 Crested Red Bird of Florida〔플로리다붉은볏새〕 또는 Virginia Nightingale〔버지니아나이팅게일〕이라고 동정한 바트럼의 노트. 하지만 이 새는 147쪽에 등장한 '버지니아나이팅게일'이 아니라 *Cardinalis cardinalis floridanus*다. 즉, 두 새는 같은 종에 속한 다른 아종이다. 바트럼이 「포더길 박사에게 보내는 보고서Report to Dr. Fothergill」에 "그 붉은볏새가 1년 내내 여기에 〔있다〕"고 기록한 걸 보면, 이 새는 플로리다의 텃새였던 듯하다. 그는 오른편 그림 속 플로리다캐나다두루미, *Grus canadensis pratensis*를 검은색 혹은 거무스름한 색 깃털을 가진 회색 Wattoola Great Savanah Crane〔와툴라그레이트사바나두루미〕라고 설명했다. 이 새는 플로리다 레비카운티에서 처음 발견되었으나 당시 발견된 개체는 바트럼과 동행한 사람들이 총으로 사냥해 잡아먹었다.

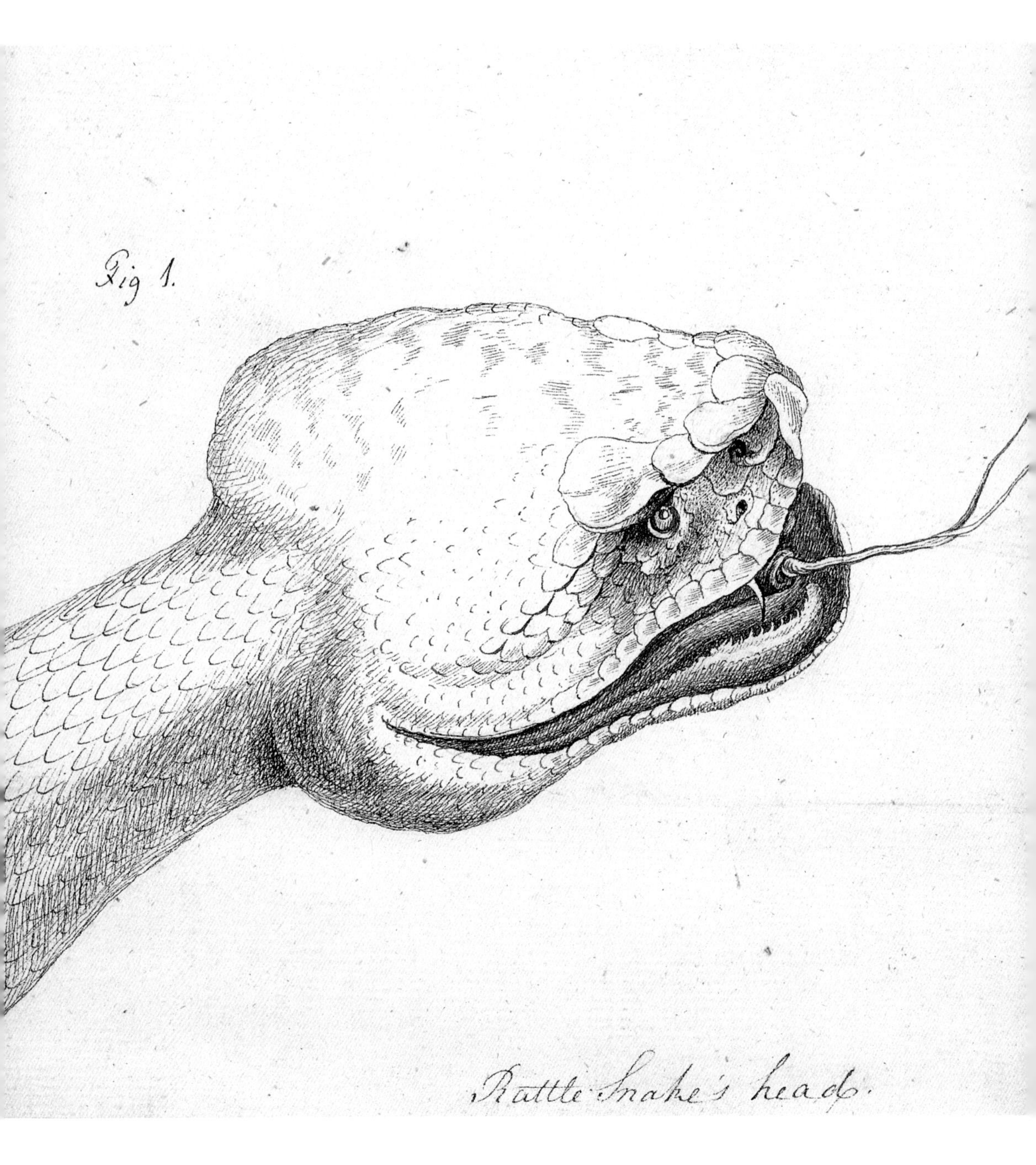
Fig 1.
Rattle Snake's head.

바트럼이 Eastern diamondback(동부다이아몬드방울뱀)이라고 불렀던 왼편의 뱀은 북아메리카에서 가장 큰 독사인 '큰방울뱀'이다. 바트럼은 세미놀족 마을에서 "거대한 방울뱀"을 죽인 이야기를 탐험기에 적었다. "나는 칼을 꺼내 뱀의 목을 쳤다. 뒤를 돌아보니 원주민들이 내 영웅적인 행동과 그들에 대한 우정의 표시에 대해 나를 흡족히 여기며 인정해주는 온갖 표현으로 칭찬을 해주었다. 나는 피 흘리는 뱀의 대가리를 승리의 트로피처럼 손아귀에 거머쥐었다." 위 그림 속 "부드러운 등껍질을 가진 조지아주의 거북"에 대해서는 이렇게 썼다. "같은 종 가운데 가장 독특한 거북으로 (···) 삶거나 구워서 그 고기를 먹기도 하는데 이곳 사람들은 몸에 아주 좋고 맛도 좋은 식재료로 여긴다."

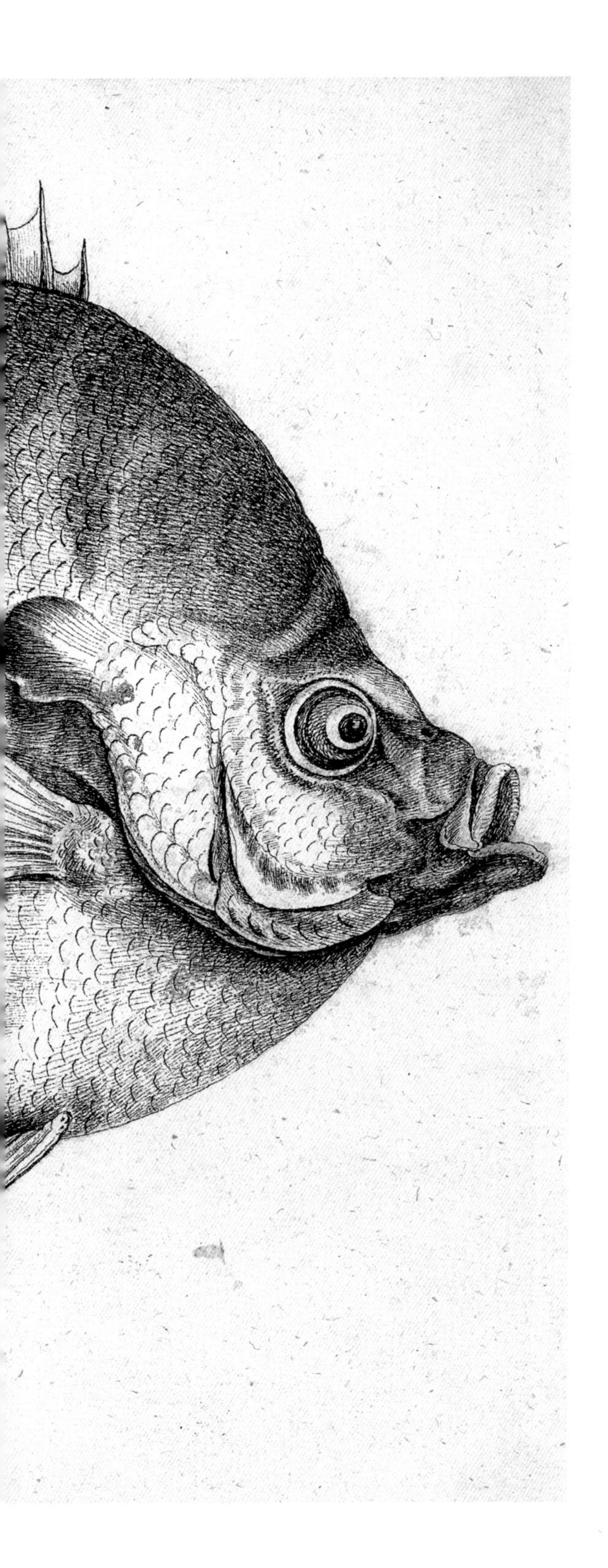

바트럼은 플로리다 동부에서 발견한 왼쪽 어종을 Great black bream〔큰흑도미〕라고 불렀다. *Lepomis macrochirus purpurascens*라는 종이다. 그는 이 종이 진한 보라색이며 붉은빛이 도는 크고 검은 눈을 가졌다고 묘사했다. 그리고 다음과 같이 보고했다. "이 아름다운 어류는 플로리다 동[부] 민물 강이나 [샘]물, 웅덩이에 많다. 조그마한 입이지만 잘 움직이는 골판을 이용해 크게 벌려 먹이로 삼는 치어나 달팽이, 고둥, 곤충, 수생파충류 등을 잡아먹을 수 있다. 또한 맛 좋은 생선으로도 일품으로 친다." 바트럼은 아래 *Chaenobryttus coronarius*를 "Old wife〔올드와이프〕라고도 부르는 큰황도미"라고 참조해두었다. 바트럼은 이 어종을 플로리다 동부에서 발견했다. "이 어종은 마치 표범처럼 대담하고 탐욕스러운 물고기다. 구멍이나 어두운 은신처에 숨어 있다가 튀어나와 지나가는 물고기를 순식간에 낚아챈다."

태평양 횡단
1768~1771

PACIFIC CROSSING

Ornamented after a Burial with a Club of great
over the Shoulder

A Native going to Dance!
A Native of New South Wales. ornamented after the manner of the

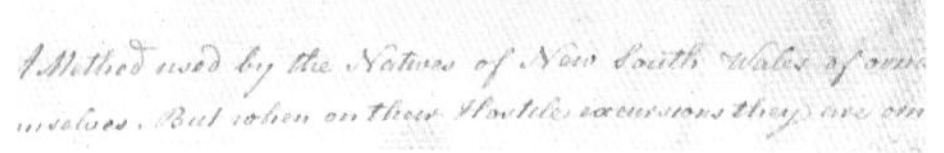
A Method used by the Natives of New South Wales

A Native Woman and Her Child,

1768년 봄, 조지 3세 휘하의 해군선 선장이던 서른아홉 제임스 쿡은 임신한 아내와 세 아이를 떠나 약 10년 전부터 줄곧 임무를 수행해온 북아메리카로 돌아갈 만반의 준비를 하고 있었다. 측량사로서 평판이 좋았던 쿡은 보통 여름 몇 달은 현장 작업을 하고 겨울에는 영국으로 돌아가 도면 작업을 했다. 1768년에도 현장 작업을 위해 북아메리카로 돌아갈 예정이었다. 하지만 군은 다른 계획이 있었으니, 그를 대위로 승진시킨 뒤 태평양에 대한 우리의 지식을 바꿔놓은 3대 항해 중 첫 항해를 명령한 것이다.

첫 항해의 주요 목적은 지구에서 본 금성의 태양면 통과, 즉 금성이 태양의 표면을 지나가는 모습을 관측하는 것이었다. 금성이 태양면을 통과하는 시간을 지표면상 여러 지점에서 관측해 정확히 알 수 있다면, 천문학자들이 다른 무엇보다 지구와 태양 사이의 거리라도 측정할 수 있을 것이기 때문이다. 금성의 태양면 통과가 마지막으로 관측된 것은 1761년이었는데, 아홉 나라에서 온 120명의 관측자가 노력했음에도 불구하고 결

유럽인의 눈에 비친 오스트레일리아 원주민의 첫 그림 기록. 제임스 쿡이 오스트레일리아 항해를 다녀온 지 20~30년이 지난 뒤에 그려졌다. 이 그림은 대영박물관 내 포트잭슨 화가라는 별명으로 불리는 무명 작가의 컬렉션에 포함되어 있다.

과는 미미했다. 다음 관측은 1874년에나 가능했다. 그러므로 이번에 반드시 성과를 내야 했고, 당연히 최근에 전쟁을 벌인 영국과 프랑스를 비롯한 적격국들은 참여하길 부담스러워했다. 영국 왕립해군은 금성의 태양면 통과를 관측하기 위한 노력의 일환으로 타히티섬에 탐험대를 보내기로 했다. 타히티섬은 전해에 새뮤얼 월리스 선장이 영국 군함 돌핀호로 항해 중 발견한 곳이었다. 하지만 이 정도 규모의 항해라면 하나 이상의 목적을 달성할 필요가 있었다. 지난 200년간 많은 배가 태평양을 건넜지만, 그곳은 여전히 잘 알려지지 않은 채로 남아 있었다. 못해도 쿡이 그곳에서 새로운 땅을 발견하여 영국 왕실에 이득을 안겨줄 것이라는 기대감이 있었다. 더 정확하게는 뭔가 있을 게 분명하다고 여겨졌는데, 그때까지 발견되지 않은 곳, 즉 테라 아우스트랄리스 인코그니타*Terra Australis Incognita*〔알려지지 않은

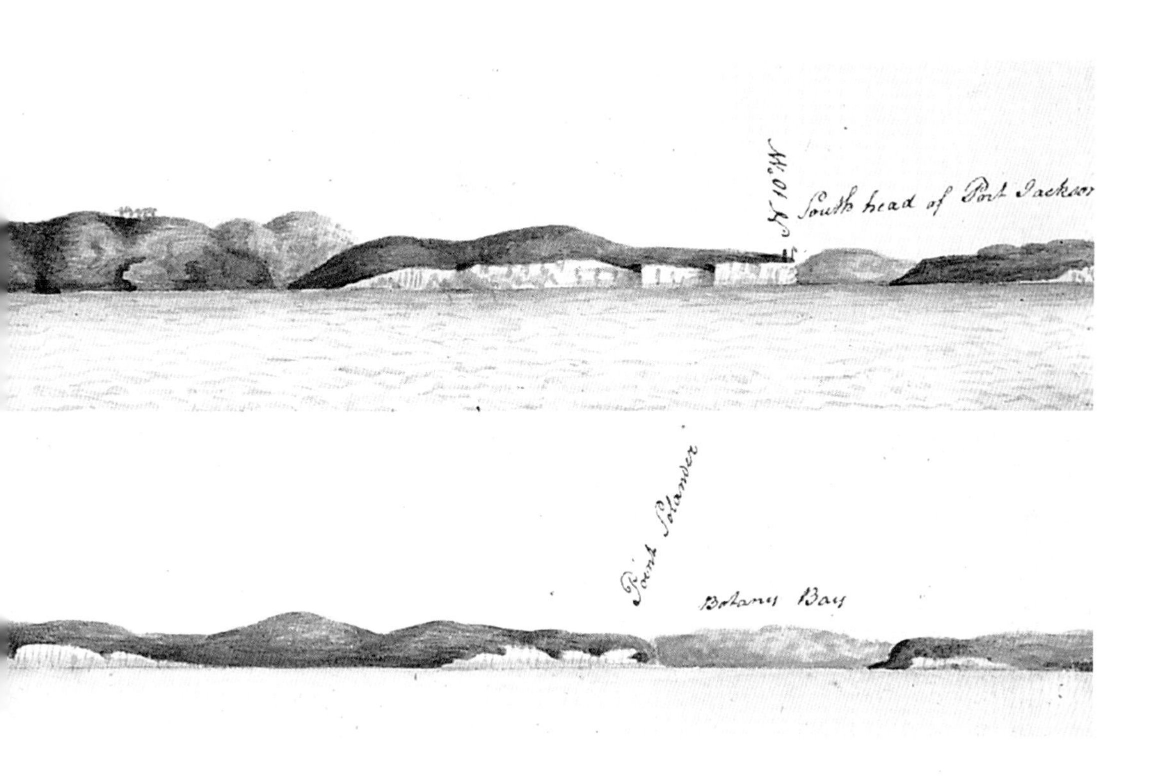

위부터 보터니만에서 포트잭슨만에 이르는 시드니 해안선과 보터니만 남쪽으로 뻗은 해안선. 이 풍경은 토머스 와틀링의 그림으로, 위조범으로 유죄 선고를 받고 시드니에 유배된 그는 식민지 의무총감이던 존 화이트 밑에서 포트잭슨만 지역을 많이 그렸다. 와틀링이 (보터니만 초입에) 적어놓은 '케이프뱅크스' '포인트솔랜더'라는 메모 속 이름은 인데버호를 타고 온 조지프 뱅크스와 그가 고용한 식물학자 다니엘 카를 솔란데르를 가리킨다. 뱅크스는 이 항해를 계기로 훗날 시드니를 식민지로 개발하자고 건의하게 된다.

남쪽 땅)를 찾아 남태평양을 건널 계획이었다. 당시 사람들은 남반구에도 알려지지 않은 큰 땅덩어리가 있어서 북반구의 땅덩어리와 대칭적으로 균형을 이루고 있다고 추측했다. 그리고 그런 대륙은 분명 자원이 풍부할 테니 그 땅을 처음 발견해 터를 잡고 차지하는 나라에는 엄청난 자산이 되리라고 생각했다.

항해를 위해 지정된 선박은 휘트비에서 조선된 33미터 길이의 석탄선으로, 쿡에게 더없이 적합한 배였다. 튼튼하게 건조된 배는 굉장히 넓었지만 선저부가 평평해 속도는 빠르지 않았다. 그래도 조향이 매우 쉬워서 어떤 위험이 도사리고 있을지 모르는 낯선 물길을 항해하는 데 적합했다. 해군은 건조된 지 4년이 채 안 된 그 배를 사서 인데버호라는 새로운 이름을 붙이고, 열대 수역에서 악명 높은 좀조개로부터 선체를 보호하기 위해 윗부분이 넓은 못을 둘러 박은 얇은 나무판자를 덧대어 보강하는 재정비를 마쳤다.

제임스 쿡 선장이 이끄는 인데버호는 85명의 해군을 위한 선실을 마련하는 것 외에도, 금성 관측을 보조할 천문 관측사 찰스 그린을 비롯한 민간 수행단을 대동해야 했다. 찰스 그린은 두 명의 전임 왕실 천문학자 아래서 조수로 일한 경력이 있었고, 1763년 네빌 매스켈린 휘하에 존 해리슨의 새로운 크로노미터를 시험하기 위해 바베이도스까지 동행한 적이 있었다. 해리슨의 발명품은 얼마 지나지 않아 항해사의 경도 측정법에 대혁신을 일으켰고, 제임스 쿡도 두 번째 태평양 항해에서는 그것을 사용했다. 하지만 첫 항해 때까지만 해도 더 어렵고 신뢰성도 떨어지는 전통 방식으로 관측할 예정이었기 때문에 찰스 그린은 쿡에게 매우 중요한 사람이었다.

찰스 그린을 위해 선실 배정을 조금 조정한 것 외에는 공간 배치에 크게 신경 쓸 일이 없었다. 하지만 출항 한 달 전, 쿡 대위는 "뱅크스 경과 그 수행단"까지 동행인이 모두 아홉 명 늘었다는 소식을 전해 듣는다. 25세의 조지프 뱅크스는 잘생기고 부유한 데다 지적인 사람이었고 인맥도 두터웠다. 이미 왕립학회 회원이었던 뱅크스는 이 항해가 자신의 자연사 연구, 특히 식물학 연구에 도움이 될 신나는 기회라고 생각했고, 자비로 쿡의 항해에 동행하겠다며 군을 설득했다. 그는 하인 네 명, 비서 한 명,

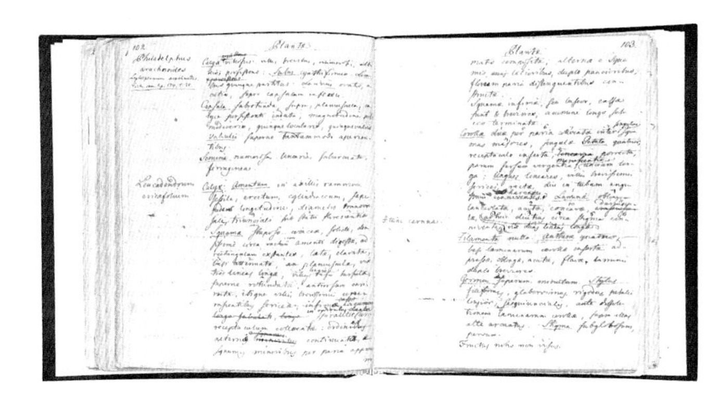

인데버호에 탑승했던 식물학자 다니엘 솔란데르의 선상 일기. 그는 항해 중 수집한 식물들을 꼼꼼하게 기록했다. 이에 감명받은 조지프 뱅크스는 그 후로 모든 작업에 솔란데르를 고용했다.

화가 두 명, 식물학자 한 명, 그리고 개 두 마리를 데려가겠다고 했다. 짐도 어마어마하게 많았다. 작고 북적북적한 배 안에서 자리를 더 마련하게 되었으니 당연히 여러 사람—특히 선실 사용에 직접 영향을 받을 하급 장교들—의 불만을 샀지만, 그렇다 해도 조지프 뱅크스와 그의 수행단은 이번 항해로 달성할 업적에서 꼭 공을 세우고자 했던 사람들이었다. 확실히, 그 어마어마한 양의 자연사 자료 및 민족지학적 자료는 뱅크스와 그가 대동한 식물학자 솔란데르가 모아들인 광범위한 식물학 자료가 없었다면 수집되지 못했을 것이다. 더욱이 뱅크스가 예술적인 부분을 중요시한 덕분에 시각적으로 훌륭한 기록들이 남게 되었고, 이는 헌신적인 예술가들의 참여를 독려하는 선례가 되었다.

알렉산더 뷰캔은 인물과 풍경을, 그리고 이미 이름이 나 있었던 시드니 파킨슨(1745~1771)은 채집한 식물과 동물을 그리기 위해 뱅크스가 데려온 화가들이었다. 하지만 뷰캔은 인데버호가 타히티섬에 도착하고 며칠 뒤 사망했다. 결국 파킨슨 혼자 모든 그림을 그려야 하는 막대한 임무를 맡게 되었다. 그는 스웨덴에서 온 뱅크스의 비서 헤르만 스푀링의 도움을 받기도 했는데, 두 사람은 1771년 1월 인도양을 지나던 귀항길에 불과 며칠 차이로 모두 사망하고 만다. 에든버러에서 퀘이커 교도 양조업자의 아들로 태어난 파킨슨은 뱅크스가 뉴펀들랜드와 래브라도를 찾았던 1766년에도 채집한 자연사 자료와 드 베베러의 실론섬 동물 그림들의 복제를 맡기고자 고용한 바 있었다. 하지만 그런 그도 휘청이는 배 안에서 그림을 그리거나 견디기 어려운 열대기후 속에서 작업해본 적은 없었다.

그럼에도 불구하고 항해의 시작은 무난했다. 제임스 쿡은 1768년 8월 영국을 떠나 마데이라섬 푼샬에 잠깐 들렀다가 11월 13일 리우데자네이루에 도착해 3주간 머물렀다. 리우데자네이루를 떠난 뒤에는 라틴아메리카를 끼고 돌아갈 요량으로 르메르 해협으로 향했다. 중간에 티에라델푸에고 해안에 닻을 내렸다가 마침내 케이프혼을 지나 1769년 1월 말경 태평양에 진입했다. 인데버호는 거의 쉬지 않고 서북쪽으로 항해해서 4월 13일 타히티 마타바이만에 도착했다. 금성이 태양면을 통과하기까지 7주를 남겨놓은 시점이었다. 관측소가 설치되었고 금성의 태양면 통과도 성공적으로 관측됐다. 그리고 인데버호는 7월 중순까지 항해할 준비를 마쳤다. 그런 가운데 파킨슨은 열대지방의 혹독한 생활에 상당한 회복력을 보여주고 있었다. 그를 힘겹게 하는 여러 문제 중 하나는 타히티섬의 파리들이었다. 뱅크스는 이렇게 설명했다. "물감을 칠하자마자 종이에서 그걸 뜯어먹어버린다. 어류라도 그릴라치면 그리기 자체보다 파리를 쫓는 게 더 일이었다. 갖은 퇴치법을 시도해봤는데, 모기장으로 화가와 의자, 그림까지 덮어버리는 편이 그나마 제일 나았다. 하지만 이걸로도 역부족이라 파리를 유인해 물감을 먹지 못하게 잡아두는 파리잡이 트랩을 설치해야 했다".

타히티섬을 떠난 쿡은 남쪽으로 항해해 남위 40도 이남에서 남반구 대륙을 찾는 임무를 수행하고 있었다. 이렇다 할 땅덩어리를 발견하지 못한 쿡은 처음에는 서북쪽으로, 그다음에는 서남쪽으로, 그리고 마지막으로 서쪽을 향해 항해했다. 그러던 중 아벨 타스만이 발견했던 '뉴질랜드' 동쪽 해안에 도착했다. 네덜란드인 타스만이 1642년 우연히 뉴질랜드를 발견할 당시 도착한 곳은 서쪽 해안이었다. 쿡은 뉴질랜드 북섬을 끼고 시계 반대 방향으로 돌았다. 그런 다음 쿡 해협을 통과해 뉴질랜드 남섬을 시계방향으로 둘러서 항해했다. 몇 차례 잠깐씩 뭍을 둘러보긴 했지만, 그가 제작한 놀라울 만큼 정확한 해도는 주로 '항해 중 측량'으로 작성되었다. 즉, 해안선을 따라 항해하면서 땅의 형세를 수천 번씩 자세히 살피고 천문 관측을 수백 번 거듭한 결과물이었다.

쿡 대위는 1770년 3월 31일에 마침내 뉴질랜드를 떠났다. 이번 항해의 두 가지 주요 임무를 수행한 그는 이제 집으로 돌아갈 수 있게 되었고, 케이프혼을 경유하거나 희망봉을 돌아가는 경로가 있었다. 동쪽 항로를 택하기에는 맞지 않는 계절이었기 때문에 그는 희망봉으로 가는 길을 택했다. 이 선택은 사실상 귀항길에 타스만이 130년 전 떠나온 지점에서부터 북쪽으로 향하며 오스트레일리아 동쪽 해안 지도를 만들겠다는 결정이나 마찬가지였다. 그렇게 가장 중요한 항해가 시작되었고 심지어 쿡 자신의 높은 기준으로 측량은 계속되게 된다. 이 시기에 놀라운 자연사 자료 컬렉션뿐 아니라 파킨슨의 걸작들도 탄생한다.

4월 19일 오스트레일리아 동남쪽 끝에 도착한 인데버호는 해안선을 죽 따라 3200킬로미터 이상을 항해했는데, 그 길에는 드넓은 그레이트배리어리프 안쪽으로 위험천만한 모래톱 구간이 있었다. 인데버호는 그 자리에서 험난한 36시간을 보낸 끝에 거의 복구가 불가능한 상태로 망가져 버린다. 배는 5개월에 걸쳐 지독히 힘겹고 위험한 항해를 이어가며 탁월한 해도를 만들어가는 가운데 가끔 뭍에 정박하기도 했는데, 그중 단연코 가장 의미 있는 곳은 오늘날 시드니 남쪽 보터니만에 해당되는 지역이었다. 보터니만Botany Bay은 그곳에서 신종 식물이 풍부하게 수집되었기에 붙은 이름이었다.

파킨슨은 항해 초반부터 줄곧 바빴다. 바다를 건너는 동안에는 배에서 총으로 잡거나 채집한 해양동물과 바닷새를 그리느라 바빴고, 육지에 내렸을 때는 땅 위의 동식물을 그리느라 바빴다. 그러다 오스트레일리아 동쪽 앞바다에 다다랐을 때는 작업량이 너무 많아 감당할 수 없는 지경에 이르렀다. 뱅크스와 솔란데르가 하루가 멀다 하고 수집해오는 새로운 자료를 파킨슨은 정신없이 그려야 했다. 점멸하는 석유램프 아래 비좁은 공간에서 밤늦게까지 일하는 날이 허다했다. 오스트레일리아 바다를 항해하는 동안 완성된 그림은 사실상 극소수였지만 그럼에도 그는 400점이 넘는 식물을 스케치했다. 그는 스케치를 상세하게 한 뒤 식물종 각각의 중요 부위에 색을 칠해두었다. 아마도 나중에 건조표본을 보고 채색을 완성하려고 했던 듯하다. 그런 반면 동물 그림은 완성된 것이 많았다. 대부분이 항해 초기에 어류나 조류를 그린 것이었다. 하지만 1770년 6월 지금의 퀸즐랜드 쿡타운 근처에서 그려진 가장 유명한 오스트레일리아 캥거루 스케치는 완성되지 않은 상태였다. 사실 파킨슨은 포유동물은 거의 그리지 않아서, 오스트레일리아에서 캥거루와 쿠올을 그린 게 전부였다. 하지만 그것도 그리 놀라운 일은 아니었다. 식물은 젖은 옷가지에 싸두면 한동안 비교적 생생한 상태로 보관할 수 있었다. 그리고 작은 무척추동물들, 심지어 어류도 그렇게 빨리 '부패하지는' 않았다. 그러나 온혈 포유동물을 그리는 건 완전히 다른 문제였다—특히 파킨슨이 장교들과 민간 대원들이 식사를 하던 가장 큰 선실에서 그림을 그렸다는 점을 고려하면 말이다.

카펀테리아만 동북쪽 끝 케이프요크에 도달했을 무렵, 배는 선체와 삭구가 형편없이 망가진 상태였다. 쿡은 바타비아(지금의 자카르타)에 있는 네덜란드 기항지에서 배를 정비한 뒤 다시 출발하기로 했다. 인데버호는 1770년 10월 11일 바타비아에 도착해 12월 26일 그곳을 떠났다. 하지만 출항하자마자 역풍을 만났고 3주간의 악전고투 끝에, 배를 거꾸로 돌린 채 후진으로 그곳을 벗어날 수 있었다. 바타비아에 정박한 인데버호는 항해에 적합한 상태로 복구됐지만 선원들의 건강은 심각하게 악화되었다. 바타비아를 떠나면서 쿡은 이렇게 기록했다. "비슷한 규모의 지구상 다른 어떤 지역보다 바타비아에서 더 많은 유럽인이 사망할 거라고 확신한다. 모든 선원이 당장 항해를 할 수 있을 만큼 건강한 상태로 이곳에 왔지만, 3개월도 못 넘기고 일곱 명의 선원을 잃었고, 병원선이나 다름없는 상태로 이곳을 떠났으니." 그러나 상황은 더욱 안 좋아졌다. 1771년 3월 15일 케이프타운에 도착할 때까지 스푀링과 파킨슨, 천문학자 그린을 포함해 스물세 명이 더 사망한 것이다. 원인은 주로 말라리아와 이질이었다.

그들은 케이프타운에서 한 달을 보내며 조금씩 기운을 되찾았다. 아픈 상태로 도착한 사람들은 세 명만 빼고 모두 건강을 회복했다. 선원들도 충원했다. 마지막으로 4월 15일에 다시 항해를 떠난 인데버호는 별탈 없이 1771년 7월 12일 플리머스에 닻을 내렸다. 선원들은 당연히 열정적인 환대를 받았다. 그들이 바다에 나가 있는 동안 배가 돌아오지 못할 것이라는 설이 몇 번이나 나돌았기에 더욱 그랬다. 쿡은 해군은 물론 과학계에서도 칭송을 받았고 8월에 중령으로 진급했다. 하지만 세상이 떠받든 이는 뱅크스였다. 뱅크스는 솔란데르와 함께 런던 사교계에서 칭송을 받

자연사박물관의 회화 컬렉션에 포함된 시드니 파킨슨의 자화상. 파킨슨은 화가로서 정식 교육을 받지는 않았지만 런던에서 첫 전시회를 열었을 때부터 뱅크스의 주목을 받았다.

았고, 그의 명성은 널리 널리 퍼졌다. 린네는 지금껏 유럽에 알려지지 않은 1000여 종 이상의 식물을 비롯해 항해에서 수집된 모든 자연사 자료에 깊은 감명을 받았다. 뱅크스에 대한 경의의 표시로 뉴사우스웨일스주의 명칭이 뱅크시아Banksia가 되어야 한다고 생각하기도 했던 린네는 대신 식물 속명에 그 이름[방크시아]을 사용했다.

인데버호 컬렉션의 명명백백한 중요도로 보나, 린네가 그 무렵 펴낸 훌륭한 안내서 『자연의 체계』와 『식물의 종』이 출판된 상황에서 보나 인데버호의 신종 컬렉션을 담은 책이 신속히 출판되지 않은 건 의아한 일이었다. 뱅크스가 이 항해뿐 아니라 쿡의 두 번째, 세 번째 항해에서 직접 들여온 식물학 자료와 동물학 자료까지 모아 종합적인 이야기를 책으로 출판하려 했던 게 분명하다. 하지만 그런 일은 일어나지 않았다. 그것은 주로 뱅크스가 다른 일을 점점 더 많이 맡게 되었기 때문인데, 특히 41년 동안 역임해온 왕립학회 회장직의 업무가 많았다. 하지만 다행히도 그가 참여한 세 차례의 항해에서 모은 식물 표본과 자연사 그림 대부분이 함께 보존되었다가 결국 사후에 대영박물관에 전해졌다. 그렇지만 뱅크스는 동물학 자료엔 크게 관심을 두지 않았다. 그래서 이 자료들은 영국 안팎의 수많은 개인 수집가와 기관에 기증되거나 팔려나갔다. 그리고 그 과정에서 많은 자료가 훼손되거나 유실되었다.

그럼에도 불구하고 뱅크스는 완성작과 미완성작을 포함해 거의 1000점에 달하는 파킨슨의 식물 그림과 스케치, 그리고 동물과 다른 자연물을 그린 수백 점의 그림을 제대로 보여주려고 노력했다. 그렇게 753점의 원화를 조판하기 위해 7000파운드가 넘는 돈을 들여 열여덟 명의 판화가를 고용했으나, 살아생전에는 출판하지 못했다. 20세기 초에 318점의 오스트레일리아 식물 석판화가 출판되었고, 1973년에는 미학적으로 가장 흥미로운 그림들을 골라 수록한 식물 화집이 출판되었다. 이 둘을 제외하면 『뱅크스 화집*Banks' Florilegium*』이 출판된 1980년에야 인데버호 항해 때 쏟은 파킨슨의 노력이 마침내 제대로 된 대우를 받게 되었다고 볼 수 있다. 동물 그림은 그만큼 출판되진 못했지만, 훗날 박물학자들이 새로운 종을 묘사할 때 참고할 수 있는 자료가 되었다. 시드니 파킨슨이 세상을 떠난 지 200년이 넘는 시간이 지났지만, 비극적으로 짧았던 생애에 이뤄낸 가장 중요한 성취의 과학적·예술적 의의는 마침내 온전한 인정을 받고 있다.

1768년 조지프 뱅크스는 식물학자 다니엘 솔란데르(위 오른쪽)를 연봉 400파운드를 주고 발탁해 인데버호 항해에 대동했다. 항해 중 수집한 표본들을 보존하는 것도 솔란데르의 임무였다. 뱅크스가 채집한 오른편의 *Marsilea polycarpa*도 그중 하나다. 솔란데르의 저서 『네덜란드의 신종 식물*Plantae Novae Hollandiae*』(위 왼쪽)에는 인데버호 항해 중 수집한 식물에 대한 메모가 기록되어 있다.

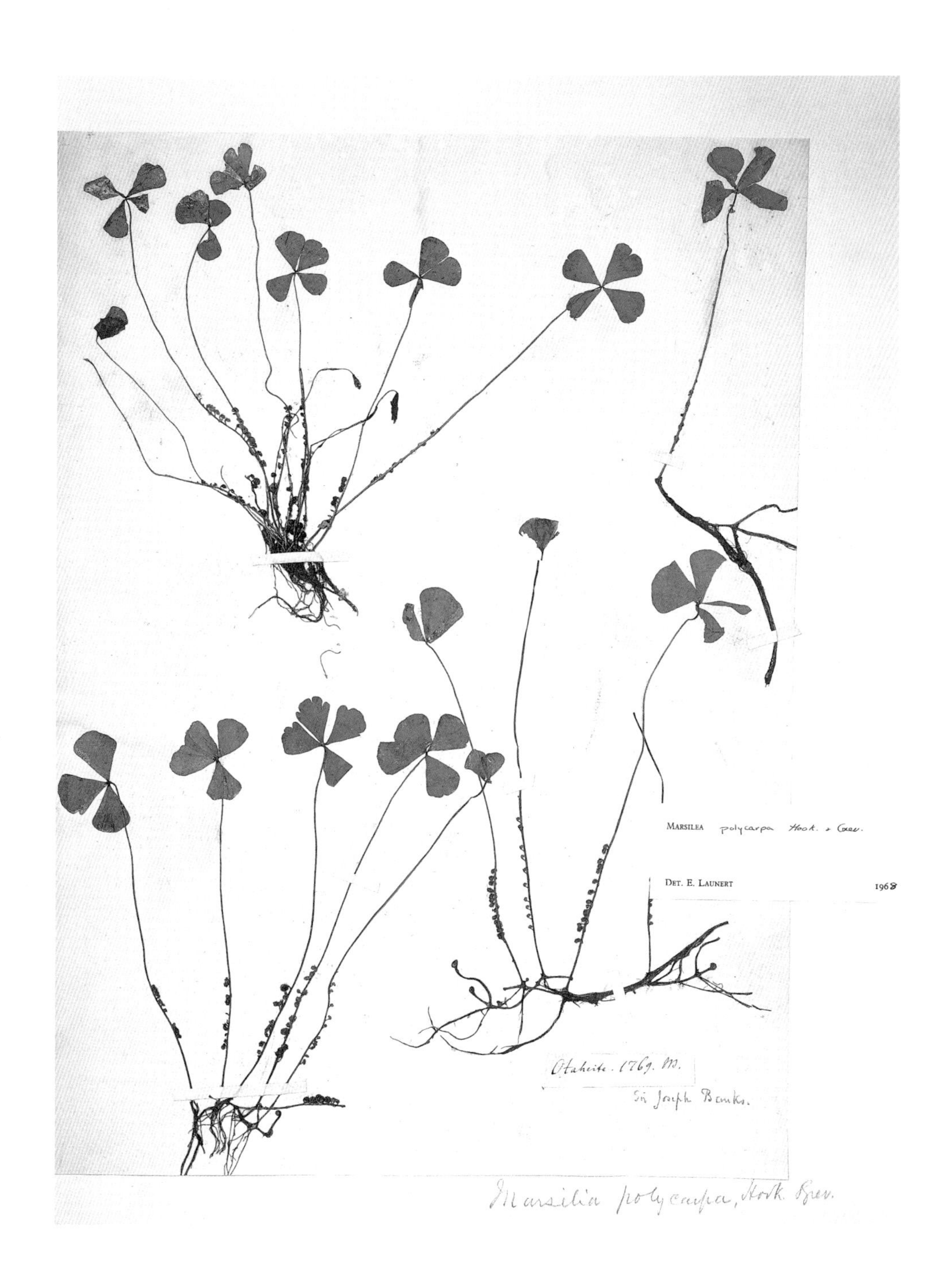
MARSILEA polycarpa Hook. & Grev.
DET. E. LAUNERT 1968
Otaheite. 1769. M.
Sir Joseph Banks.
Marsilia polycarpa, Hook. Grev.

Xylomelum pyriforme Smith

영국으로 돌아온 뱅크스는 파킨슨이 채집해 그림으로 기록한 식물화를 판화로 제작해 책을 출판하려 했다. 여기에 실린 *Xylomelum pyriforme* 도판을 보면 알 수 있듯 그림 한 점을 판화로 제작하려면 몇 단계를 거쳐야 했다. 우선 런던에서 이 프로젝트—존 프레더릭 밀러—에 참여한 화가 몇 명이 인데버호에서 파킨슨이 일부만 채색해놓은 원본 그림(위 왼쪽)을 복제하여 수채물감으로 완성한다(왼편). 이 완성작을 바탕으로 조판을 한 다음, 단색으로 검판(위 오른쪽)한 뒤 컬러 인쇄를 한다.

다음 쪽 그림은 *Deplanchea tetraphylla*의 수채화 완성본과 검판본.

275

Ophioglossum scandens

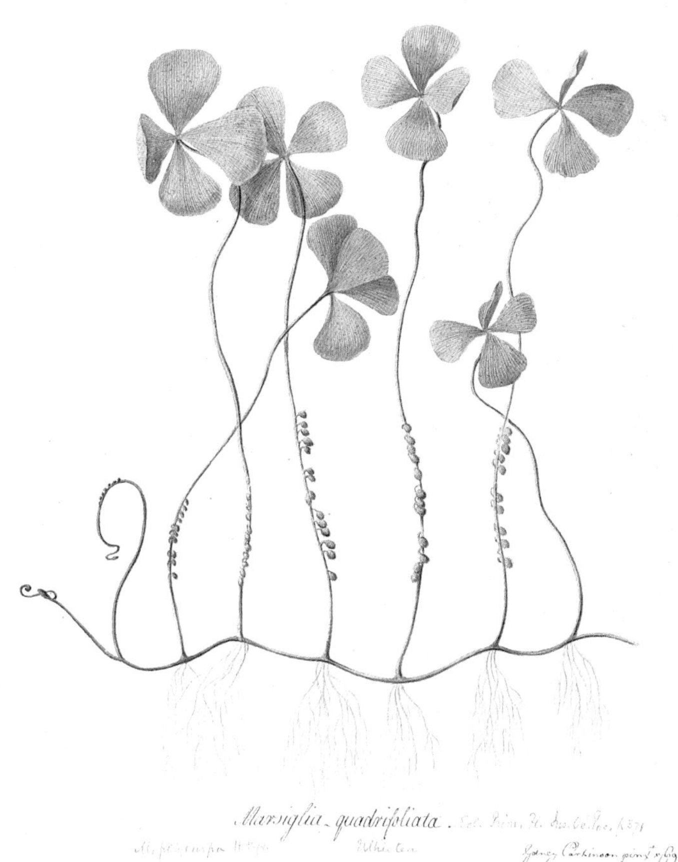

왼편 그림은 솔란데르가 *Ophioglossum scandens*라고 부른 브라질산 덩굴성 고사리로 현재는 *Lygodium volubile*로 알려진 식물이다. 이 식물은 전통적으로 바구니, 실, 깔개, 통발을 만드는 데 사용되었다. 그림에 서명은 없지만 파킨슨의 그림으로 추정된다. 이렇게 파킨슨의 작품이라고 여겨지는 그림 중 서명이 없는 작품이 690점 정도 되는데, 그가 기재한 친필 메모로 미루어 원화가 (훗날 프레더릭 폴리도어 노더나 밀러 같은 화가들이 그린 복제품이 아닌) 파킨슨의 작품임을 알 수 있다. 파킨슨의 서명이 있는 위 수채화에는 "1769년 시드니 파킨슨 그림"이라고 쓰여 있다. *Marsilea polycarpa*라고 하는 위 수생식물은 타히티섬에서 발견되었다. 벌레들이 캔버스 위 물감을 먹겠다고 날아들어 파킨슨이 이젤을 가지고 모기장 안에서 작업해야 했던 그곳이다.

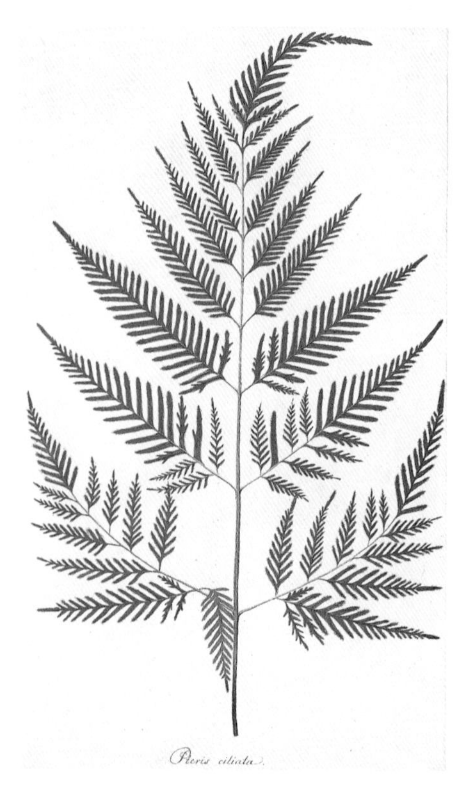

뱅크스가 준비하던 책(『뱅크스 화집』)에는 몇 명의 화가가 참여했다. 위에서 왼쪽 *Pteridium aquilinum*라고 하는 고사리 그림처럼 파킨슨의 원화가 판화로 제작되었는가 하면, 간혹 그 옆의 그림처럼 작자 미상의 작품이 제작되기도 했다. 수채화 작업은 존 프레더릭 밀러와 제임스 밀러 형제가 많이 했다. 뱅크스의 이름을 따 속명을 붙인 파킨슨 원작의 *Banksia ericifolia* 수채화 작품(오른편)에는 "1773년, 존 프레더릭 밀러 그림"이라고 적혀 있다. 이 식물은 보터니만에서 발견되었으며, 보터니만이란 지명은 그곳에서 다양한 종의 식물이 많이 발견된다고 해서 붙은 이름이다.

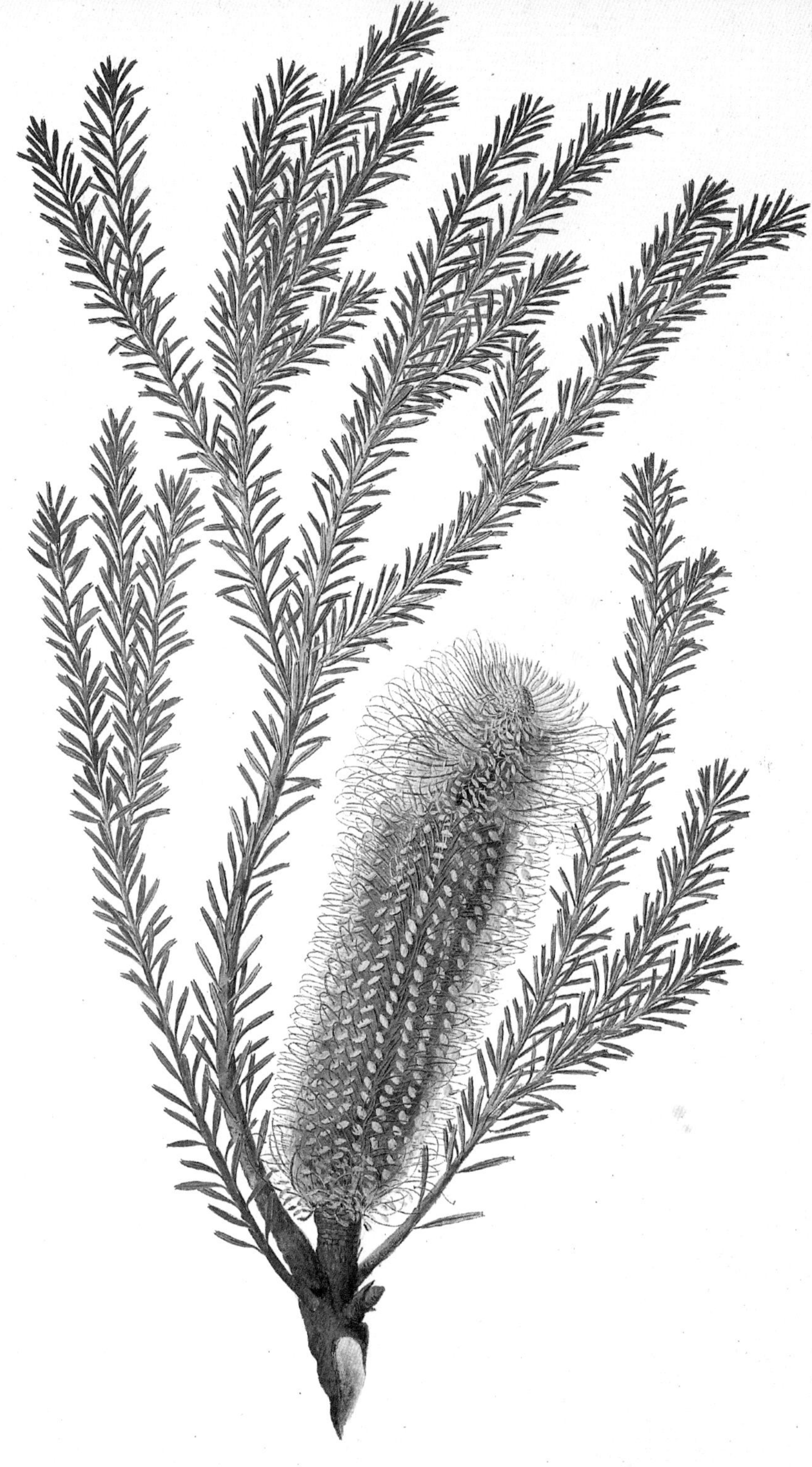

John Frederick Miller pinx^t 1773.

파킨슨의 원화를 바탕으로 완성된 *Abutilon indicum*의 아종 *A. albescens*가 담긴 왼편의 수채화에는 “1778년 프레더릭 폴리도어 노더 그림”이라고 적혀 있다. 이 식물은 오스트레일리아 열대지역과 동남아시아에서 자란다. 인데버호가 리우데자네이루에 머문 3주간 뱅크스와 솔란데르는 수많은 식물을 채집했다. 그중에는 성장 속도가 빠른 상록 덩굴식물인 *Stigmaphyllon ciliatum*도 있었는데, 위 그림은 파킨슨이 기록한 것이다. 파킨슨이 스케치를 마치거나 채색하여 그림을 완성하면 솔란데르가 그림 뒷면에 종 이름을 기록했고 뱅크스는 발견 장소를 적어 넣었다.

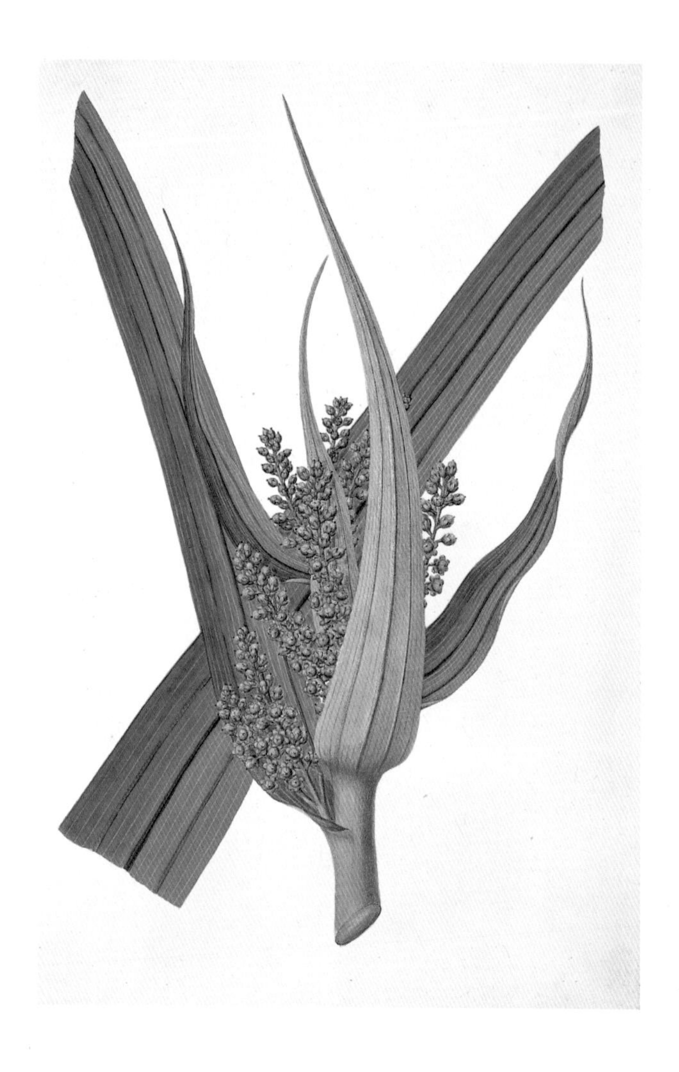

파킨슨의 그림을 바탕으로 완성된 두 점의 수채화. *Ficus superba*를 그린 오른편 수채화에는 "1782년 프레더릭 폴리도어 노더 그림"이라고 적혀 있는데, 이 작품은 뱅크스의 주문으로 완성되었다. (1770년대부터 1800년경까지 활동한) 프레더릭 폴리도어 노더는 뉴질랜드삼이라고 불리는 *Astelia nervosa*의 그림을 채색하기도 했다(위). 그는 언제나처럼 스케치 뒷면에 색을 메모해놓았고, 이 메모를 보고 그림을 완성할 수 있었다. 오른편 그림의 채색 메모는 다음과 같았다. "열매가 익기 전에는 흰 반점이 있는 옅은 녹색이었다가 익어갈수록 붉은 반점과 흰 반점이 섞인 희부연 녹색을 띤다. 그러다 완전히 익으면 흰 반점이 있는 진보라색이 된다."

RAJA *testacea*.

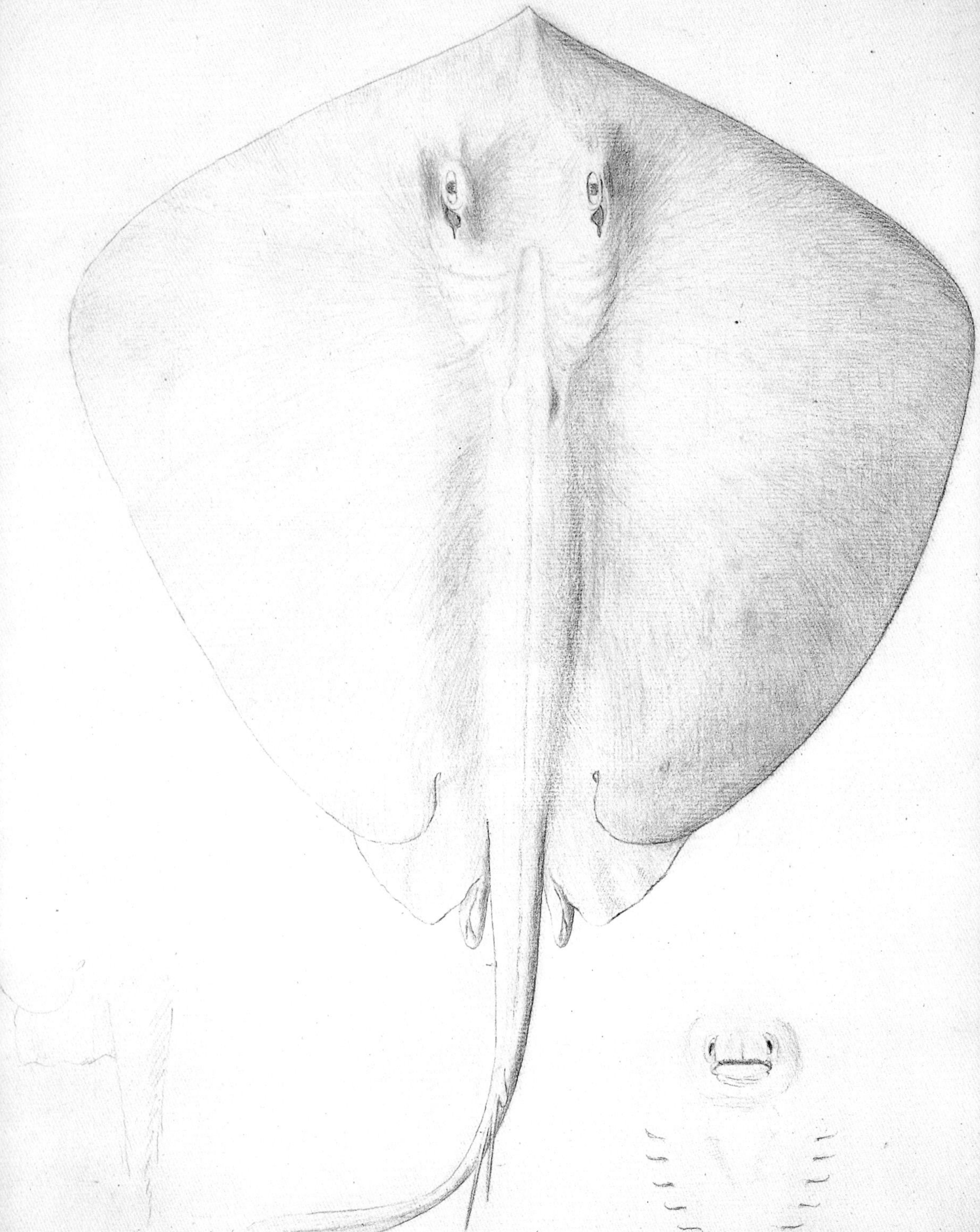

인데버호 탐험 중에 그려진 모든 그림 가운데 포유류 그림은 단 네 점이었는데, 그중 하나가 위 캥거루 그림이다. 이 스케치는 1770년 6월 지금의 퀸즐랜드주 쿡타운에 있는 인데버강 주변에서 그려졌다. 뱅크스의 비서 헤르만 스푀링은 왼편의 *Raja testaca* 그림을 그렸는데, 오늘날 *Urolophus testaceus*로 불리는 이 어류는 가오리의 일종이다. 스케치상 기록 날짜는 1770년 4월 30일, 장소는 보터니만이다. 뱅크스와 솔란데르 두 사람은 보터니만을 Stingray Bay〔가오리만〕라고 부르기도 했다.

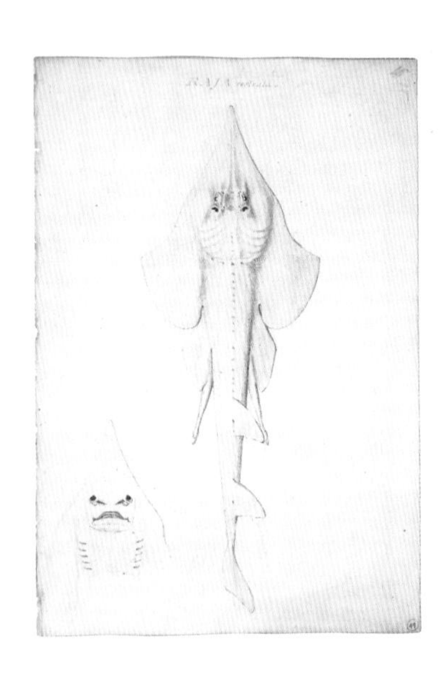

오른쪽 그림은 1768년 파킨슨이 마데이라섬에서 그린 쏨뱅이다. 이때만 해도 과도한 작업량에 시달리기 전이었기에 한번 그리기 시작하면 끝까지 그릴 수 있었다. 인데버호의 화가들은 뉴질랜드 해안가에 서식하는 어종을 열아홉 점의 그림으로 기록했다. 하지만 오스트레일리아 해안에서는 종 수가 대폭 줄었다. 파킨슨도 겨우 세 점을 그렸을 뿐이다. 반면 헤르만 스푀링은 상어, 가오리, 경골어류(경골어강에 속한 종을 통틀어 경골어류라고 하며, 뼈가 굳고 단단하다) 등을 그린 연필 습작을 일곱 점이나 남겼는데, 위 그림도 그중 하나다. *Raja rostrata*라고 적힌 이 상어는 오늘날 *Aptychotrema banksii*로 알려져 있다. 채집 장소는 기록되어 있지 않지만, 날짜가 1770년 4월 29일이라고 적힌 걸로 미루어 보터니만에서 잡힌 것으로 보인다.

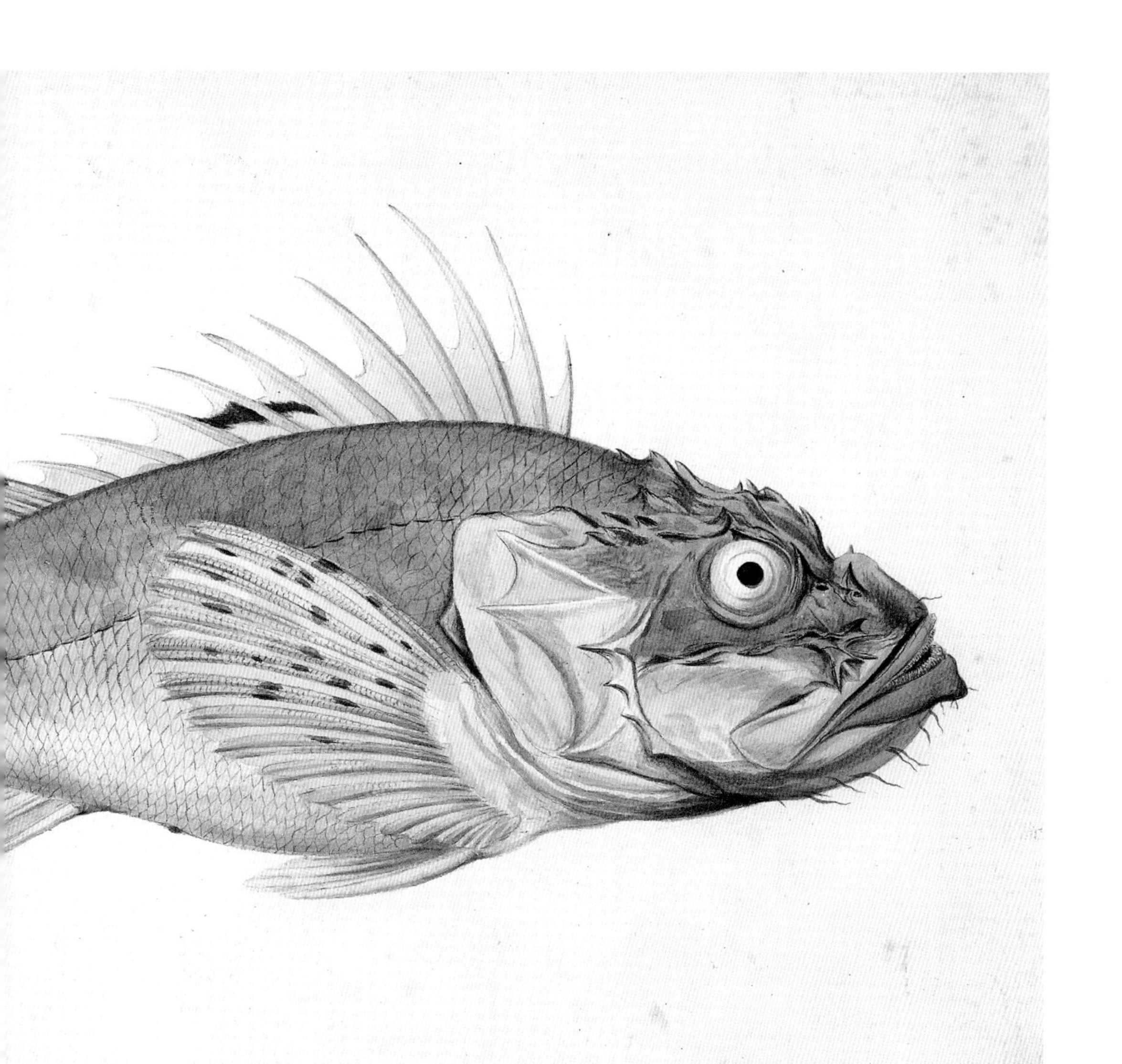
Scorpæna Patriarcha.
Sydney Parkinson. pinx.t 1768 –

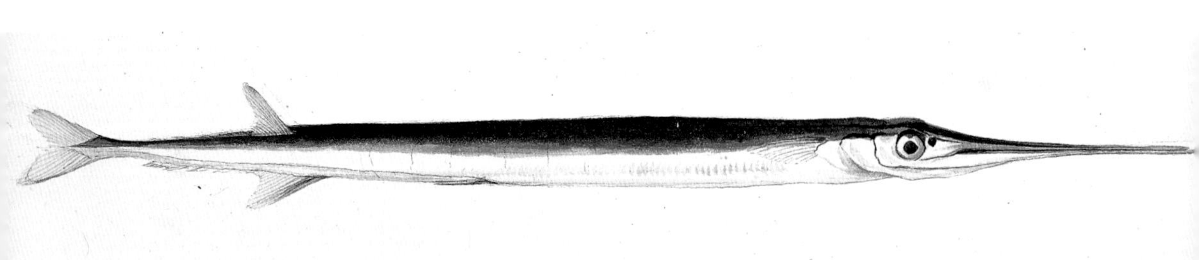

1769년 4월 인데버호 탐사대는 타히티섬에 도착했다. 그곳에서 파킨슨은 동갈치(위)를 그리기 시작했다. 솔란데르가 이 동갈치에 붙인 이름은 *Esox rostratus*였지만, 오늘날에는 *Platybelone argala*로 불린다. 타히티섬에는 인데버호의 화가들이 그릴 만한 바다생물이 풍부했던 까닭에, 총 148점의 어류 그림 가운데 66점이 타히티섬에서 발견된 종이었다. 그중에는 *Patella*라고 적힌 아래 군소 그림도 있었는데, 이 종은 오늘날 *Scutus breviculus*라고 알려져 있다. 현재 *Chaetopdipterus faber*라고 불리는 *Chaetodon gigas* 그림(오른편)은 파킨슨의 작품으로 1769년 리우데자네이루에서 발견된 어종을 그린 것이다.

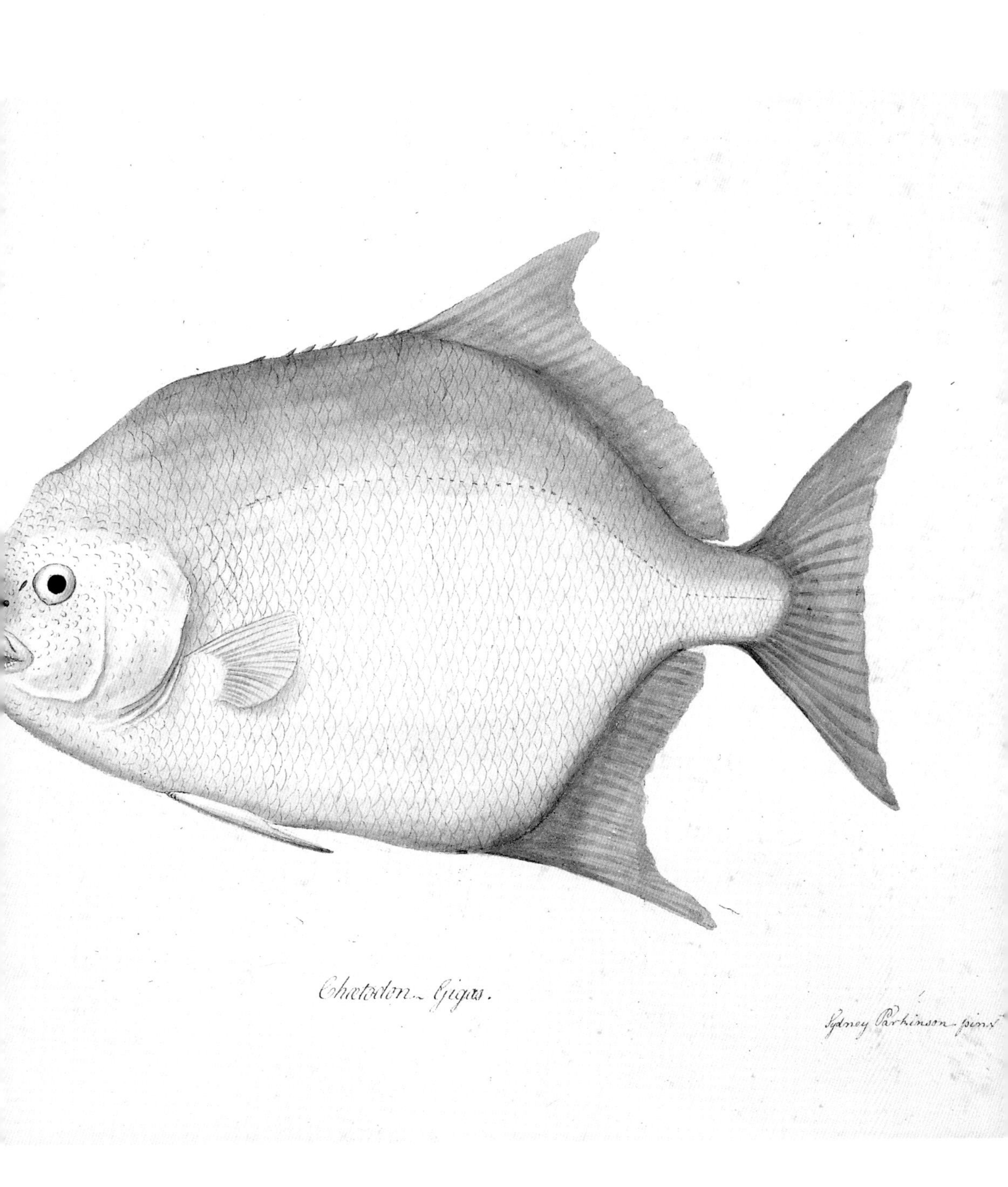
Chætodon Gigas.
Sydney Parkinson pinx

다시 남쪽 바다로
1772~1775

RETURN TO THE SOUTH SEAS

191
Barringtonia speciosa. Fl. Austr. p. 47. n. 255.
published in Cook's voyage vol. 1. tab. 24
and in J. F. Miller's plates tab. 7.
255

인데버호 항해 성공 후, 제임스 쿡과 조지프 뱅크스는 반드시 남쪽 바다를 한 번 더 탐험하여 정말 그곳에 거대한 대륙이 있는지 확인해야겠다고 생각했다. 하지만 쿡은 이전 항해에서 겪은 갖은 고초, 그중에서도 특히 그레이트배리어리프를 통과하며 겪은 난항을 감안해 이번에는 선박 두 대가 함께 가야 한다고 생각했다. 왕립해군도 이 생각에 동의했고, 인데버호가 되돌아온 지 3개월이 채 되지 않은 1771년 9월 말 해군사령부는 적합한 선박 두 척을 구입하라는 지시를 받았다. 선박 구매를 감독하던 쿡은 이번에도 인데버호를 만들었던 휘트비 조선소에서 석탄선 두 척을 골랐다. 그중 정원이 112명인 레절루션호는 쿡이, 정원이 80명인 어드벤처호는 토비아스 퍼노가 지휘하기로 했다.

쿡은 1772년 3월에 항해를 시작하고 싶어했으나 뱅크스를 대동하는 문제로 출항은 7월로 연기되었다. 뱅크스는 이번 탐험에 박물학자, 화가, 하인, 심지어 호른 연주자까지 자그마치 열여섯 명을 대동하겠다고 했

1773년 8월, 배가 타히티섬에 잠시 정박한 덕분에 포르스터 부자는 그때까지 식물학자들에게 알려지지 않았던 신종 식물 몇 종을 채집하고 그릴 수 있었다. *Barringtonia speciosa*(왼편)도 그중 하나인데, 지금은 *Barringtonia asiatica*로 재명명되었다.

다. 이 모든 사람이 레절루션호에 탑승할 예정이었으니 그에 맞춰 선실 배치를 조정해야 했다. 쿡은 자기 선실을 뱅크스에게 내어주고 상갑판 위에 새로운 선실을 만들어 그곳을 사용하기로 했다. 하지만 이렇게 선실을 추가하면서 레절루션호는 항해가 불가능한 상태가 되고 말았다. 어쩔 수 없이 새 선실을 다시 없애야 하는 상황이 되자 뱅크스는 자기가 데려온 사람들을 죄다 안 써버리면 그만이라고 엄포를 놓았다. 사실 그는 이미 여러 차례 이런 방식으로 자기 주장을 관철한 바 있었다. 하지만 이번에는 군이 뱅크스의 말대로 해버렸고, 재빨리 군 소속 과학 팀이 새로 꾸려졌다. 그 팀에는 박물학자 요한 라인홀트 포르스터(1729~1798)와 그의 열여덟 살 난 아들 게오르크 포르스터(1754~1794)가 조수이자 화가로 포함되어 있었다.

요한 포르스터는 폴란드에서 태어나 할레대학에서 신학과 자연사를 공부하고 단치히 근처에서 교구신부로 12년을 지냈다. 그리고 그사이 결혼해 일곱 명의 식구를 부양하게 되었는데, 장남이 게오르크였다. 요한은 과학 연구도 계속했다. 그는 1766년 영국으로 향해 명문이었던 비국교도를 위한 워링턴아카데미에서 광물학, 곤충학을 비롯한 자연사 과목들을 가르쳤다. 분명 재능 있는 사람이었지만 성격이 까다로웠던 그는 1769년 교직에서 해임되었다. 그 후 가족들과 함께 과학계 인사들 사이에서 이름을 알린 런던으로 이주했다. 그렇게 해서 왕립해군 참모총장을 맡은 샌드위치 백작의 눈에도 띄어 레절루션호에 오를 수 있었다. 하지만 괴팍한 성격 탓에 배에 탄 거의 모든 사람에게 툭하면 화를 냈고, 그걸 수습해야 하는 어려운 임무는 아들 게오르크의 몫이었다.

게오르크 포르스터는 지적으로나 예술적으로나 재능을 타고난 청년이었다. 아버지 요한은 어린 시절부터 게오르크에게 자연사를 가르쳤다. 요한이 워링턴아카데미에서 근무하는 동안 게오르크도 그곳에서 학식을 넓혔다. 하지만 게오르크가 천부적인 재능을 보인 건 미술이었다. 그는 레절루션호 항해에서 부친이나 자기가 관찰 또는 채집한 동식물 다수를 스케치하고 채색했다. 특히 보존했다가 나중에 그리기가 쉽지 않은 동식물을 많이 그렸다. 게오르크 포르스터가 그린 동식물 그림은 조지프 뱅크스가 1776년 사들여 지금은 런던 자연사박물관에 소장되어 있다. 항해 기간에 그려진 풍경화와 지형도는 사실상 대부분 레절루션호에 탔던 또 한 명의 공식 화가 윌리엄 호지스(1744~1797)가 그린 것이다.

제임스 쿡은 1772년 7월 13일 마침내 플리머스를 떠나 희망봉으로 향했다. 여기서 시작해서 가능한 한 남극 가까이까지 세계 일주를 하는 것이 기본 목표였다. 하지만 이번에는 동쪽으로 향할 예정이었다. 남반

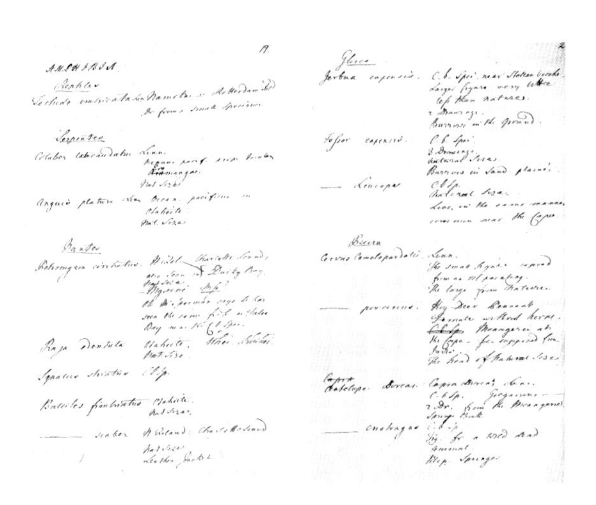

요한 포르스터가 직접 기록한 채집 목록 노트의 두 페이지. 포르스터는 여기에 3년간 레절루션호 항해에서 채집한 표본들을 동정하고 기재문을 썼다. 배가 정박하여 '움직이지 않는' 날은 겨우 290일뿐이었는데, 그는 육지에 내릴 때면 가능한 한 많은 표본을 채집하고 그림으로 기록하는 데 주어진 시간을 모두 쏟아부었다.

구 고위도 구간에서 상시 부는 편서풍을 이용하기 위해서였다. 쿡은 항해 중 만나는 대륙은 모두 조사할 계획이었지만 남반구에 겨울이 오면 적당한 저위도 지역으로 관심을 돌리려 했다. 희망봉으로 향하는 첫 구간에서 포르스터 부자는 다양한 해양동물과 물새들의 특징을 기재하고 그림으로 기록했다. 그러면서 두 사람의 선실엔 동물들의 가죽이 쌓이기 시작했다. 가는 길에 3주, 그리고 3년 뒤 돌아오는 길에 5주간 희망봉에 머물며 포르스터 부자는 남아프리카의 야생동물을 조사할 기회를 얻었는데, 그중 일부는 케이프타운에 있는 동물원에서 관찰한 종으로서 몇몇은 게오르크에 의해 처음 그림으로 기록되었다. 두 사람은 정착지 주변의 다종다양한 미기록종 동식물에 거의 압도되었다. 그래서 요한은 그곳에서 한때 린네의 제자였으며, 뛰어난 자연사학자였던 스웨덴 출신 젊은 의사 안데르스 스파르만(1748~1820)을 만났을 때, 쿡을 설득해 그를 레절루션호의 과학자 팀에 합류시키도록 했다.

1772년 11월 하순에 남아프리카를 떠난 그들은 정남향으로 항해를 계속했다. 12월 10일에는 빙하가 처음 무더기로 관측되기도 했다. 며칠 후 해빙에 물길이 막히자 배는 한 달 동안 유빙의 가장자리를 따라 움직이며 처음에는 서쪽으로, 그다음에는 동쪽으로 이동했다. 하지만 육지는 나타나지 않았다. 1월 중순이 되자 남쪽으로 가는 바닷길이 열렸고, 17일에 두 척의 배는 역사상 처음으로 남극권(남위 66도 33분의 지점을 이은 선 또는 그 선 이남의 남극을 중심으로 하는 지역)에 진입했다. 하지만 레절루션호는 남위 67도 15분에서 단단한 빙원氷原(지표면이 두꺼운 얼음으로 덮인 극지방의 벌판)을 만나 미지의 남극대륙을 불과 120킬로미터 앞두고 더는 나아가지 못하게 됐다. 이에 제임스 쿡은 북동쪽으로 방향을 돌려 인도양 남쪽으로 향했다. 그런데 2월 8일 짙은 해무 속에서 어드벤처호와 통신이 끊겨버렸다. 통신이 두절되면 뉴질랜드 퀸샬럿사운드에서 만나기로 퍼노와 약속이 되어 있었으므로, 레절루션호는 북동쪽으로 남위 45도까지, 그다음엔 남동쪽으로 향하여 남위 62도까지 항해를 이어갔다. 하지만 그 지점에서 레절루션호는 또다시 끝없는 유빙에 둘러싸이고 만다. 2월 24일 제임스 쿡은 더 이상 남쪽으로 갈 수 없다고 판단하고 한 달 가까이를 동쪽으로 항해했다.

마침내 1773년 3월 17일, 쿡은 한동안 고위도 구간 탐색을 포기하고 뉴질랜드를 향해 북동쪽으로 항해했다. 25일 아침이 되자 뉴질랜드 남섬이 보였다. 그는 인데버호 항해 때 발견한 남섬의 남쪽 끝 부근, 바닷물이 해안선 깊숙한 곳까지 들어오는 더스키사운드[뉴질랜드 남섬 서남쪽 레절루션섬과 앵커섬 사이, 피오르드랜드 국립공원에 있는 해협]에 4월 내내 머물렀다. 그곳엔 마실 물과 식량이 충분했기에 심각하게 비어가던 레절루션호의 식량 저장고를 다시 채울 수 있었다. 쿡은 더스키사운드에서 수많은 안곡과 작은 섬을 탐험했는가 하면 마오리족도 만날 수 있었다. 4월 5일까지 포르스터 부자와 스파르만은 조류 열아홉 종, 어류 세 종, 식물 여섯 종을 채집해 그 특징을 기록했다. 그들은 더스키사운드를 떠난 5월까지 더 많은 동식물을 채집했고, 그러느라 박물학자들의 선상 생활환경은 오히려 더 나빠졌다. 요한은 자기 선실에 대해 "그때까지 채집한 식물, 어류, 조류, 어패류, 씨앗 등을 죄다 모아놓은 창고나 다름없었으니 말도 못하게 눅눅하고 지저분하며 비좁았을 뿐만 아니라 독한 가스까지 발생했다"라고 기록했다.

쿡은 남섬의 서쪽 해안선을 따라 항해해 4월 18일에 퀸샬럿사운드에 도착했고 그곳에서 기다리고 있던 어드벤처호를 만났다. 하지만 퍼노와 선원들이 예상하고 또 바랐던 대로 그 '피한지避寒地'에서 오랫동안 여유 있

게 머물지는 못했다. 대신 쿡은 남반구의 동절기를 태평양에서 아직 탐사되지 않은 지역을 살펴보며 보내기로 했다. 그렇게 뉴질랜드에서 출발해 겨울철에 가기에는 고위도에 해당되는 남위 41~46도 사이, 서경 135도 근처까지 동쪽으로 항해할 계획을 세웠다. 그런 다음 북쪽으로 방향을 틀었다가 타히티섬과 탐험이 거의 이루어지지 않은 다른 섬들을 거쳐 뉴질랜드로 돌아올 예정이었다.

레절루션호와 어드벤처호는 6월 7일 함께 출항했고, 거의 쿡이 세운 계획대로 항해했다. 하지만 두 배는 쿡이 애초 의도한 것보다 더 동쪽으로 항해하게 되는 바람에 육지를 발견하지 못한 채 서경 133도 30분에 다다랐다. 그리고 다시 북쪽으로 방향을 돌려 투아모투제도에 도달했고, 뒤이어 서쪽으로 항해하여 타히티섬에 도착했다. 두 배는 타히티섬에 한 달을 머문 후 새 보급품과 방대한 자연사 및 민족지학 자료, 그리고 게오르크가 그린 수많은 그림을 갑판이 삐걱거릴 정도로 가득 싣고 떠났다. 제임스 쿡은 최단 거리 항로를 통해 뉴질랜드 퀸샬럿사운드로 돌아가는 대신 서쪽으로 항해해 소시에테제도와 프렌들리제도〔통가제도〕를 경유했고 10월 8일에야 마침내 통가를 떠났다. 10월 말, 퀸샬럿사운드에 가기 위해 통과해야 하는 쿡 해협 서쪽 입구에 다다랐을 무렵 두 배는 악천후를 맞닥뜨리게 된다. 결국 레절루션호는 11월 3일에야 정박지 퀸샬럿사운드에 닻을 내렸다. 하지만 어드벤처호의 모습은 찾을 수 없었다. 퍼노가 어드벤처호를 이끌고 마침내 퀸샬럿사운드에 도달했을 때는 쿡이 이미 그곳을 떠난 뒤였다. 결국 12월 하순에 뉴질랜드를 떠난 퍼노는 희망봉을 거쳐 1774년 7월 영국에 도착했다.

한편, 쿡은 두 번째 태평양 대탐험을 시작했고 그 과정에서 남극권 이남을 두 차례 더 찾아간다. 퀸샬럿사운드에 정박한 레절루션호는 삭구를 수선하고 청소도 철저히 했다. 뱃밥으로 갑판을 메우고 저장고도 다시 채웠다. 그리고 퍼노에게도 서신을 남겨 병에 담아두었다. 다가올 겨울에 타히티섬과 이스터섬, 소시에테제도에 가겠다는 계획의 윤곽을 알리기 위해서였다. 레절루션호는 뉴질랜드 인근 해안에서 마지막으로 어드벤처호를 찾아본 다음 1773년 11월 26일 홀로 떠났다. 날씨는 남쪽으로 항해하는 길에 점점 나빠졌지만, 쿡은 이런 위험한 상황에서도 계획을 계속해서 밀어붙여 12월 20일 마침내 남극권을 통과했다. 남극권을 벗어난 그들은 크리스마스이브 전까지 그곳에서 극한의 추위를 경험하며 나흘을 보냈다. 크리스마스에는 추위가 누그러들었다. 여전히 유빙이 주변에 널려 있었지만 그래도 쿡은 선원들이 흥청망청 먹고 마시며 즐길 수 있게 눈감아주었다. 하지만 이런 긴 항해를 시간낭비라고 여겼던 요한 포르스터는 인데버호의 뱅크스와 솔란데르가 그랬듯 중요한 것들을 발견할 기회를 빼앗기는 기분이 들어 우울했다.

레절루션호는 1774년 1월 초 빙하 지대를 벗어나 11일쯤 대략 남위 48도에 있는 뉴질랜드와 라틴아메리카 사이 3분의 2 지점에 도착했다. 여기서 쿡은 항로를 케이프혼 쪽으로 틀었고 이를 본 몇몇 선원은 고국으로 돌아간다는 희망에 부풀기도 했다. 하지만 배는 곧 남쪽으로 방향을 더 틀어 2주 뒤 남극권을 다시 한번 통과한다. 1월 30일 쿡은 단단한 빙원과 짙은 해무를 만나 남극은 전 방위가 해빙으로 둘러싸여 있다고 확신한 채 다시 북으로 방향을 돌려야 했다.

결국 이 탐사를 끝으로 배는 남극권과 빙하 지대를 떠나 북동쪽으로 항해하다 다시 북쪽으로 방향을 틀어 항해사 후안 페르난데스가 남위 38도쯤에서 발견한 것으로 추정되는 뭍을 찾아보려 했다. 하지만 그곳을 발견하지 못한 채 2월도 점점 끝나갔고, 쿡은 결국 탐색을 포기하고 곧장 이스터섬으로 향하기로 한다. 그런데 새로운 항로에 접어들었을 무렵 그는 심각한 쓸개 감염증으로 보이는 '쓸개급통증(담도산통)'으로 상태가 위중해졌고, 거의 일주일을 앓아누워야 했다. 이런 상황이 아니었다면 생각지도 못했을 일이지만, 요한 포르스터는 그에게 갓 조리한 신선한 음식을 먹이기 위해 타히티섬에서 직접 데려왔던 개를 잡아 요리했다. 음식은 분명한 효과를 보였고, 쿡은 점차 회복되어 모두가 안도할 수 있었다.

1774년 3월 중순 쿡은 이스터섬에 나흘간 기항한 후, 마키저스제도와 타히티섬에 들른 다음, 서쪽으로 폴리네시아의 섬들을 지나 피지제도 남쪽과 서쪽을 항해한 뒤, 자신이 뉴헤브리디스라고 이름 붙인 제도에 도달했다. 7월 하순부터 8월 말까지 뉴헤브리디스의 해안선을 정밀 조사한 뒤 항해를 계속한 그는 태평양에서 네 번째로 큰 섬으로 향했고 그 섬에 뉴칼레도니아라는 이름을 붙였다. 쿡은 이곳에서 9월 한 달을 보내며 480킬로미터 길이에 달하는, 보기보다 위험한 뉴칼레도니아섬 북동쪽 해안의 지도를 그렸다. 쿡과 식물학자들은 며칠 뒤 뉴칼레도니아섬 해안가에 내려 아라우카리아 콜룸나리스, *Araucaria columnaris*를 조사했다. 수고가 30미터에 달하는 반면 가지는 2미터밖에 안 되는 신기한 나무였다. 선원들이 배에서 나무를 지켜보는데 요한 포르스터는 그 나무가 사실은 주상절리라고 주장하며 자기 말이 맞다는 데 와인 열두 병을 걸었다. 그 바람에 가뜩이나 평판이 나빴던 요한 포르스터는 사람들 사이에서 놀림거리가 되기도 했다. 1774년 10월 17일 마침내 퀸샬럿사운드에 재차 닻을 내리기 전, 레절루션호는 뉴칼레도니아와 뉴질랜드 사이에서 우연히 발견한 섬에서 아라우카리아 헤테로필라라는 신기한 특산 소나무를 발견하기도 했다.

태평양 섬들만을 두 차례 탐험하면서 쿡은 지도 제작과 측량, 수집에 있어 엄청난 성과를 거뒀다. 하지만 이 모든 것은 항해의 주목적이 아니었다. 탐사의 목적은 남쪽 대륙의 발견이었던 것이다. 이 주요 임무를 수행하기 위해, 쿡은 고국으로 돌아가기 전 남태평양을 한 번 더 횡단하여 남대서양을 탐사해야 했다. 하지만 그의 마지막 시도는 헛되이 끝났다. 쿡은 1775년 1월 27일 이렇게 기록했다. "감히 말하건대, 누구도 이 모든 위험을 무릅쓰고 나보다 더 멀리까지 탐험하지는 못할 것이며 남쪽에 있을 거라는 땅도 탐사하지 못할 것이다. 그곳에 가려면 짙은 해무와 눈보라, 극심한 추위 등 항해를 위험하게 만드는 모든 난항을 마주해야 한다. 따뜻한 햇볕이라곤 단 한 순간도 허락지 않고 온 세상을 영원한 눈과 얼음 아래 묻어버리는 자연 때문에 파멸해버린 진저리나는 환경을 만나면 이런 난항은 더 어마어마해진다."

쿡은 1775년 7월 30일 마침내 영국에 도착했다. 그는 두 번째 항해를 마치고 돌아오자마자 결과를 발표할 준비로 동분서주했다. 그런데 그 과정에서 그와 요한 포르스터 사이에 심각한 의견 대립이 발생했다. 포르스터가 항해보고서를 자신이 쓰기로 이미 얘기가 됐다고 주장한 것이다. 그랬을 가능성은 거의 없지만, 1776년 초에 두 사람은 어쨌든 항해보고서를 공동 작성하기로 협의했다. 하지만 그해 여름 이 협의도 깨지고 말았다. 그렇게 해서 결국 세 건의 보고서가 발표되었다. 해군의 전폭적 지지를 받은 쿡의 두 권짜리 보고서는 1777년 5월에 발표되었다. 그 책에는 주로 호지스의 원본을 바탕으로 제작된 12점의 지도와 함께 풍경, 인물, 인공물을 담은 51점의 흑백 판화도 실려 있었다. 그보다 6주 먼저 포르스터 부자가 준비한 두 권짜리 항해보고서가 발표됐다. 한편 요한 포르스터가 "자연지리학, 자연사 및 민속철학"에 대해 쓴 한 권짜리 항해보고서는 그 이듬해에 출판되었다. 판화를 제작할 돈과 시간이 없었고 국가의 지원도 부족했기 때문에, 포르스터 부자가 쓴 책들엔 도판이 실리지 않았다.

그리고 요한의 보고서에는 제목과 달리 자연사 컬렉션에 대한 자세한 정보가 거의 담겨 있지 않았다. 쿡의 첫 항해 때도 그랬듯, 이런 자료를 자세히 다룬 책은 그 후로도 오랫동안 출간되지 못했다. 그때까지만 해도 레절루션호에서 수집된 동식물 대다수는 완전히 '신종'이었고, 요한이 표본에 대해 기재하고 게오르크가 그중 다수를 그림으로 기록해두긴 했지만, 이 기록이 담긴 책은 요한이 사망한 지 46년이 지난 뒤인 1844년에야 출판되었다. 그 전까지는 다른 사람들이 이들 자료 대부분에 설명을 달고 이름을 붙여 책으로 펴내기도 했다. 오늘날 레절루션호 항해가 남긴 동식물 수집품과 그림들은 이제 그 역사적·과학적·예술적 가치를 인정받아 귀중한 자료로서 응당 받아야 할 존중을 받고 있다. 하지만 이들 자료는 당시만 해도 받아 마땅한 관심, 공중의 주목조차 받지 못했다.

해파리의 일종인 *Medusa pelagica*의 두 가지 모습. 몸체에 있는 머리카락처럼 생긴 촉수에서 연상할 수 있듯 *Medusa*는 그리스 신화에서 물어뜯으며 꿈틀대는 뱀이 머리를 뒤덮고 있는 동명의 괴물 고르곤의 이름에서 따온 것이며, *pelagica*는 광활한 바다를 의미한다.

레절루션호가 희망봉에 정박한 2개월 동안 게오르크 포르스터가 남긴 연필 스케치. 게오르크 부자는 희망봉 바깥 지역까지는 여행할 시간이 없었다. 그래서 표본을 사거나 케이프 동물원에서 살아 있는 동물들을 보고 그림으로 기록했다. *Connochaetes gnou*(오른편)는 남아프리카에만 서식하는 커다란 영양이다. 게오르크의 기린 스케치(위)는 사실 희망봉에서 식민지 총독을 지낸 요아킴 판 플레텐베르크가 소장했던 유화를 베껴 그린 것이다.

Antilope Gnu S.N. XIII. 189. t. 25.

요한 포르스터는 남아프리카 영양의 일종인 일런드영양(오른쪽)에 대한 기록을 노트에 남겼다. 그는 1772년 케이프 동물원에서 이 동물을 보았다. 당시 그는 이 동물을 *Antilope oryx*로 알고 있었지만, 현대 학명은 *Taurotragus oryx*다. *tauro*는 라틴어로 '황소'를 뜻하는 *taurus*에서 온 말이다. *Rallus caerulescens* — 옛 이름은 *Rallus cafer* — 를 그리고 서명까지 마친 완성작(위)도 마찬가지로 포르스터 부자가 케이프 동물원에서 본 동물 중 하나다. 게오르크 포르스터가 재현하려 했듯 야생에서는 늪지나 갈대 습지에 서식한다.

Antilope Orix
30.

1772년 12월 30일 '남반구 빙해'에서 게오르크 포르스터가 그린 흰바다제비, *Pagodroma nivea*(위). 요한 포르스터가 적은 메모에는 흰바다제비가 남위 52도 구간, 그중에서도 빙하 근처에서 발견되었다고 적혀 있다. 이 먼 남쪽 끝의 추운 날씨를 견딘 데 대한 보상으로, 레절루션호의 박물학자들은 흰바다제비뿐만 아니라 풀마갈매기(오른편), 스노프리온, 남극프리온, 황제펭귄, 임금펭귄 등 그 지역의 풍요로운—게다가 그때까지 기록된 바가 거의 없는—조류의 생태를 관찰하고 연구할 수 있었다.

81.
Aptenodytes patachonica J.R. Forster in Comm. Götting. 3.p.137.
published by Mr Pennant in his genera of birds tab. 14.

요한 포르스터는 일찍이 1772년 12월 레절루션호를 타고 남극 주변에 처음 접근했을 때 임금펭귄을 본 적이 있다. 그런데 1775년 사우스조지아섬에서 발견한 임금펭귄(왼편) 무리의 규모는 쿡에게도 포르스터에게도 인상적이었다. 임금펭귄은 사우스조지아섬을 비롯한 주변 섬들에 바글바글해서 마치 검은 카펫처럼 섬을 뒤덮고 있었다. 또 그곳에서 '군서생활을 하는 물개도 발견했는데, 포르스터는 이 물개를 *Phoca antarctica*(위)라고 동정했다. 쿡과 선원들이 두 동물을 본 것은 이때가 마지막이었다. 쿡이 결국 미지의 남쪽 대륙 찾기를 그만두었기 때문이다.

지금은 *Aetobatus nariniri*라고 알려져 있는 가오리 *Raja edentula*의 그림(오른편)에 레절루션호가 타히티섬에 머문 기간인 1774년 5월 10일이라고 기록일이 적혀 있다. 이것은 요한 포르스터가 타히티섬에서 벌인 수많은 자연사 연구 중 하나에 불과했으며, 그 뒤에는 예술성을 타고난 아들의 조력이 있었다. 요한 포르스터의 세밀한 연구는 이곳의 식물상과 동물상만을 주제로 한 게 아니었다. 그는 그곳 사람들도 관찰했고, 타히티섬과 남태평양 다른 섬 주민들을 대상으로 인류학적 연구를 펼치기도 했다. 그가 연구한 바다생물 중에는 오늘날 *Arothron meleagris*로 알려진 복어류인 *Tetrodon hispidus*(위)도 있었는데, 소시에테제도에 있는 라이아테아섬에서 채집한 어류 중 한 종이었다. 이 종은 위협을 받으면 몸을 부풀리며 독가시를 세운다. 오늘날 *Clinus superciliosus*라고 알려진 *Blennious superciliousus*(아래)는 레절루션호의 귀항길에 희망봉 인근 바다에서 채집됐다.

250.
Raja edentula.
May 16th 1774.

프렌들리제도에 자생하는 *Prosopeia tabuensis*(위 왼쪽)와 *Ninox novaeseelandiae*의 미완성 그림(위 오른쪽). 이 솔부엉이는 부지런한 포르스터 부자와 스파르만이 퀸샬럿사운드에서 포획한 많은 조류 표본 중 하나일 뿐이었다. 그들은 뉴질랜드물떼새, 피오피오, 코카코, 사랑앵무 여러 종, 점박이가마우지, 웨카, 그리고 날지 못하는 뜸부기류도 발견했다. 그들이 기록한 생물종 중에는 한 세기 후에 멸종되어버린 종도 있었다. *Halcyon leucocephala acteon*이라고도 하는 오른편 회색머리호반새는 쿡이 희망봉으로 가는 길에 들른 베르데곶에서 발견했다. 이 그림은 게오르크 포르스터가 레절루션호 항해에서 그린 그림 중 배경이 완성된 몇 안 되는 작품 중 하나다.

Forstera sedifolia Fl. Austr. p. 61. n. 324.
published by Dr. Ge. Forster in Nova Acta Upsal. 3. tab. 9.

왼편의 *Forstera sedifolia*는 레절루션호가 처음 뉴질랜드에 도착했을 때 첫 기항지였던 더스키만(더스키사운드)에서 발견되었다. 이 식물은 포르스터 부자와 스파르만이 기록한 방대한 자생 식물상 및 동물상 컬렉션 중 하나일 뿐이다. 이들의 컬렉션 덕분에 인데버호를 타고 뉴질랜드에 도착한 조지프 뱅크스와 식물학자 다니엘 솔란데르의 채집 생물 목록이 크게 늘어날 수 있었다. 위 그림은 타히티섬에서 발견된 *Casuarina equisetifolia*로 나무껍질, 씨방, 씨앗이 함께 그려져 있다. 이 식물은 카수아리나속에 속하는데, 카수아리나속 나무들은 비늘잎을 가지고 있다. 종소명 *equisetifolia*는 이 나무가 ('말馬'을 뜻하는 라틴어 *equus*에서 파생된) *equisetum*〔말꼬리〕과 닮았음을 의미한다.

Passiflora aurantia Fl. Austr. p. 62. n. 326.

왼편 그림은 시계꽃의 일종인 *Passiflora aurantia*의 수채화 완성작이다. 기록일은 9월 8일, 장소는 뉴칼레도니아라고 적혀 있는 걸 보아 1773년에 그려졌을 것이다. 뉴질랜드 퀸샬럿사운드에서 발견된 식물을 그린 위 그림은 날짜 기록이 없는 미완성작으로, *Trichilia spectabilis*라고 적혀 있는 그림 속 식물의 현대 학명은 *Dysoxylum spectabile*다. 레절루션호는 1773년 5월 퀸샬럿사운드에 처음 도착했고, 그로부터 1년이 넘게 흐른 1774년 10월에 다시 이곳을 찾았다. 덕분에 박물학자들은 두 차례에 걸쳐 표본을 수집할 수 있었다.

이 그림들은 11만3000킬로미터를 항해하는 동안 그려진 300여 점의 식물 그림 중 두 점이다. 위 그림에 기록된 *Melaleuca astuosa*는 나중에 *Metrosideros collina*로 재명명되었다. 타히티섬에 서식하는 이 식물은 가까이서 보면 멜라레우카속 식물들과 닮긴 했지만, 식물학 그림으로는 축적률을 가늠할 수 없어 종을 오인할 가능성도 있다. 보통 멜라레우카속 식물은 12미터까지 자라지만, 메트로시데로스는 25미터까지 높이 자라기도 하는데, 서로 다른 두 종의 가지만 개별적으로 비교해서는 차이를 알 수 없다. 씨방과 씨앗이 함께 그려져 있고, 게오르크 포르스터의 서명인 'G F'와 함께 *Jatropha gynandra*라는 이름이 적혀 있는 오른편 그림 속 가지는 *Jatropha curcas*에 더 가깝다.

JATROPHA gynandra.
S.t Jago
E.
Curcas? Pl. Atlant. in Commentat. Gotting. 9. p. 70. t. 148.

엉겅퀴를 닮은 오른편 *Carthamus lanatus* 그림은 1772년 8월 마데이라에서 스케치됐지만 1773년 2월 또는 3월에야 완성되었다. *Convolvulus digitalis*(위 왼쪽)를 비롯한 다른 수많은 식물 그림도 마찬가지였다. 맨 아래쪽에 적힌 메모를 보면 같은 속에서 전형적으로 나타나는 나팔 모양 꽃이 피는 걸로 보아 이 식물은 사실 *Convolvulus althaeoides*일 거라고 추정된다. 퀸샬럿사운드에서 채집한 위 오른쪽 식물도 본래 *Leptospermum callistemon*이라고 명명됐지만 지금은 *Metrosideros scandens*라고 불린다.

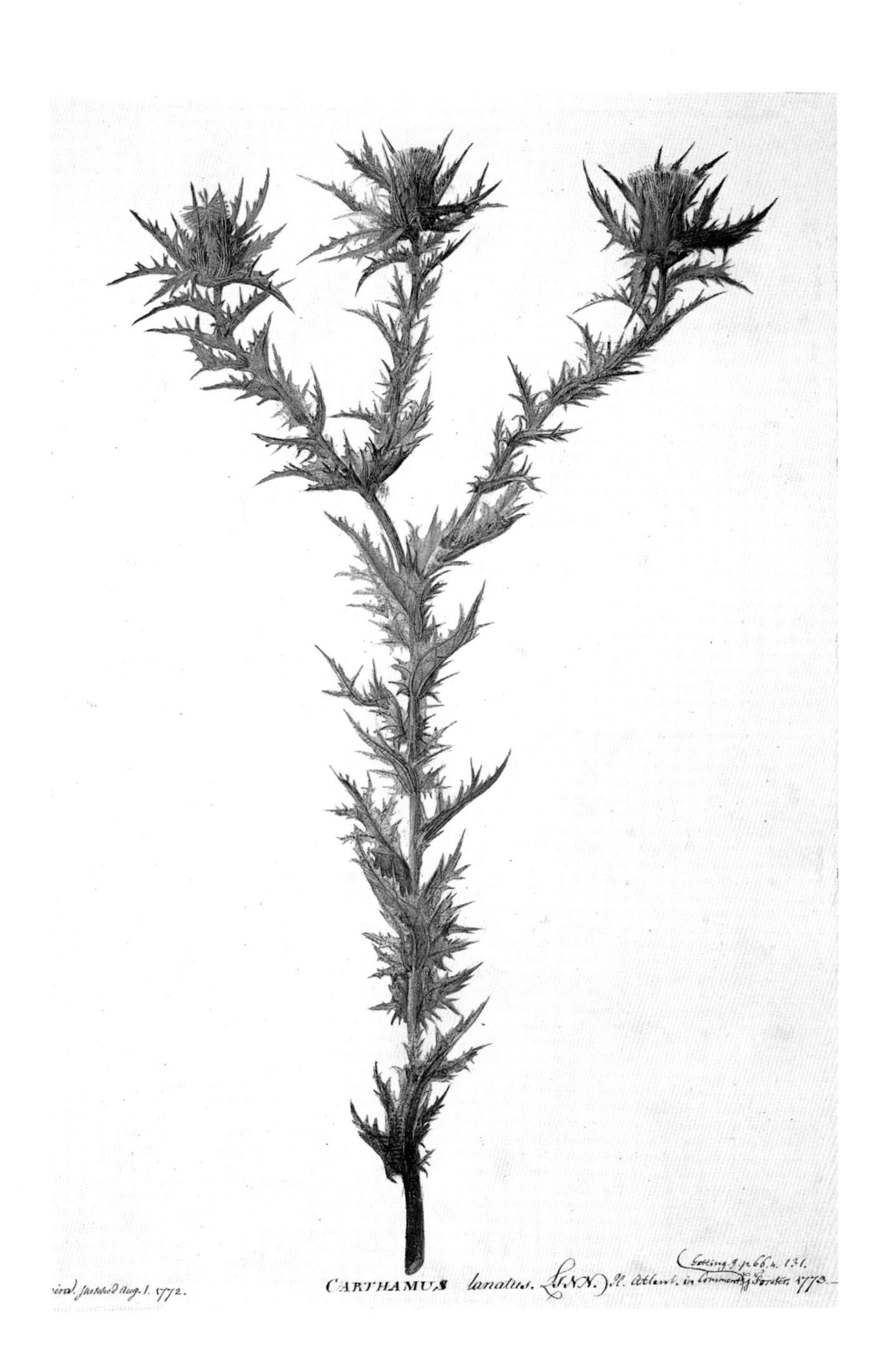
sketched Aug. 1. 1772.
CARTHAMUS lanatus. LINN.
Goetting. 9. p. 66. n. 131.

오스트레일리아 지도를 그리다 1801~1805

CHARTING AUSTRALIA

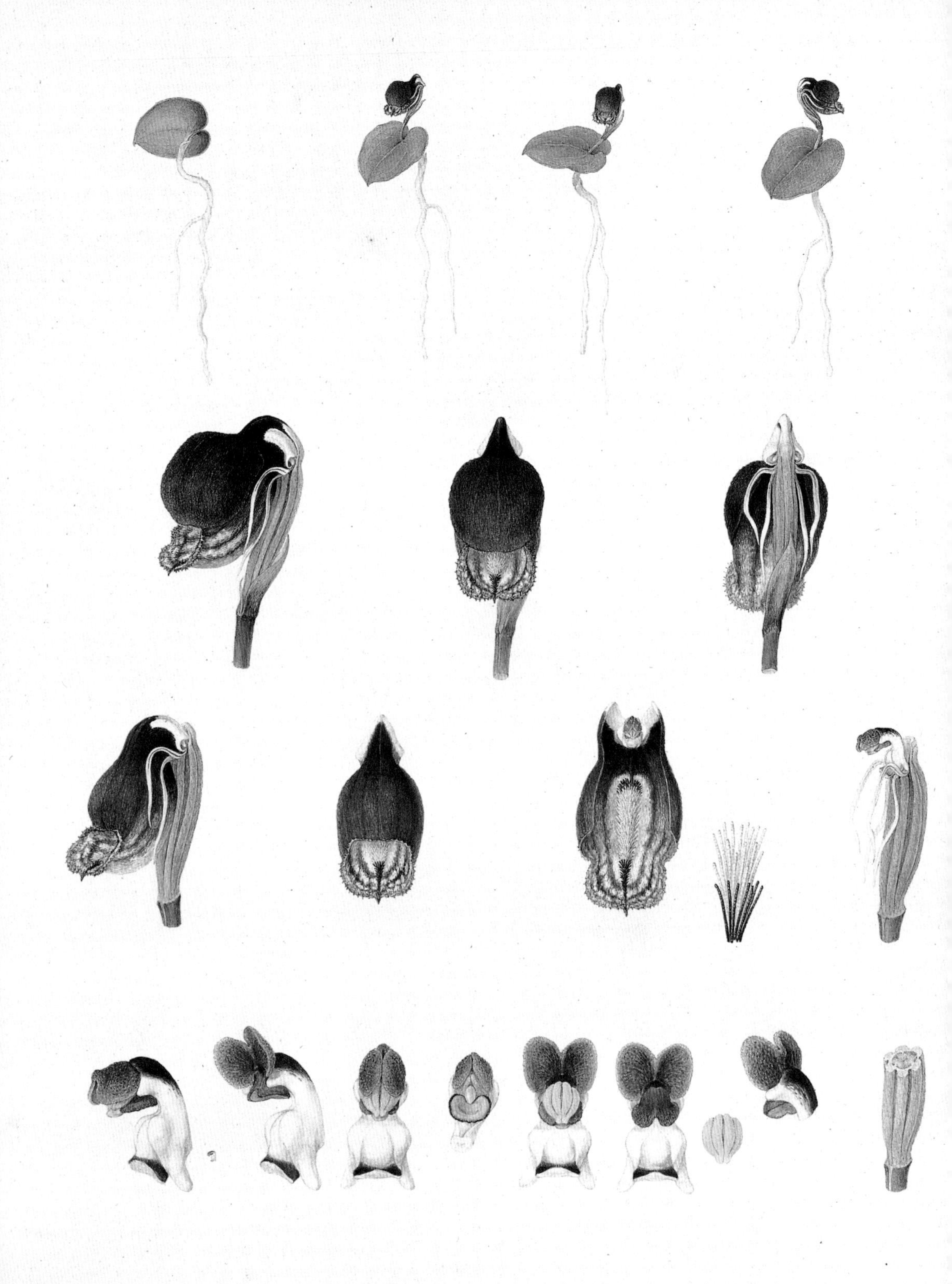

1778년 11월 조지프 뱅크스는 영국 과학계의 최고위직인 왕립학회 회장으로 선출되어 1820년 세상을 떠날 때까지 회장직을 역임했다. 임기 초 몇 년 안에 뱅크스가 가장 중점적으로 제안한 사안 중 하나는 오스트레일리아 보터니만을 죄수들의 유형지로 만들자는 것이었다. 미국 독립전쟁이 1781년 종전을 맞으며 더 이상 범죄자들을 북아메리카로 보낼 수 없게 되었기 때문이다. 결국 그의 제안이 채택되어, 1787년 5월 443명의 선원과 800명의 죄수를 태운 열한 척의 배가 스피트헤드를 떠나 새로운 유형지로 향했다. 그들은 1788년 1월 보터니만에 도착했지만, 선단의 지휘관이자 첫 총독으로 부임한 아서 필립 선장은 그곳을 마음에 들어하지 않았다. 그래서 북쪽으로 몇 킬로미터 떨어진 포트잭슨에 정착했는데, 훗날 이곳은 시드니가 된다.

포트잭슨을 식민지 삼고 처음 몇 해 동안은 해안선 측량을 거의 하지 않았다. 그렇다 보니 스물한 살의 사관후보생 매슈 플린더스가 1795년 새로 부임한 총독 존 헌터와 함께 영국 군함 릴라이언스호를 타고 시드니

왼편의 *Corybas unguiculatus*는 오스트레일리아 자생식물로 3센티미터까지 자란다. 페르디난트가 기록한 이 표본은 1804년 울루물루에서 채집된 것으로 보인다.

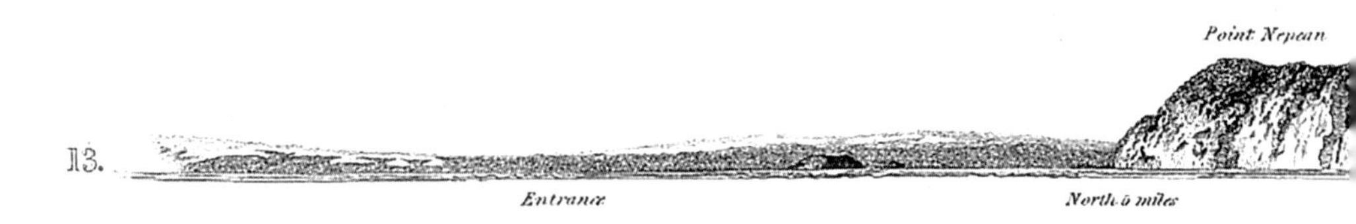

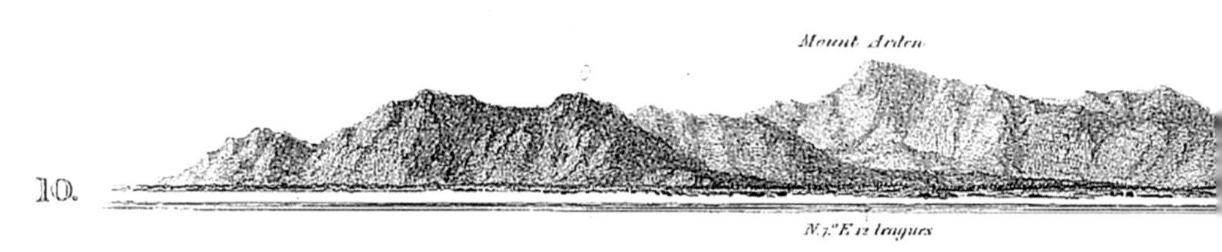

에 도착했을 때는, 포트잭슨에서 남북으로 겨우 160킬로미터 정도만 측량된 상태였다. 그로부터 5년간, 플린더스는 그곳에서 구할 수 있는 장비들만 가지고 측량 범위를 넓혀나갔다. 1800년 8월 영국으로 돌아온 플린더스는 뱅크스에게 해군 탐사대를 오스트레일리아로 보내자고 제안했다. 그렇게 해서, 쿡이 30여 년 앞서 제작한 지도를 더욱 보강하고 뱅크스와 솔란데르가 시작한 자연사 연구도 이어나가야 한다는 것이었다.

뱅크스는 그 제안에 동의했고 해군도 마찬가지였다. 특히 해군은 프랑스가 오스트레일리아로 탐사대를 파견했다는 소문을 듣고 바로 동의했다. 프랑스 탐사대는 니콜라 보댕이 지휘하는 제오그라프호와 나투랄리스트호를 타고 1800년 10월 길을 떠났다. 당연한 얘기지만, 오스트랄라시아(오스트레일리아, 태즈메이니아, 뉴질랜드 및 그 부근의 남태평양 제도를

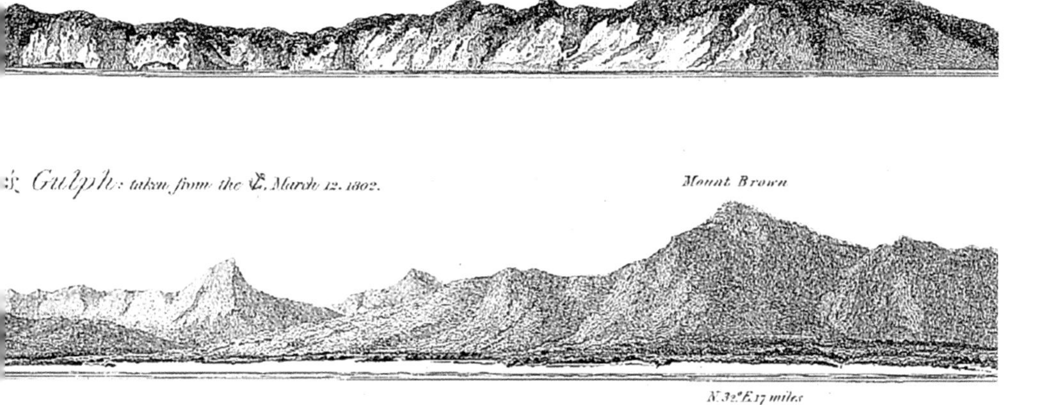

인베스티게이터호를 타고 탐험했던 매슈 플린더스는 포트필립만(위) 입구와 스펜서만(아래)에 펼쳐진 산세를 아우르는 오스트레일리아 남쪽 해안지형을 기록한 판화를 실은 「테라 아우스트랄리스로의 항해A Voyage to Terra Australis」라는 항해보고서를 발표했다.

통틀어 이르는 말)와 태평양에 관심을 보이는 나라는 영국만이 아니었다. 1793년부터 영국과 전쟁을 이어오던 프랑스도 이곳들을 식민지 삼을 수 있는 가능성을 재보고 있었다. 특히 뉴홀랜드라고 불리던 오스트레일리아가 거대한 하나의 땅덩어리가 아니라, 그레이트오스트레일리아만에서 카펀테리아만 지역 모처까지 남북으로 이어지는 항로로 양분되어 있다는 가설이 제기되면서 관심은 더욱 커졌다. 이렇게 해서 서로 군사적 적대 행위를 하지 않을 것을 약속한 후, 전쟁 중인 두 국가의 탐사 원정대가 오스트레일리아 해상에서 동시에 활동하게 된다. 그리고 두 나라는 이곳에서 지리학적, 과학적으로 중요한 탐사 성과를 거둔다.

하지만 이것은 모두 나중 이야기다. 1800년 11월 말 30미터 길이의 범선 크세노폰호가 탐사선으로 선정되어 인베스티게이터호라는 새로운 이름을 얻었다. 그리고 이제 대위가 된 플린더스가 이 배의 지휘를 맡았다. 인베스티게이터호에는 80명의 수병과 공식 풍경화가 윌리엄 웨스톨(1781~1850), 천문학자 존 크로슬리, 광물학자 존 앨런(1775~?), 그리고 박물학자 한 명과 자연사 화가 한 명으로 구성된 민간 탐사대가 승선할 예정이었다. 뱅크스는 박물학자로 복무할 탐사대원으로 스물일곱의 스코틀랜드인 로버트 브라운(1773~1858)을 지목했다. 그는 몬트로즈 출신으로 에든버러에서 의학을 공부했고 1795년부터 피피셔주〔지금의 파이프주〕 연대에서 군의관 소위로 복무하고 있었다. 북아일랜드에서 3년을 복무한 브라운은 런던으로 발령을 받았다. 뱅크스는 처음에 지목한 멍고 파크에게 제안을 거절당하고 브라운을 소개받았다. 그리고 큐 왕립식물원의 원예가 피터 굿(?~1803)과 역대 가장 위대한 자연사 화가 중 한 명으로 널리 손꼽히는 오스트리아 화가 페르디난트 바우어(1760~1826)가 인베스티게이터호에서 브라운을 보조하기로 했다.

바우어는 당시에는 오스트리아 남부에 속했지만 제1차 세계대전 이후 체코슬로바키아에 새로운 주로 편입된 펠트베르크에서 태어났다. 그의 아버지는 리히텐슈타인 대공의 궁정화가였으나 페르디난트가 겨우 한 살 때 세상을 떠났다. 페르디난트는 부친의 예술적 재능을 물려받아 어린 시절부터 식물을 그리는 데 특별한 흥미와 재능을 보였다. 처음에는 펠트베르크에서 일자리를 얻었고 나중에는 빈대학 식물학과 교수이자 교내 식물원장인 니콜라우스 폰 야크빈(1727~1817) 밑에서 일했다. 이곳에서 그는 1784년 옥스퍼드대학 식물학과 셰러디언 교수〔식물학자 윌리엄 셰러드의 후원으로 1734년에 생긴 교수직〕인 존 시브소프(1758~1796)를 만났다. 존 시브소프는 바우어에게 그리스로 식물 조사를 나가자고 제안했다. 그렇게 그리스에서 18개월을 보낸 바우어와 시브소프는 1787년 말 그곳에서 그린

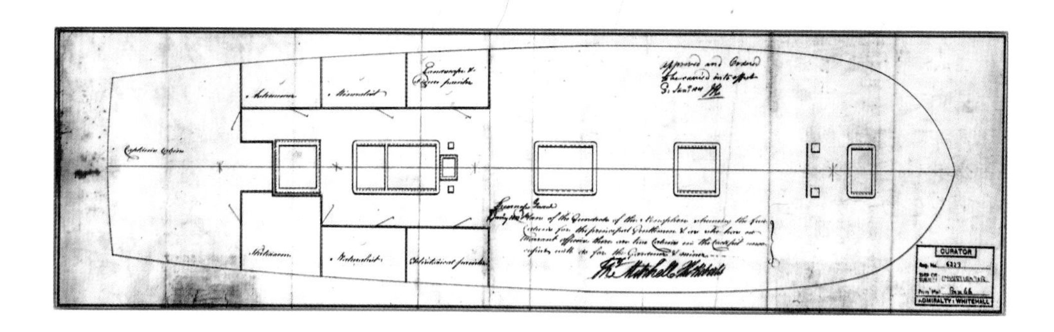

80명 이상의 선원을 태울 수 있었던 인베스티게이터호의 청사진 부분. 선장과 '주요 인사들'의 선실에 해당되는 구역을 보여준다. 도면상 계획에는 천문학자, 광물학자, 풍경화가, 자연사 화가와 박물학자를 위한 곳이라고 적혀 있다.

1500점이 넘는 스케치를 가지고 함께 영국으로 돌아왔다. 옥스퍼드에 정착한 바우어는 그 모든 스케치를 완성하는 작업을 몇 년간 계속했다. 그 그림들은 1806년부터 (바우어가 세상을 떠난 지 한참 뒤인) 1840년 사이 출판된 시브소프의 저서 『그리스 식물지*Flora Graeca*』에 도판으로 실렸다. 영국의 저명한 식물학자 조지프 후커는 이 저서를 "이제껏 세상에 나온 식물학 저서 중 가장 훌륭하다"고 보았다. 이 책을 통해 바우어를 알게 된 뱅크스는 그를 인베스티게이터호의 적임자로 추천했다.

1801년 7월 스피트헤드를 떠난 인베스티게이터호는 12월에 오스트레일리아 남서부에 있는 루윈곶에 도착했다. 플린더스의 첫 임무는 남쪽 해안을 조사하고 측량하는 것이었다. 하지만 브라운과 선원들은 그 전에 배를 킹조지사운드에 몇 주 동안 정박하고 그 지역을 살펴보기로 했다. 그리고 불과 며칠 만에 대다수가 신종에 속하는 500여 종의 식물 표본과 수많은 동물 표본을 채집했는데, 이는 바우어가 부지런히 스케치할 방대한 컬렉션의 시작에 불과했다. 해안지역을 조사하는 과정에서 플린더스는 러

셔셰이군도에 잠시 들른 후 그레이트오스트레일리아만을 서서히 항해하면서 측량을 계속하다 커터(군함이나 기선에 딸린, 노를 갖춘 작은 배)를 타고 담수를 찾으러 간 선원 여덟 명이 길을 잃자 그곳에서 가까운 포트링컨에 기항했다. 스펜서만과 캥거루섬에서 해안선 측량과 자료 수집을 마친 인베스티게이터호는 1802년 4월 8일 인카운터만에서 보댕이 반대편부터 해안선을 측량해오던 제오그라프호를 만났다. 그로부터 한 달 뒤, 두 배는 나란히 시드니에 도착해 시드니코브에 정박하게 된다.

영국을 떠난 지 열 달째에 접어들자 인베스티게이터호는 수리가 시급한 상태가 되었고, 플린더스는 정비를 마치느라 7월 21까지 시드니에 머물렀다. 이 기간에 많은 일이 있었다. 브라운과 바우어는 블루마운틴을 비롯해 여러 장소로 중요한 채집 조사를 나갔다. 브라운은 뱅크스에게 서신을 보내 이미 300여 종의 신종 식물을 채집했으며 바우어가 500종 이상을 스케치했다는 사실을 알리기도 했다. 한편 정치적인 면에서도 중요한 발전이 있었다. 플린더스가 시드니에 다다랐을 때, 프랑스의 두 번째 탐사선 나투랄리스트호도 이미 시드니에 와 있었다. 몇 주 뒤 제오그라프호도 몸이 성치 않은 선원들을 태우고 가까스로 입항했다. 두 배에 탄 탐사대원들은 영국과 프랑스가 전쟁 중이 아니라는 사실을 알고 안심했다—물론 그 평화는 오래가지 못할 것이었지만 말이다.

임시로나마 배를 정비하고 선원들도 휴식을 취한 다음, 플린더스는 다음 중대 임무에 착수했다. 오스트레일리아 대륙 둘레를 일주하고 북쪽 해안에서 대륙 안쪽으로 난 주요 항로가 있는지를 확인하는 임무였다. 인베스티게이터호는 북쪽으로 항해를 시작했고, 30년 전 제임스 쿡이 만났던 위험천만한 그레이트배리어리프도 무사히 통과했다. 몇 차례 오스트레일리아 본토와 연안 섬들의 해안가에 정박해 그곳을 조사하고 원주민과 수차례 우호적인 만남을 갖기도 했다. 배는 그렇게 케이프요크를 돌아 1802년 11월 카펀테리아만에 진입했다. 그로부터 4개월간 플린더스는 카펀테리아만과 그보다 서쪽에 있는 아넘랜드의 해안선을 측량했다. 하지만 남쪽 바다로 통하는 해로는 찾지 못했다. 오스트레일리아 대륙은 하나의 땅덩어리였던 것이다. 이 지역에서 몇 차례 이뤄진 원주민과의 만남은 그리 우호적이지 못했다. 적어도 탐사대원 한 명이 목숨을 잃는 것으로 마무리된 일화는 그랬다. 그 지역에서 만난 식물 중에도 탐사대에 우호적이지 않은 종이 있었다. 브라운과 바우어, 원예가 굿은 1년 전 남부 해안에서 소철나무 열매를 먹고 아팠던 걸 깜빡 잊고 또다시 그 열매를 먹는 바람에 심하게 앓았다. 바우어는 증상이 유독 심각했는데, 이런 상황도 문제의 소철나무를 비롯해 식물학적, 동물학적으로 풍요로운 이 지역에서 채집된 수백 종의 식물을 세밀히 기록하는 그를 어쩌지 못했다.

인베스티게이터호는 이따금 심각한 상태 악화의 징후를 보이고 있었고, 1803년 3월에 이르자 플린더스는 아직 대륙 일주를 마치지 못했음에도 불구하고, 세부 측량을 그만두고 최대한 서둘러 시드니로 돌아가야 한다고 판단했다. 하지만 역풍 때문에 어쩔 수 없이 배는 티모르해를 건너 신선한 보급품을 구해 실을 수 있는 쿠팡만으로 향하게 되었다. 하지만 두 달에 걸친 시드니로의 귀항길은 힘겹기 그지없었다. 이미 많은 선원이 지쳐 있었고, 몸도 성치 못했다. 이질이 돌아 시드니까지 가는 동안 두 명의 선원이 사망한 데 이어, 6월 9일 시드니에 도착하자마자 굿을 포함해 네 명이 더 숨졌다. 인베스티게이터호는 상태가 너무 악화되어 측량 작업을 계속할 수조차 없었다.

영국으로 돌아가 새로운 배를 타고 이곳을 다시 찾은 다음, 바라건대 세웠던 목표를 마저 완수하는 게 낫겠다는 판단이 내려졌다. 하지만 플린더스의 불운은 계속됐다. 새로운 배를 타고 오스트레일리아로 출발했으나 항해 일주일 만인 1803년 8월 17일 산호초에 걸려 배가 난파된 것이다. 커터를 타고 가까스로 시드니에 도착한 플린더스는 9월 20일 29톤의 소형 선박 컴벌랜드호를 포함한 구조선 세 척을 이끌고 다시 항해에 나섰다. 그는 난파 지점에 도착해 생존자 몇 명을 태운 뒤 영국으로 돌아가고, 나머지 인원은 시드니로 보낼 예정이었다. 하지만 생존자들을 태우고 상황은 난조에서 최악으로 흘러갔다. 컴벌랜드호는 원래도 상태가 그다지 좋지 못했는데, 오스트레일리아 북부를 돌아 티모르섬을 거쳐 인도양으로 향하면서 선체가 심각하게 망가지고 만 것이다. 컴벌랜드호가 희망봉까지 가기 어려워 보이자 플린더스는 프랑스령이던 일드프랑스(오늘날의 모리셔스)로 목적지를 변경한다. 하지만 안타깝게도 플린더스는 영국과 프랑스의 전쟁이 재개되었다는 사실을 알지 못했다. 10년 이상 계속될 나폴레옹전쟁이 발발한 것이다. 플린더스는 여권에 기재되지 않은 선박을 타고 항해 중이었기 때문에 일드프랑스 총독 드캉은 그를 간첩 혐의로 체포했다. 영국에서, 심지어 프랑스에서도 이의를 제기했지만 드캉은 본국의 부름을 받을 때까지 6년 반 동안 플린더스를 석방하지 않았고, 그는 1810년 10월에야 영국으로 돌아갈 수 있었다.

한편 생존한 인베스티게이터호 박물학자들의 작업은 계속되었다. 플린더스가 영국으로 떠날 때 브라운과 바우어, 광물학자 앨런은 시드니에 남기로 했던 것이다. 그들은 18개월간 플린더스를 기다리다 그가 돌아오지 않으면 알아서 영국으로 돌아갈 예정이었다. 그들은 시드니에서 여러 차례 짧은 조사를 함께 나갔다. 그러던 중 1803년 11월 브라운은 판 디만의 땅Van Dieman's Land(오늘의 태즈메이니아)에 가보기로 한다. 그는 애초 10주만 떠나 있을 계획이었으나 조사는 9개월간 이어졌다. 조사 기간 브라운은 엄청나게 많은 생물을 채집했고, 지금은 1930년대에 멸종되었다고 알려진 주머니늑대 혹은 태즈메이니아늑대를 발견하는 등 수많은 새로운 발견을 했다. 하지만 바우어가 시드니에서 북쪽으로 약 150킬로미터 떨어진 뉴캐슬에 다녀오는 등 시드니를 거점으로 독자적인 여행을 다니고 있었던 까닭에, 당연하게도 그의 곁에는 기록을 도와줄 화가가 없었다. 브라운이 언제 돌아올지 알 길이 없었던 바우어로서는 1804년 중순께 시드니 지역 자연사는 볼 만큼 봤다고 판단하고 좀더 멀리까지 살펴보아야겠다고 생각했던 것이다.

그러는 동안 노후한 인베스티게이터호는 바우어와 브라운, 그리고 그들의 채집물을 싣고 영국으로 돌아가기 위한 재정비를 하고 있었다. 노퍽섬까지 1000킬로미터나 되는 길을 떠난 바우어는 몇 주 뒤 귀항하는 인베스티게이터호에 오르면 되겠거니 생각했다. 1804년 8월 브라운의 귀환을 불과 며칠 앞두고 시드니를 떠난 바우어는 결국 그 작은 노퍽섬에서 언제 올지 모를 인베스티게이터호를 기다리며 거의 여덟 달을 보내야 했다. 그 기간 바우어는 노퍽섬을 샅샅이 뒤지며 동식물을 채집하고 그림으로 기록했고, 특히 식물을 많이 그렸다. 그때 그린 식물들은 1833년에 출판된 슈테판 엔틀리허의 『선구적인 노퍽섬 식물지*Prodromus Florae Norfolkicae*』의 토대를 이루었다. 이 책에는 152종의 노퍽섬 식물이 실려 있는데, 그중 몇몇은 바우어의 이름을 따서 명명되었다. 1805년 2월 하순, 마침내 바우어는 자신을 데리러 온 인베스티게이터호에 올라 시드니로 복귀했고 그곳에서 브라운, 앨런과 합류했다. 그들은 5월 23일 그동안 모은 채집물과 바우어의 그림이 담긴 서른여섯 개의 대형 짐가방을 싣고 살아 있는 웜뱃 한 마리와 함께 영국으로 출항했다. 지루하고도 무난한 여정 끝에 인베스티게이터호는 1805년 10월 13일 유유히 리버풀에 입항했다. 영국을 떠난 지 4년

3개월 만이었다.

브라운은 과학계에 보고되지 않은 1700여 종의 신종 식물을 포함한 4000여 종의 식물표본과 함께 약 150종의 조류 박재, 다양한 척추동물과 무척추동물을 비롯해 수많은 광물을 채집해 돌아왔다. 바우어는 2000점이 넘는 스케치를 그렸는데 그중 약 1750점은 식물이었고 나머지는 동물이었다. 이 모든 수하물은 런던 소호 광장에 있는 조지프 뱅크스의 집으로 보내졌다. 브라운은 그곳에서 10년간 수집품을 정리하며 탐사보고서를 준비했고, 그러는 동안 바우어는 현지에서 자세히 기록해둔 스케치와 채색을 위해 표시해둔 색상 노트에 기초해 수백 점의 그림을 완성했다. 이 그림 대부분은 공식적으로 왕립해군의 자산이었는데, 군은 1843년 소유권을 대영박물관에 양도했다.

브라운의 저서는 오스트랄라시아의 식물을 다룬 총서 중 한 권뿐인데, 250부를 인쇄했으나 단 26부만 판매되었다. 바우어는 자신의 그림을 판화로 제작해 브라운의 기재문과 함께 출판하려 했지만, 그의 걸작을 조판하고 채색할 만한 사람을 찾을 수 없어 모든 작업을 직접 할 수밖에 없었다. 그렇게 해서 열다섯 점의 판화가 실린 그의 화집은 단 몇 부 판매되는 데 그쳤다. 바우어는 이 화집이 1982년에 권당 2만5000파운드에 팔린 것을 알면 깜짝 놀랄 것이다. 그렇다 해도 브라운과 바우어는 둘 다 생전에 자기 작업물이 성공적으로 출판되는 것을 보았다. 한편 플린더스는 갖은 고초에도 불구하고 런던에 돌아오자마자 공식 탐사보고서 「테라 아우스트랄리스로의 항해」를 출판할 준비에 착수했다. 브라운이 작성한 80쪽 분량의 식물학 부록과 바우어의 식물 판화 열 점이 함께 실린 보고서는 1814년 마침내 세상에 나왔다.

CAPTAIN FLINDERS. R.N.
Autograph Copy of Parole on his release from six years Captivity in the Isle of Mauritius.

I undersigned, captain in his Britannic Majesty's navy, having obtained leave of his Excellency the captain-general to return in my country by the way of Bengal, Promise on my word of honour not to act in any service which might be considered as directly or indirectly hostile to France or its Allies, during the course of the present war

Port Napoleon, Isle de France, 7th June 1810

(Signed) Matt^w Flinders

Published by HARGROVE SAUNDERS 24 [illegible] St LONDON W

ALL RIGHTS RESERVED

1810년 10월 마침내 영국으로 돌아온 매슈 플린더스는 공식 탐사보고서를 공들여 준비했다. 그는 1814년 7월에 세상을 떠났고, 같은 해에 보고서도 마침내 발표되었다.

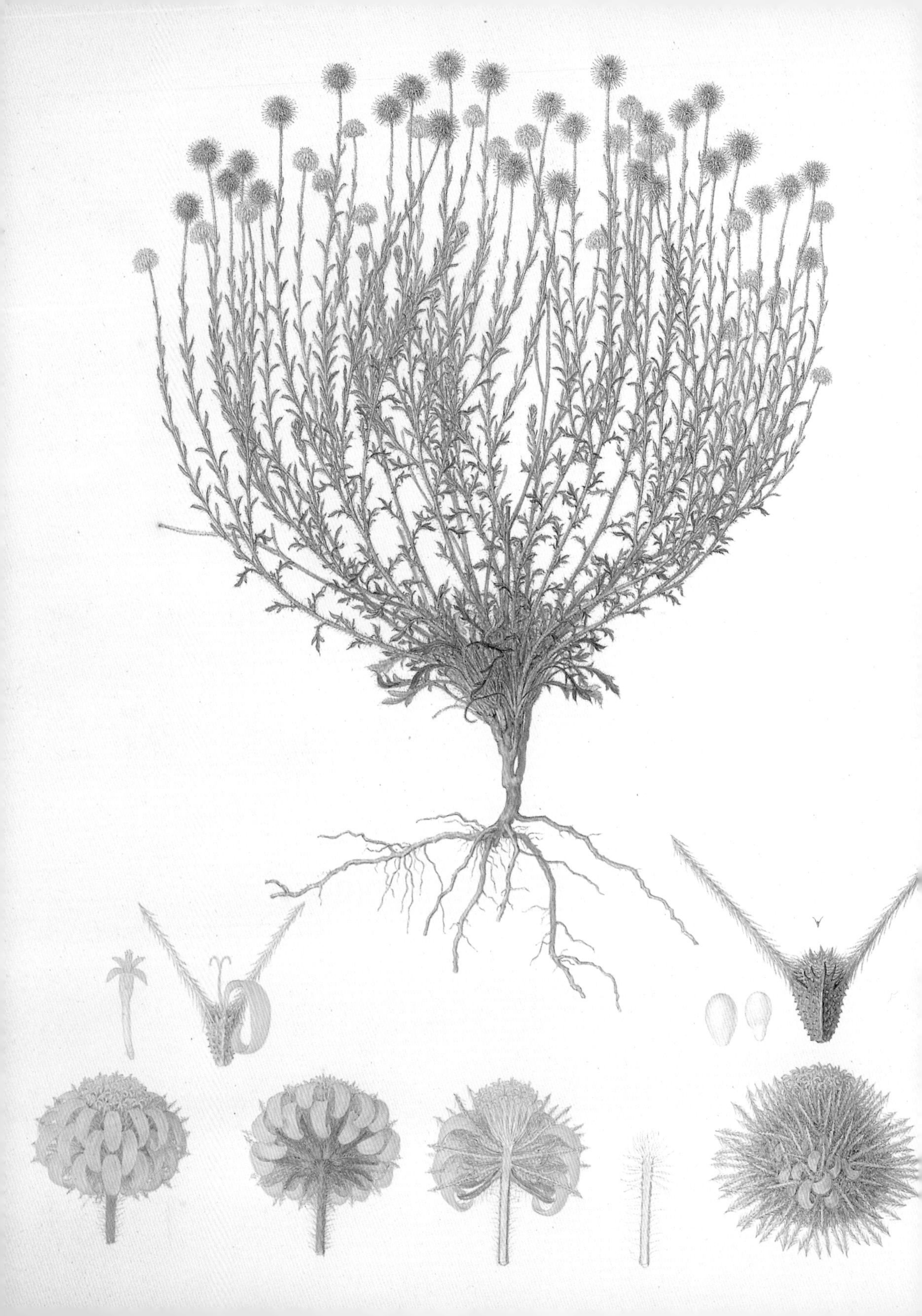

1814년 냉혹한 현실에 환멸을 느낀 바우어는 인베스티게이터호 탐사 때 대부분의 색상 코드를 기입해둔 스케치와 완성작 몇 점으로 이루어진 방대한 컬렉션을 가지고 고국 오스트리아로 돌아갔다. 그곳에서 그는 식물화가로 여생을 보내다 1826년 빈 교외에 있는 히칭에서 세상을 떠났다. 이렇게 해서 현재 그의 스케치는 대부분 빈 자연사박물관에 소장되게 되었다. 하지만 탁월한 완성작 가운데 몇 점은 대영박물관으로, 다시 런던 자연사박물관으로 전해져 세계 어디에 내놓아도 최고의 오리지널 컬렉션이라 할 수 있는 동물학, 특히 빼어난 식물학 그림 컬렉션을 이루게 되었다.

오스트레일리아 서부 해안 킹조지사운드에서 발견된 *Leptorhynchos scaber*. 인베스티게이터호가 킹조지사운드에 짧게 기항했을 때 채집된 수백 개의 식물 표본 중 하나다. 바우어는 1802년 5월 22일 시드니코브에서 형 프란츠에게 보낸 편지에 이런 회상을 적었다. "희망봉에서 시작된 5주간의 여행 뒤 우리는 1801년 12월 7일 처음으로 뉴홀랜드 땅을 보았습니다. 그 후 12월 8일 오스트레일리아 서부 킹조지사운드에 닻을 내리고 1802년 1월 4일까지 머무르면서 그 지역에서 수시로 탐사를 다녔고 그 기간에 새로운 식물을 수없이 발견했어요."

킹조지사운드에 잠시 머무는 동안 모아들인 수백 종의 식물 중에는 1802년 1월 1일 채집된 *Cephalotus follicularis*도 있었다. 이 식물은 여름에 개화한다. 붙잡힌 곤충들을 소화액으로 녹이는 무서운 포충낭(식물의 잎이 주머니 모양으로 변형되어 벌레를 잡을 수 있도록 발달한 기관) 다발 위로 길고 가늘게 뻗어 나온 줄기 끝에서 꽃이 핀다.

Ottelia ovalifolia(위 왼쪽)는 로버트 브라운이 1803년 11월 뉴사우스웨일즈주 패러매터, 호크스버리, 리치몬드에서 발견했다. 그로부터 3주 전 퀸즐랜드주 솔워터만에서, 브라운은 위 오른쪽 식물의 열매 달린 표본을 채집하고 후에 탐험가 존 매킨리(1819~1872)의 이름을 따 이 식물을 *Mackinlaya macrosciadea*라고 명명했다. 매킨리는 오스트레일리아를 남쪽에서 북쪽으로 종단한 최초의 유럽인인 로버트 오하라 버크(1820~1861)와 윌리엄 윌스(1834~1861)를 구조하기 위해 항해를 떠난 인물로 잘 알려져 있다. 조지프 뱅크스의 이름을 딴 방크시아속 식물인 오른편 *Banksia coccinea*의 종소명 *coccinea*는 주홍색을 뜻하는 라틴어 *coccineus*에서 유래됐다. 이 식물은 오스트레일리아 서부에 자생한다.

*Grevillea pteridifolia*의 노란색 꽃(왼편). 로버트 브라운은 이 종을 *chrysodendron*이라고 명명하며, 엄청나게 많은 식물이 포함된 그레빌레아속을 창시했다. 그런데 그보다 1년 앞서 1809년 조지프 나이트는 이 종을 *pteridifolia*라고 동정했고, 국제식물명명규약에 따라 이 이름을 남겨야 했다. 퀸즐랜드주에서는 이 식물을 Golden parrot tree[황금앵무나무]라고 부르는데, 무더기로 핀 노란 꽃으로 무지개앵무를 비롯한 다양한 새를 끌어들이기 때문이다. 로만드라속에 속한 *Lomandra hastilis*라는 위 식물은 반대편인 오스트레일리아 서부에서 자란다. 이는 인베스티게이터호 탐사가 킹조지사운드에서 이뤄지던 시기, 즉 1801년 12월 모일 내지 1802년 1월에 바우어의 표본이 채집되었음을 말해준다.

소철, *Cycas media*의 수그루 및 수배우체 원줄기와 구과(위 왼쪽), 독성이 강한 씨앗, 잎과 줄기 부분(위 오른쪽). 오른편 그림은 불거져 나온 암배우체 원줄기다. 소철속에 속한 모든 종은 꽃밥이 달리는 수배우체와 밑씨가 달리는 암배우체가 서로 다른 나무에서 자라는 암수딴그루다. 쿡 선장과 선원들은 1770년 처음 오스트레일리아를 탐사했을 때 일찍이 이 나무를 발견했다. 조지프 뱅크스는 다음과 같이 기록했다. "사전에 경고를 받았음에도 (…) 몇몇 선원이 [씨앗을] 한두 개씩 집어 먹고 구토와 설사 증세를 보이며 심하게 앓았다." 독성에도 불구하고 오스트레일리아 원주민들은 씨앗을 갈아 사고로 만들어 먹었다. 단, 물에 푹 담갔다가 익혀야만 식용이 가능했다.

퀸즐랜드주 북쪽 해안 앞바다에 있는 토러스해협 제도에서 케이폭수로 추정되는 *Cochlospermum gillivraei*가 발견됐다. 위 그림은 바우어가 그린 이 식물의 꼬투리다. 플린더스의 일지를 보면 이 제도에서 "케이폭수라고 하는 종이 많이 자란다. 꼬투리 속을 채운 섬유질은 미세한 광택을 띠며 질겨서 제조업에서 활용하기 좋을 것이다"라고 기록되어 있다. 이 독특한 종은 아메리카나 아프리카 열대지방에서 매트리스 충전재와 방음재의 원료로 재배되는 케이폭수인 *Ceiba pentandra*를 비롯한 다른 판야과 나무와 구분된다. 선주민들은 전통적으로 오스트레일리아 케이폭수를 식재료로 이용했다. 케이폭수 꼬투리 그림이나 왼편의 야자 잎 그림에서 바우어의 세밀한 예술적 기교가 돋보인다.

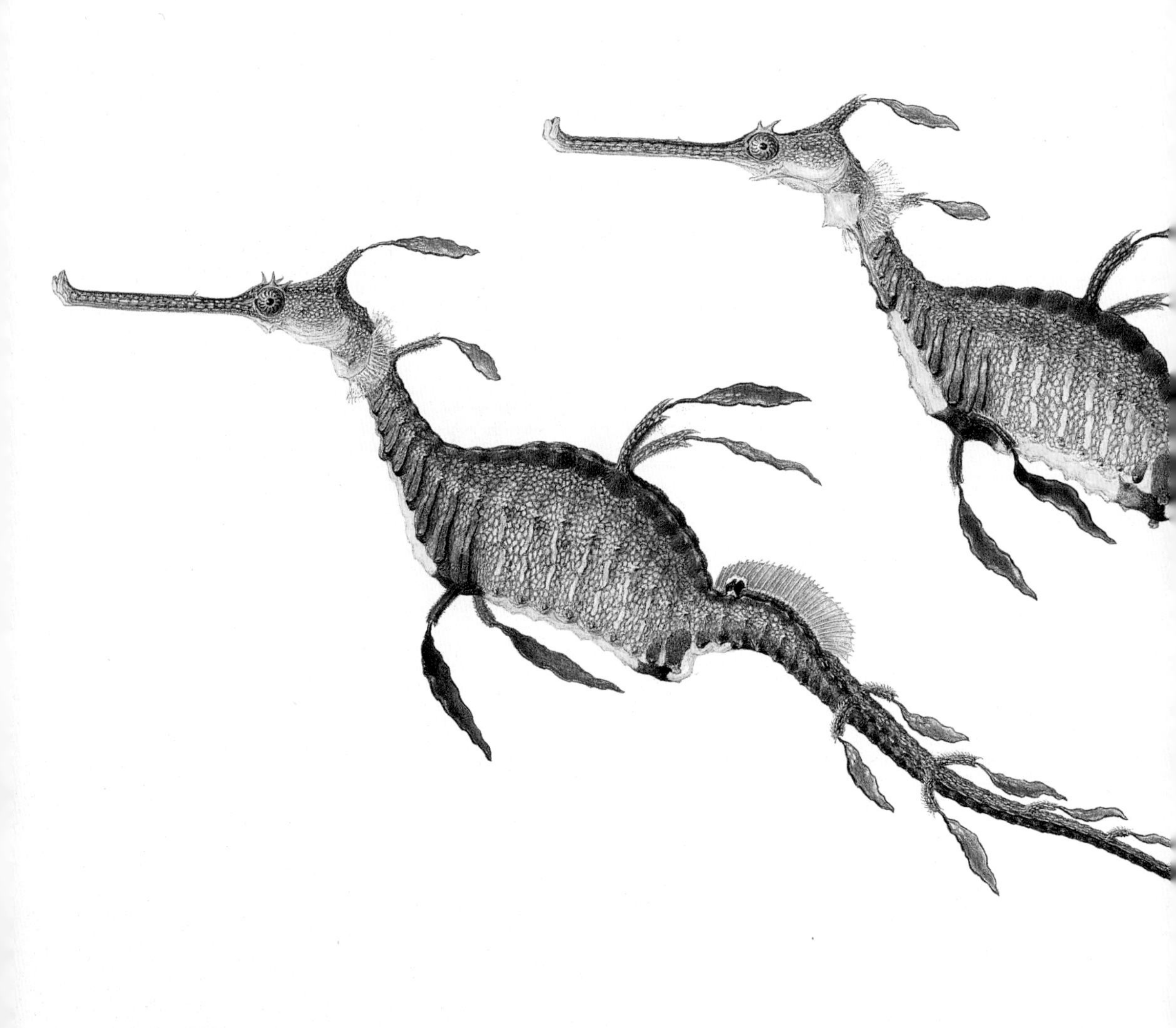

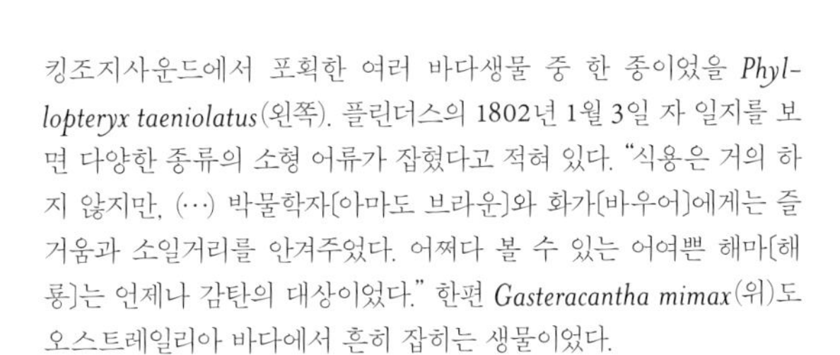

킹조지사운드에서 포획한 여러 바다생물 중 한 종이었을 *Phyllopteryx taeniolatus*(왼쪽). 플린더스의 1802년 1월 3일 자 일지를 보면 다양한 종류의 소형 어류가 잡혔다고 적혀 있다. "식용은 거의 하지 않지만, (···) 박물학자[아마도 브라운]와 화가[바우어]에게는 즐거움과 소일거리를 안겨주었다. 어쩌다 볼 수 있는 어여쁜 해마[해룡]는 언제나 감탄의 대상이었다." 한편 *Gasteracantha mimax*(위)도 오스트레일리아 바다에서 흔히 잡히는 생물이었다.

위 게는 로마 신화에 등장하는 항구의 신 포르투누스의 이름을 따 *Portunus pelagicus*라고 명명되었는데, 가장 흔한 식용 게다. 색의 모든 명암을 최대 네 자리 숫자 코드로 설계한 복잡한 숫자 체계의 색상 코드를 사용했던 바우어는 이를 통해 대상이 아직 신선한 상태일 때, 본연의 색이 사라지기 전 모습을 그림으로 기록할 수 있었다(오른편). 이렇게 해서 나중에 채색을 하면 표본의 원래 색조를 매우 정확하게 재현해낼 수 있었다.

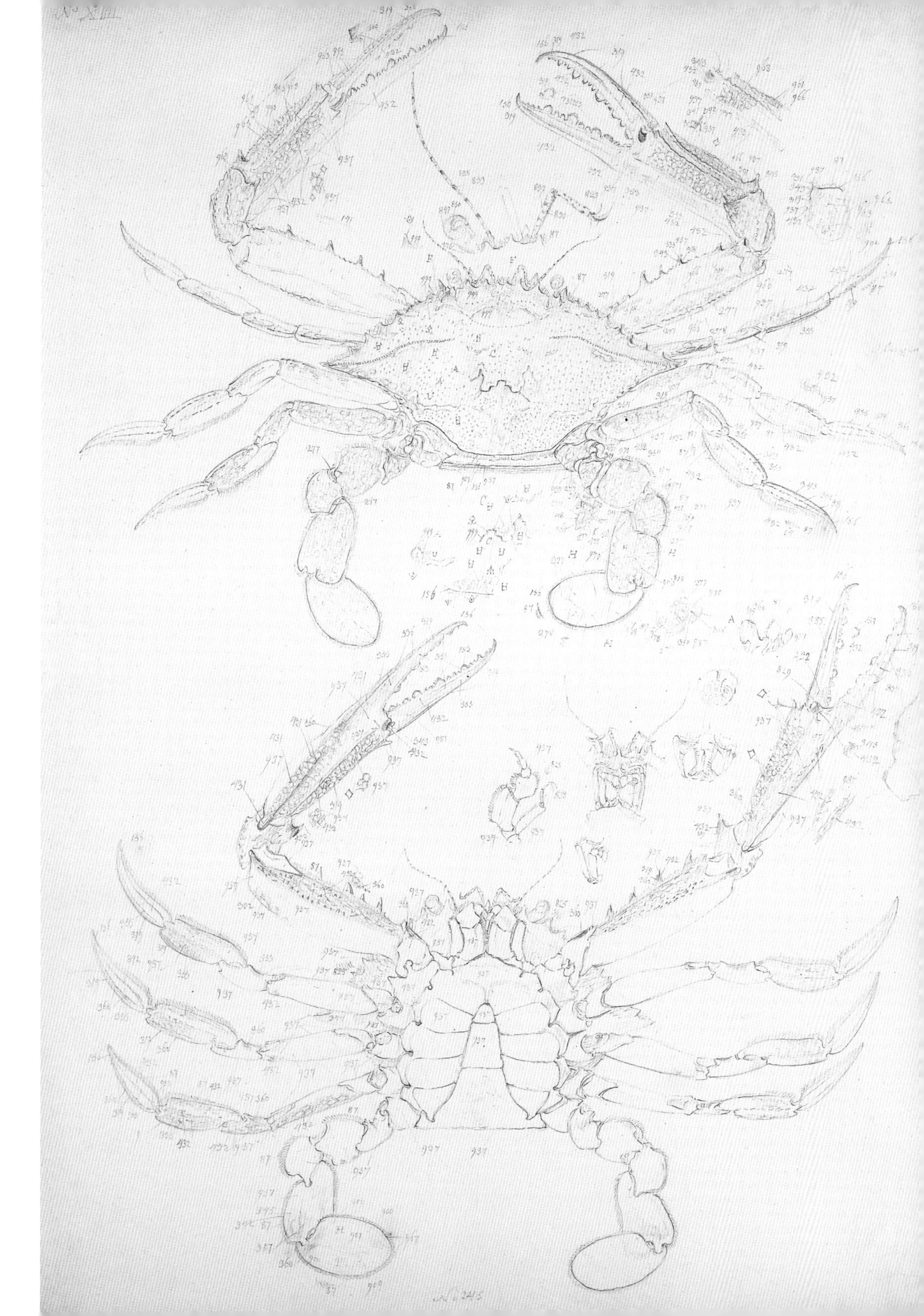

왼편은 플린더스가 "지금껏 봐온 종들과 다른 작은 캥거루"라고 기술한 표본을 보고 바우어가 그린 바위왈라비 *Petrogale penicillata*. 플린더스는 이 동물을 "지금껏 본 적이 없는 작은 캥거루"라고 설명했다. 브라운도 *Egernia cunninghami*라고 하는 위 도마뱀을 보고 비슷한 반응을 보였다. 그는 킹조지사운드에 정박했던 1801년 12월 22일 자 일지에 이렇게 기록했다. "그들은 황제펭귄 여러 마리와 전에 봐오던 것과는 다른 다양한 도마뱀 종을 발견했다."

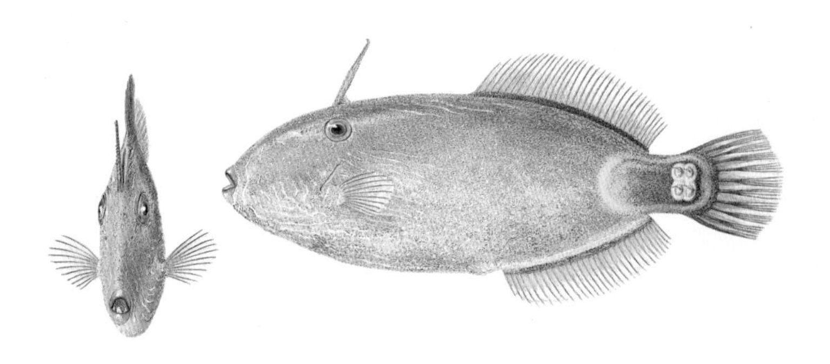

Acanthaluteres brownii(왼편 아래)는 로버트 브라운의 이름을 따서 명명되었는데, Brown's leather jacket〔브라운의 가죽 재킷(레더재킷)〕이라는 영명으로도 불린다. 바우어의 그림이 이 종의 원기재문을 적을 때 유일한 정보가 되었다. 또 다른 레더재킷 그림(왼편 위)도 바우어가 해낸 작업의 가치를 입증해준다. 이 어종은 1846년 *Brachaluteres baueri*라고 명명되었는데, 이보다 앞서 기재되고 명명된 *Balistes jacksoniaunus*라는 종과는 접점이 없었다. 그러다 1985년 바우어 그림을 연구하며 두 이름이 실제로는 같은 종을 지칭한다는 사실이 밝혀졌다. 이 종은 현재도 *Brachaluteres baueri*라고 불린다. 바우어가 그린 또 다른 표본(위)은 쏠배감펭속에 속한다. 퀸즐랜드주 스트롱타이드해협에서 1802년 8월 28일에 잡힌 것으로 추정된다.

웜뱃 *Vombatus ursinus*(위 왼쪽)을 처음 본 유럽인은 아마도 1797년 배스해협에 있는 프리저베이션섬에서 배가 난파되었던 선원들일 것이다. 원주민들이 그랬듯 선원들도 한 번씩 웜뱃을 잡아먹었다. 플린더스의 탐험대는 선원들을 구조하면서 살아 있는 웜뱃을 시드니에 주둔 중이던 헌터 총독에게 바쳤다. 그 개체는 6주 후에 죽었고, 사체는 런던에 있던 조지프 뱅크스에게 보내졌다. 뱅크스는 로버트 브라운의 제안을 받아들여 살아 있는 코알라 *Phascolarctos cinereus*(위 오른쪽) 한 쌍도 함께 받기를 바랐으나, 코알라가 먹을 수 있는 게 너무 제한적이라 결국에는 불가능하다는 결론을 내렸다. 뱅크스는 오리너구리 *Ornithorhynchus anatinus*의 존재 자체에 의문을 제기했는데, 킹 총독은 1800년 보존된 표본을 그에게 보낼 수 있었다. 2년 뒤 바우어는 뉴사우스웨일즈주 포트잭슨에서 이 표본을 그림으로 기록했다(오른편).

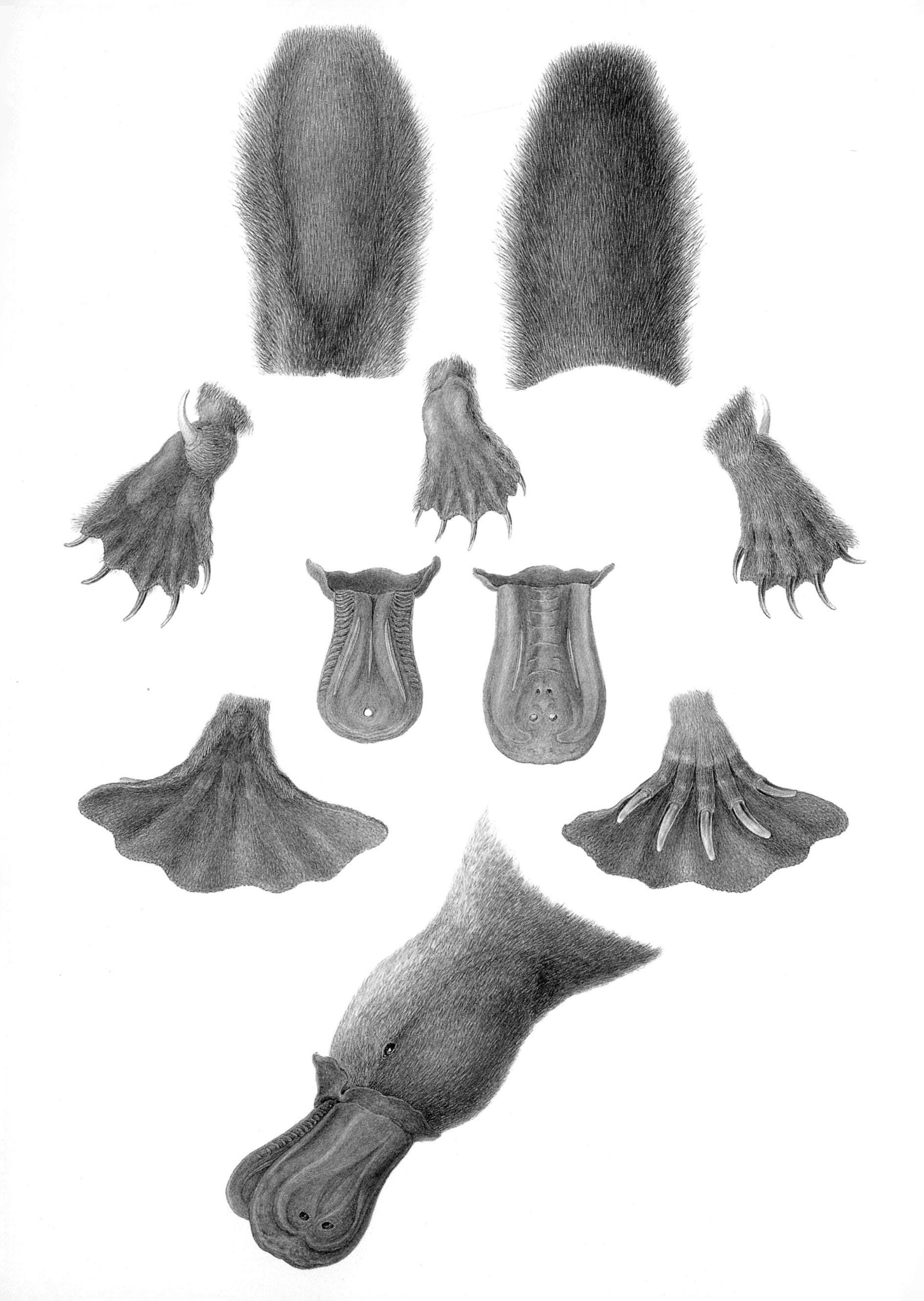

비글호 항해
1831~1836

SAILING WITH THE BEAGLE

Tanagra Darwini.

로버트 피츠로이가 지휘하는 비글호를 타고 5년간 항해하며 세계를 일주한 찰스 다윈의 여행은 역사상 이루어진 가장 유명한 여행 중 하나다. 항해 기간에 다윈이 모은 광범위한 수집품과 수많은 노트를 가득 채운 관찰 기록은 결국 세상을 뒤흔든 저서 『종의 기원*On the Origin of Species*』에서 제시된 자연선택에 의한 진화론으로 이어졌다. 하지만 『종의 기원』은 1859년까지도 세상에 나오지 못했다. 1831년 12월 비글호가 플리머스를 떠날 때까지만 해도 다윈은 22세 중산층 청년으로, 케임브리지대학에서 고만고만한 신학 학위를 막 받아 영국의 조용한 시골 교구에서 성공회 교구사제가 될 예정이었던 에든버러대학 의대 낙제생에 불과했다. 자연사에 관심이 많았고 딱정벌레에 열광적인 흥미를 보였으며 과학계의 영향력 있는 인사도 몇 명 알았지만, 그렇더라도 젊은 날의 다윈을 보고 역사상 가장 위대한 생물학자 중 한 명이 되리라고 예상하긴 어려웠다.

반면 로버트 피츠로이는 누가 봐도 비범한 업적을 이룰 사람인 듯

다윈은 애초 *Tanagra darwinii*로 이름 붙였으나 현재는 *Thraupis bonariensis*로 불리는 왼편의 새가 우루과이 말도나도에서 선인장을 먹고 있는 것을 보았다. 조류의 삶에 대한 다윈의 관심은 갈라파고스의 핀치(되새과)를 연구하기 전으로 거슬러 올라간다.

보였다. 찰스 2세 때부터 이어진 귀족 가문에서 태어난 피츠로이는 1818년에 13세의 나이로 포츠머스에 있는 왕립 해군사관학교에 입학하여 학문적으로 뛰어난 성취를 보여주었다. 그는 19세라는 어린 나이에 대위로 진급했고, 1828년 비글호 선장이 자살하자 그 뒤를 이어 리우데자네이루에 정박해 있던 비글호로 발령받아 23세부터 그 배를 지휘했다. 하지만 40여 년 후 피츠로이도 똑같이 슬픈 운명을 맞이한다.

티에라델푸에고 해안 전체 지도를 만드는 등 라틴아메리카 바다를 측량하며 2년을 보낸 피츠로이는 푸에고인 네 명을 데리고 1830년 10월 영국으로 돌아갔다. 영국에서 그들을 교육한 다음 티에라델푸에고로 돌려보내 그곳 공동체에서 이러한 '문명'과의 접촉을 통해 이득을 보려는 심산이었다. 교육생 중 한 명이 천연두에 걸려 사망하고 왕립해군도 계획에 크게 관심을 주지 않는 와중에도 피츠로이는 계획을 완수할 기회를 잡았다. 비글호 선장으로 재임명되어 라틴아메리카 측량을 이어서 수행한 뒤 태평양과 희망봉을 거쳐 다시 영국으로 돌아오는 임무를 맡게 된 것이다.

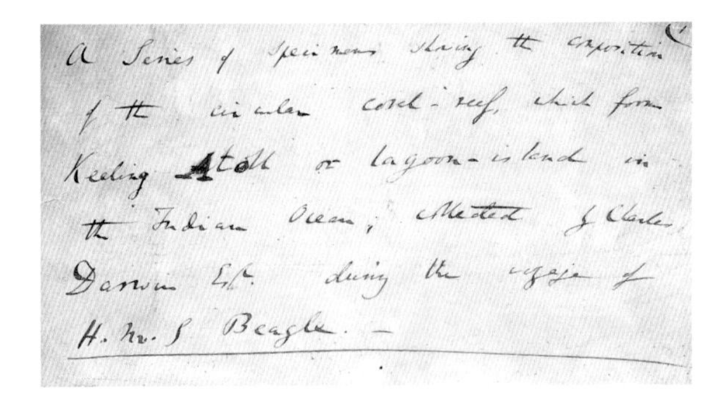
A Series of Specimens showing the composition of the circular coral-reef, which form Keeling Atoll or lagoon-island in the Indian Ocean; collected by Charles Darwin Esq. during the voyage of H.M.S. Beagle. —

1836년 인도양 코코스제도(옛 킬링제도)에서 암초를 조사하던 중 수집한 산호 표본에 대해 적은 다윈의 메모. 그는 고대 화산섬이 점차 침하하면서 그 경사면에 산호가 자라는 과정이 아주 오랫동안 진행된 결과 산호초가 형성되었음을 알게 되었다.

그간의 경험을 바탕으로 피츠로이는 수로 측량사에게 "과학적 소양이 있는 제대로 교육받은 사람 중에 내가 제공하는 선실을 다른 사람과 기꺼이 함께 쓰면서, 머나먼 미지의 나라를 방문해볼 기회를 누리고자 하는 사람이 있다면 구해달라"고 청했다. 그리고 과학계 지인들의 추천과 가족들의 격려를 받고, 아주 심한 건 아니었던 아버지의 반대를 극복한 뒤 찰스 다윈이 바로 그 사람으로 낙점됐다. 숙식은 왕립해군이 제공했지만, 그 외의 것들은 다윈이 알아서—사실상 그의 부친이—준비했다. 박물학자로서 임무를 수행하는 것 외에, 다윈은 피츠로이와 식사를 함께하며 그가 선장으로서 느낄 수밖에 없는 고독감을 어느 정도 덜어주기도 했다. 천성이 무던했던 다윈은, 존경받는 선장이었지만 노여움 많고 감정 기복도 심했던 피츠로이와 선원들 사이에서 조율자 역할을 할 수 있었다.

기술적으로 브리그슬루프brig-sloop(1770년대에 재등장한 돛대가 둘 달린 무등급 소형함)에 속하는 비글호는 길이 27미터, 폭 8미터에 불과한 작은 배였다. 해군 선원들, 다윈, 푸에고인 세 명, 그리고 이제는 의무적으로 동행하게 된 탐험의 공식 화가까지 모두 일흔네 명이 비글호에 탑승해야 했다. 해군 선원 중에 피츠로이처럼 소묘에 소질이 있는 사람이 몇 명 있긴 했지만, 다윈은 사실상 예술적 능력이 전혀 없었으므로 전문 화가의 대동이 특히 중요했다. 첫 공식 화가는 오거스터스 얼로, 항해를 시작할 때 서른여덟이었던 그는 배에서 가장 연장자 중 한 명이었다. 피츠로이가 고용한 사람이었지만 다윈처럼 해군에서 숙식을 제공받았던 얼은 이미 20년 동안 라틴아메리카, 오스트레일리아, 뉴질랜드 등 세계 각지의 경관을 기록해온 화가로서 이 임무에 상당히 적합한 인물이었다. 게다가 그는 훌륭한 초상화가이기도 했다. 비글호가 항해를 시작하고 1년간 라틴아메리카 대서양 연안에 있을 때, 얼은 다윈이 바다와 해변에서 채집한 자료들을 그림으로 기록했을 뿐 아니라 여러 점의 풍경화와 선상 생활을 담은 수채화도 그렸다. 이 시기 다윈은 리우데자네이루에서 얼과 한 집을 쓴 몇 주간이나 이후 몬테비데오와 바이아블랑카에 기항한 기간을 포함해 많은 시간을 해변에서 보냈다. 하지만 비글호가 처음 티에라델푸에고로 출항한 1832년 12월, 얼은 건강 상태가 악화되어 몬테비데오에 남을 수밖에 없었다. 얼이 함께하지 못하게 되자, 피츠로이가 그린 그림(과 두 번째 방문 때 얼의 후임자로 온 콘래드 마텐스의 그림)을 비롯해 푸에고섬 자생생물에 대한 그림 기록은 생각만큼 잘 나오지 않았다. 얼은 비글호가 돌아온 1833년 4월 하순까지도 바이아에 체류 중이었다. 항해에 재합류할 만큼 상태가 호전되지 못한 그는 결국 먼저 런던으로 돌아가게 됐고, 1838년 그곳에서 세상을 떠났다.

그사이 다윈은 그동안 해왔던 육상 여행 중 가장 긴 여행을 두 차례 떠났다. 엘카르멘에서 부에노스아이레스까지 960킬로미터에 이르는 여행에 이어 파라나강을 거쳐 산타페까지 갔다가 돌아오는 960킬로미터에 달하는 길을 한 차례 더 전문 화가의 도움 없이 여행한 것이다. 그가 몬테비데오에 있던 비글호로 돌아올 무렵—돌아오기 위해 혁명으로 봉쇄된 부에노스아이레스를 통과해야 했던 다윈은 그 길에 우회로를 발견한다—얼의 후임자가 나타났다. 32세의 풍경화가 콘래드 마텐스는 1833년 여름 인도로 향하던 중 리우데자네이루에 기항해 피츠로이가 화가를 찾고 있다는 소식을 들었다. 화가 자리를 얻기 위해 곧바로 몬테비데오를 찾은 마텐스는 그길로 고용되어 1833년 12월 몬테비데오를 영영 떠나는 비글호에 몸을 실었다. 그로부터 9개월 뒤 비글호가 발파라이소에 도착하자 마텐스는 공간이 부족해진 배에서 하선해야 했다. 피츠로이의 교육생들이 고국으로 돌아간 두 번째 티에라델푸에고 방문, 혼곶 주변 해협에서 위로 라틴아메리카 태평양 연안을 항해한 이 짧다면 짧은 기간에 그는 어마어마한 다작을 했다. 결과적으로 마텐스가 그린 수많은 연필 소묘와 수채화가 이번 항해의 그림 기록에서 가장 큰 비중을 차지하게 되었다. 게다가 발파라이소에서 하선한 마텐스는 이후 타히티섬, 뉴질랜드 아일랜드만과 시드니 등지를 찾아 스케치를 계속했는데, 이곳들은 비글호가 귀항길에 들른 곳이기도 했다. 이렇게 해서 비글호 항해 때 그린 게 아닌 그린 그림 중에도 추후 피츠로이의 공식 항해보고서에 사용된 그림들이 생겼다.

발파라이소를 떠난 비글호는 계속 북쪽으로 항해하면서 라틴아메리카 해안을 측량하는 데 또 1년을 보냈다. 그동안 다윈은 한층 매혹적이고 가끔은 위험천만하기도 한 육지 탐사를 계속하며 끊임없이 채집하고 관찰하고 기록했다. 마침내 모든 측량을 마친 비글호는 1835년 9월 라틴아메리카를 떠나 고국으로 돌아가는 여정의 첫 선착지인 갈라파고스제도로 향했다. 영국까지 가려면 못해도 1년은 걸릴 것이었다. 배는 갈라파고스제도 외에 타히티섬, 뉴질랜드, 오스트레일리아, 코코스제도, 케이프타운, 세인트헬레나섬, 어센션섬 등 여러 곳을 기항해 다시 바이아주로 돌아갔다가 팰머스에 이르렀고, 1836년 10월 2일 그곳에서 다윈이 내렸다. 돌아가는 여정은 선원들을 생각해 비교적 여유로운 편이었다. 하지만 다윈은 계속해서 부지런히 표본병에 표본을 채우고 노트에 관찰한 바를 적어 넣었다.

갈라파고스제도에 다다를 무렵, 다윈은 지구와 지구상의 생물들이 과거에 엄청난 변화를 겪었음을 확신할 만한 풍부한 증거를 일찍이 확보한 상태였다. 산맥은 융기했다 점점 깎여나갔었고, 주요 해수면 변화로 과거에 해저층이었던 부분이 수면 위로 드러났다. 섬이나 땅덩이가 통째로 나타났다가 사라지기도 했다. 또 화석 기록은 이 모든 지각변동이 일어나

오언 스탠리가 1841년에 그린 항해 중인 비글호. 다윈은 비글호를 지휘하며 라틴아메리카 해안 지도를 만드는 동안 항해에서 겪을 외로움에 미쳐버릴까 두려워했던 피츠로이 선장의 '동행'으로 배에 올랐다. 이때부터 비글호라는 이름은 다윈과 그를 진화론으로 이끈 항해를 가리키는 말이 되었다. 하지만 아이러니하게도 피츠로이는 성서의 창조론과 충돌하는 다윈의 이론을 이단이나 다름없다고 생각했다.

는 동안 기나긴 지질시대를 거치며 거의 같은 모습으로 남아 있는 듯 보이는 동식물 종이 있는가 하면, 다른 종들은 중요한 변화를 보여주기도 했으며, 어떤 종은 완전히 멸종해 새로운 종에 자리를 내어주기도 했다. 그리고 다윈이 관찰한 살아 있는 유기체들은 어디가 됐든 냉혹한 자연환경의 변덕까지 활용할 만큼 뛰어난 적응력을 보여주었다. 이런 모든 발상, 심지어 동식물의 진화라는 개념조차도 완전히 새로운 것은 아니었지만, 그럼에도 다윈의 생각은 엄격하게 성서에 입각한 자연관을 가지고 있던 피츠로이의 견해와 충돌을 빚었다. 피츠로이의 관점에 따르면 지구상의 모든 피조물은 만고불변하는 신의 창조물이며 지질학적 지각변동이나 대멸종은 노아의 홍수처럼 필시 성서상의 사건들과 관련되어야 했다.

진화론을 믿는 건 차치하더라도 그것을 증명하는 일, 더 중요하게는 그것을 설명하는 일은 완전히 별개의 문제였다. 다윈은 자연선택 이론을 책으로 출판할 준비를 마치기까지 20년을 더 노작해야 했지만, 결정적인 정보는 비글호가 갈라파고스제도에 머물던 5주 동안에 얻어졌다. 고립된 갈라파고스제도는 열두 개 정도 되는 아주 작은 섬으로 이루어져 있다. 이 섬들을 돌아다니며 다윈은 두 가지 주목할 만한 현상에 골몰했다. 우선, 갈라파고스는 동물상이 매우 고유했는데, 특이한 코끼리거북을 비롯해 바다이구아나와 육지이구아나, 그리고 작은 무척추동물까지 지구상 다른 어떤 곳에서도 발견되지 않은 종들이 살고 있었다. 그중 다수는 유사한 형태를 한 라틴아메리카 대륙의 동물들과 분명 관계가 있었지만, 그럼에도 갈라파고스의 종들은 미세하게, 일부는 확연히 달랐다. 다윈은 이렇게 기록했다. "새로운 조류, 새로운 파충류, 새로운 조가비류, 새로운 곤충류, 새로운 식물에 둘러싸여, 수많은 미세한 구조적 차이를 띠면서 울음소리나 깃털의 색조마저 다른 새들에 둘러싸여, 눈앞에 생생하게 펼쳐진 파타고니아의 (…) 온대 평원이나 칠레 북부의 건조한 사막을 본다는 게 가장 황홀한 일이었다." 더욱 놀라운 것이 있다면 갈라파고스제도의 몇몇 섬에는 불과 수십 킬로미터 떨어진 이웃 섬의 생물종과도 구분되는 고유한 형태의 종이 있었다는 점이다. 이 같은 현상은 심지어 거북 종에서도 나타났으며, 다른 종에서는 훨씬 더 확연하게 나타났다.

이런 흥미로운 특징은 조류—특히 각기 다른 열세 종의 조류로 판명된 새들—의 생김새에서 뚜렷이 나타났다. 다소 평범해 보이는 이 작은 새들은 얼핏 보면 서로 유사하게 보였지만 부리 모양에 뚜렷한 차이가 있었다. 견과류나 씨앗부터 곤충, 과일, 꽃에 이르기까지 다양한 먹이에 맞춰 특화된 모양인 듯했다. 이 차이는 나중에 '다윈의 핀치'라는 별칭으로 유명해졌는데, 젊은 다윈은 당시까지만 해도 그런 변이가 얼마나 중요한 의미를 갖는지 미처 깨닫지 못했다. 당시에는 공식 화가 자리가 공석이었기 때문에 갈라파고스제도의 동물상을 제대로 그려둘 수 없었다. 마침내 갈라파고스제도의 새들을 기록하게 된 예술가는 비글호 항해는 고사하고 어쩌면 그 배를 본 적조차 없었을 존 굴드였다. 그러나 비글호 이야기 전체에 굴드가 기여한 바는 어마어마했다. 다윈과 달리 굴드는 전문적인 조류학자였고, 그래서 갈라파고스 핀치가 의미하는 바를 거의 곧바로 알아차렸다.

비글호가 영국으로 귀항했을 때쯤엔 다윈도 성직자의 삶이 자신과 맞지 않는다는 사실을 이미 깨달은 상태였다. 다행히도 그의 재정 상황은 생계를 위해 일할 필요는 없을 만큼 안정적이었다. 그래서 그는 비글호 항해를 통한 동물 연구 보고서 출판에 뛰어든 한편, 그보다 더 중요하게는, 장기적으로 자신의 진화론적 발상을 발전시켜나가는 데 투신했다. 하지만 직접 모든 동물군을 다룰 수는 없으니 확실히 전문가에게 도움을 요청할 필요가 있었다. 이런 연유로 1837년 1월 다윈은 자신의 포유류 및 조류 컬렉션을 가지고 그 무렵 설립되어 굴드도 공식 조류학자로 있던 런던동물학회Zoological Society of London를 찾아갔다.

1804년 윈저성 정원사의 아들로 태어난 굴드는 정식 교육은 거의 받지 못하고 부친의 뒤를 이어 윈저성에서 수습 정원사로 일을 시작했다. 당시 정원사들이 박제 기술을 갖고 있는 경우가 흔했기에 그도 수습 과정의 일환으로 박제 기술을 접하게 되었고, 그렇게 스무 살에 그는 런던에서 박제를 판매하기 시작했다. 굴드는 윈저에서 쌓은 인맥 덕분에 조지 4세에게 바칠 조류 박제를 제작했으며, 1827년에는 새로 설립된 런던동물학회에서 '학예사 겸 보존처리공' 자리를 얻었다. 6년 뒤 학회 조류과 과장이 되면서 그는 삽화가 풍부하게 들어간 조류도감을 출판해 크게 성공을 거두겠다는 일생일대의 과업에 착수했다. 화가로서의 재능도 뛰어났던 굴드였지만, 그가 출판한 여러 책에 실린 삽화는—직접 그린 그림이 몇 점 있긴 해도—대부분 다른 화가들이 그린 것으로 보인다. 주로 아내 엘리자베스가 그렸지만, 개중에는 오늘날 넌센스 시로 유명한 에드워드 리어의 그림도 있었다. 굴드는 출판업자로서, 또 탁월한 조류학자로서 강점을 보여

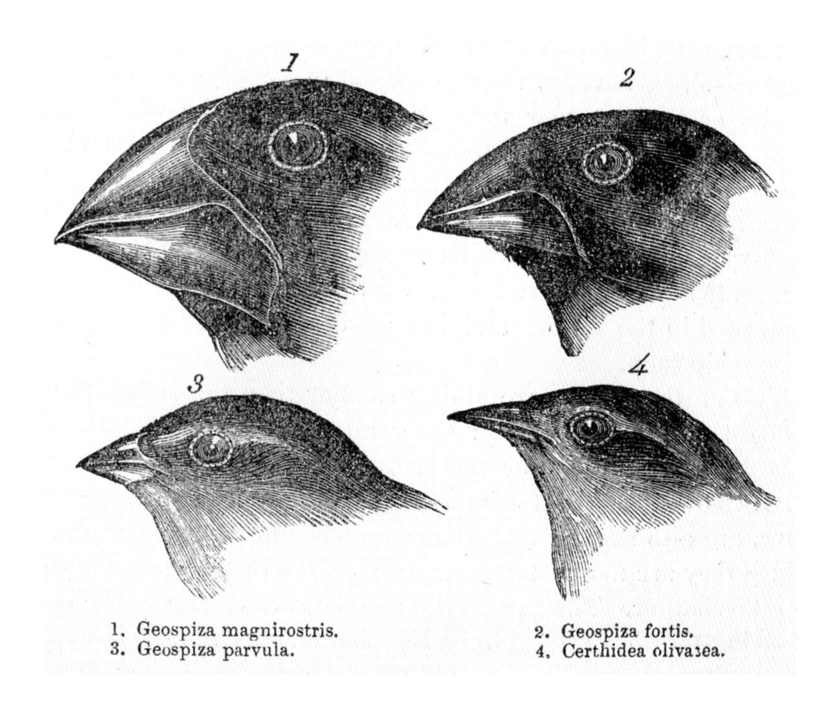

다윈의 조사 일지 속 부리가 각기 다른 형태를 한 네 종의 갈라파고스 핀치(위). 다윈은 신이 각각의 종에 속한 개체 하나하나를 창조했고 이 피조물들은 불변한다는 관점에 의문을 제기했다. 그는 이렇게 기록했다. "모든 종에서 생존할 수 있는 수보다 훨씬 더 많은 개체가 탄생한다. 이에 따라 생존 투쟁이 끊임없이 거듭되는데, 여기서 생존에 조금이라도 이로운 변이를 보이는 개체는 (…) 살아남을 기회가 더 많아지고 그렇게 해서 자연적으로 선택된다. (…) 이 같은 개체 간 이로운 차이와 변이의 보전, 해로운 특성의 파괴를 나는 자연선택 내지 적자생존이라고 칭했다." 다윈의 핀치 표본들은 비글호(다음 쪽)에 실려 다시 런던으로 보내졌다.

주었는데, 후자를 통해 다윈의 진화론에 중대한 기여를 할 수 있었다.

굴드는 다윈의 조류 표본 하나하나를 살펴보며 그의 컬렉션에 포함된 수많은 신종에 이름을 붙이고 기재문을 적었다. 그는 이 모든 표본을 보고 신이 났지만, 갈라파고스에서 온 별다른 특징이 없는 작은 새에 특히 관심을 보였다. 서로 다른 습성을 보였기에 다윈은 이 새들이 굴뚝새속, 핀치[되새과], '밀화부리속', 검은지빠귀류의 동족으로 몇 가지 다른 분류군에 속할 것이라고 추정했다. 하지만 표본을 받은 지 엿새 만에 굴드는 판이한 부리 형태에도 불구하고 사실 그 새들이 하나같이 핀치류라고 단언할

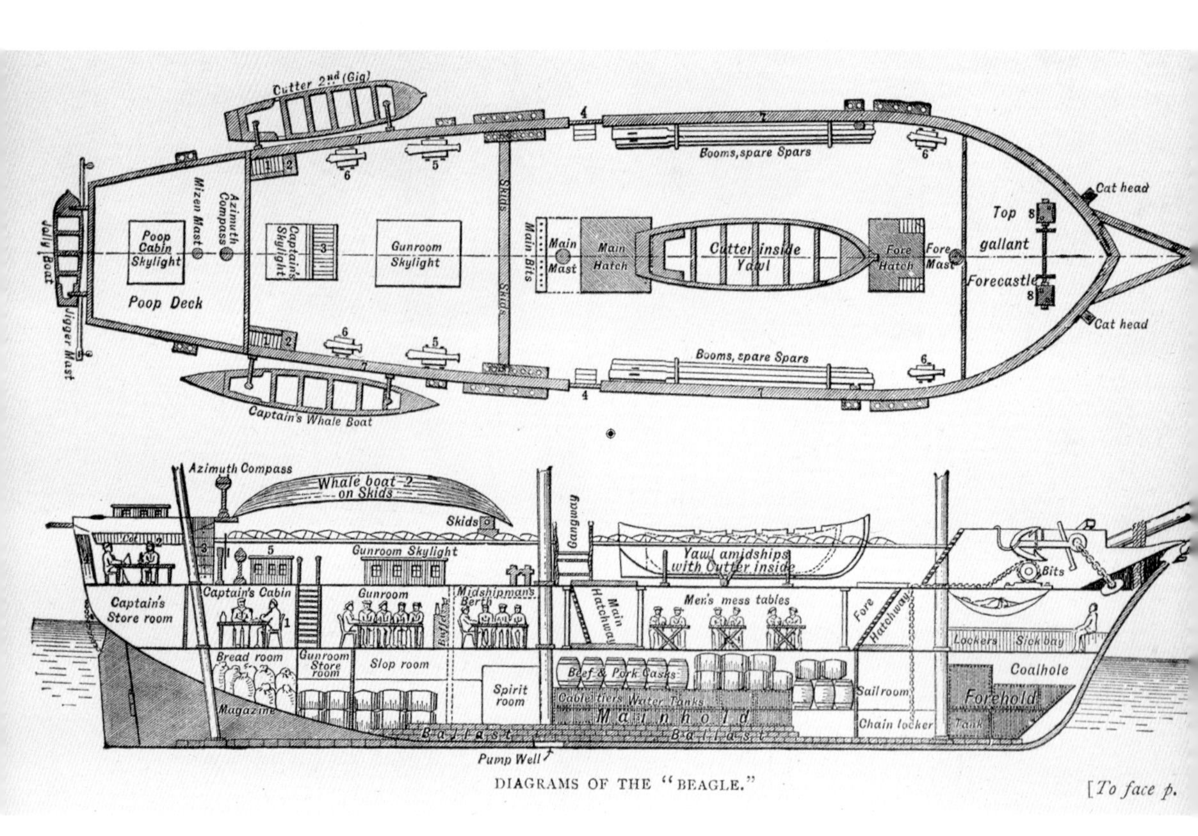

DIAGRAMS OF THE "BEAGLE." [To face p.

수 있었다. 흥미로운 사실이었지만 당시에는 굴드와 다윈을 포함해 누구도 이 발견의 진정한 중요성을 즉시 알아차리지 못했다. 굴드는 갈라파고스의 핀치가 결정적 증거가 된 자연선택 이론을 밝히는 과정에서 그 어떤 공도 주장하지 않았다.

다윈은 점차 비글호 항해에서 채집한 핀치들이 진화에 있어 놀라운 '자연 실험'의 결과를 보여준다는 사실을 깨달았다. 먼 과거의 어느 시점에, 갈라파고스제도 대부분이 새들의 서식지로 부적합했을 때, 아마도 라틴아메리카 대륙에 살던 전형적인 모습의 핀치 몇 마리가 그곳에 어찌저찌 날아들었을 것이다. 특정 먹이를 먹는 다른 작은 새들과 경쟁할 필요가 없어진 이 조상 핀치들은 '작은 새가 살 만한' 모든 장소를 차지하기 위해 진화하고 분화했다. 그리고 그 과정에서 전형적인 핀치 부리와는 다른 여러 형태의 부리가 나타나게 된 것이다. 이것은 보기 드문 현상일진 몰라도, 생물종이 자연선택에 적응했음을 보여주는 완벽한 예시였다. 물론 다윈이 도움을 받지 않고도 결국 이런 결론에 도달했을 거라는 데는 의심의 여지가 없다. 하지만 그 발상이 싹트게 하는 첫 씨앗을 뿌린 건 누가 뭐래도 출판업자이자 조류 연구가인 존 굴드의 작업이었다.

Mammalia Pl. 2.

Phyllostoma Grayi.

*Phyllostoma grayi*라는 이름으로 기록된 이 박쥐는 브라질 바이아블랑카에서 살짝 북쪽에 있는 페르남부쿠에서 다윈이 발견했다. 그는 이렇게 기록했다. "이 박쥐는 페르남부쿠에서 흔한 종인 듯하다. (…) 한낮에 오래된 석회 굴에 들어갔다가 이 박쥐 한 무리를 건드리고 말았다. 빛을 그렇게까지 기피하는 것 같진 않았으며, 서식지도 여느 박쥐들이 모여 자는 곳에 비해 훨씬 덜 어두웠다." 이 독특한 박쥐는 머리부터 몸통까지 겨우 5센티미터 정도 크기였지만, 날개를 펼치면 그 길이가 25센티미터에 달했다.

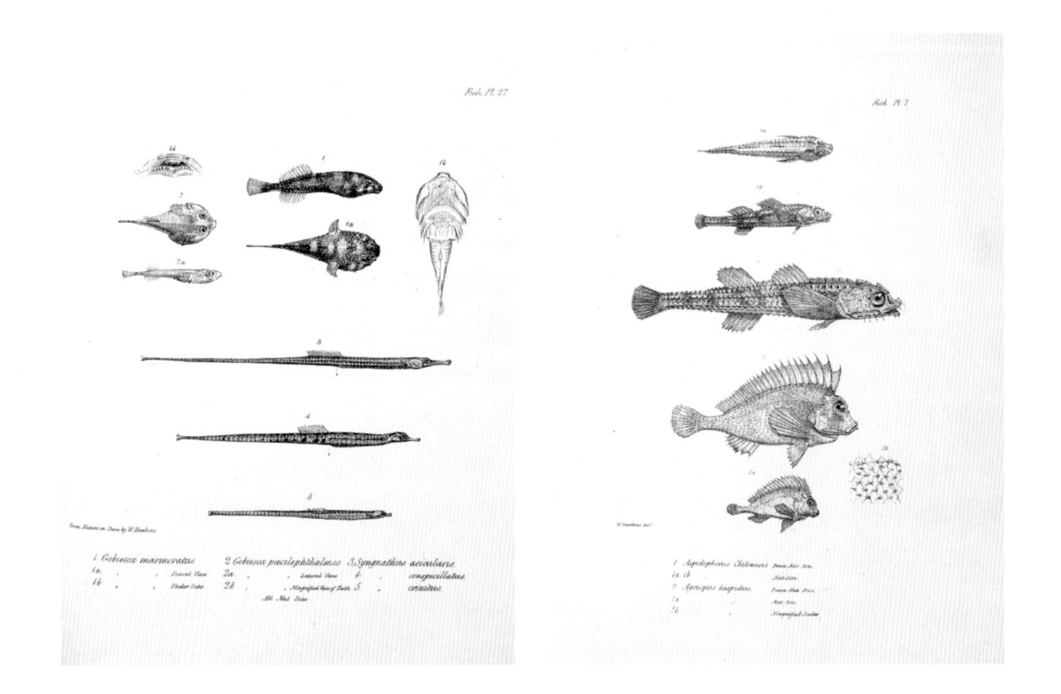

위 왼쪽 그림은 라틴아메리카와 타히티섬 근해에 서식하는 어류를 그린 것이다. 다윈이 라틴아메리카 서쪽 앞바다 칠로에제도에서 발견한 *Gobiesox marmoratus*(1, 1a, 1b), 갈라파고스제도 채텀섬(산크리스토발섬)에서 발견한 *Gobiesox poecilophthalmus*(2, 2a, 2b), 발파라이소에서 발견한 *Leptonotus blainvilleanus*(3), 타히티섬에서 발견한 *Halicaimpus crinitus*(4), 그리고 바이아 블랑카에서 발견한 *Corythoictithys flavofasciatus*(5)가 그려져 있다. 그 옆의 그림에는 칠로에제도에서 발견된 소형 어종 *Agonopsis chiloensis*(1, 1a, 1b)와 *Agriopus hispidus*(2, 2a, 2b)가 있다. 오른편 그림에서 보듯 다윈은 파타고니아에서 발견된 *Pleuroderma bufonina*(1, 1a)를 포함해 여러 종의 라틴아메리카 개구리를 채집했는데, 그의 기록에 따르면 "이 개구리는 음용할 수 없을 정도로 짠 물에서 알을 낳고 서식한다".

Drawn from Nature on Stone by B. Waterhouse Hawkins. C. Hullmandel Imp.

1. 1 a. *Leiuperus salarius.*
2. 2 a. 2 b. 2 c. *Pyxicephalus Americanus.*
3. 3 a. 3 b. *Alsodes monticola.*
4. 4 a. *Litoria glandulosa.*
5. 5 a. 5 b. *Batrachyla leptopus.*

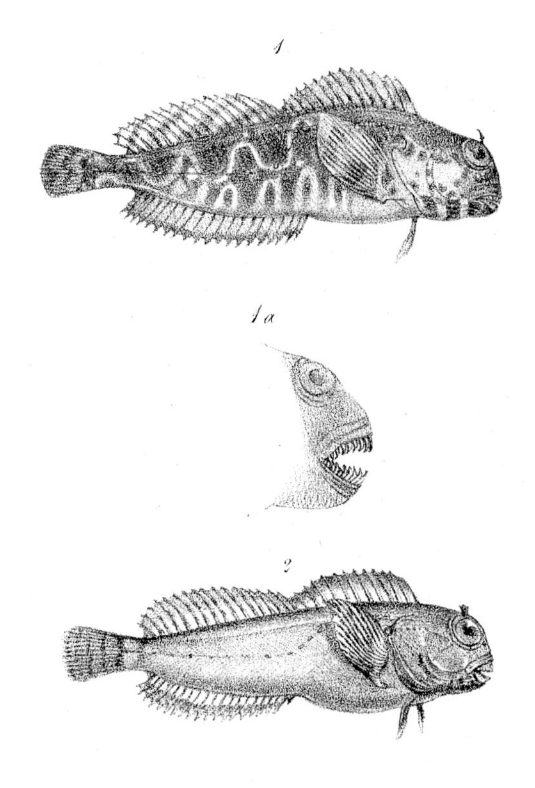

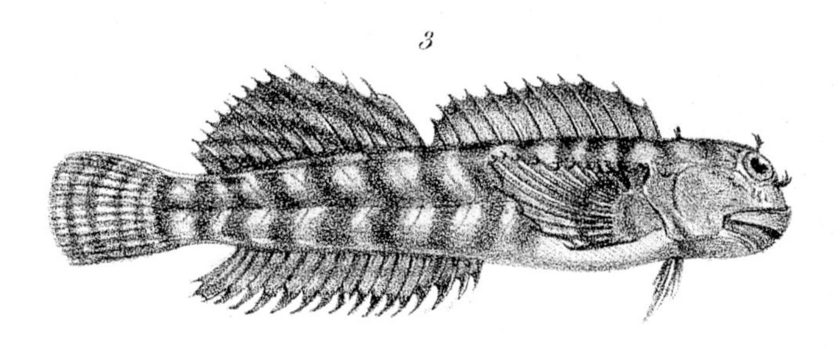

Waterhouse Hawkins del.

1. *Blennechis fasciatus.* Nat. Size.
1 a. " " Teeth magnified.
2. *Blennechis ornatus.* Nat. Size.
3. *Salarias Vomerinus.* Nat. Size.

왼편 그림은 일찍이 케이프베르데[카보베르데]에 있는 포르투프라야[프라이아] 탐험 중에 채집된 *Ophioblennius atlanticus*(3)를 포함한 세 어종이다. 다윈의 기록에 따르면, 이 어종은 아래턱에 두 개의 길고 날카로운 송곳니가 있어 물리면 끔찍한 상처를 입을 수 있는데, 실제로 비글호 장교 중 한 명이 손가락을 심하게 물려 큰 부상을 입기도 했다. 위 그림은 오늘날 *Melanophryniscus stetcheri*라고 불리는 그림 중앙의 *Phryniscus nigricans*를 비롯해 라틴아메리카에서 채집된 개구리와 두꺼비다. *Melanophryniscus stetcheri*는 물을 매우 싫어했다. 이 두꺼비는 말도나도의 해안가 모래언덕에서 발견되었는데, 다윈은 그중 한 마리를 민물 웅덩이에 넣었다가 헤엄을 못 쳐서 다시 건져주어야 했다. 한편 이전까지는 아메리카 대륙 동쪽 해안이나 동인도에서만 발견되던 쏨뱅이류인 *Scorpaena histrio*가 이곳에서도 발견되어 그 속의 분포 범위가 훨씬 더 넓다는 사실이 밝혀지기도 했다(다음 쪽).

Scorpa

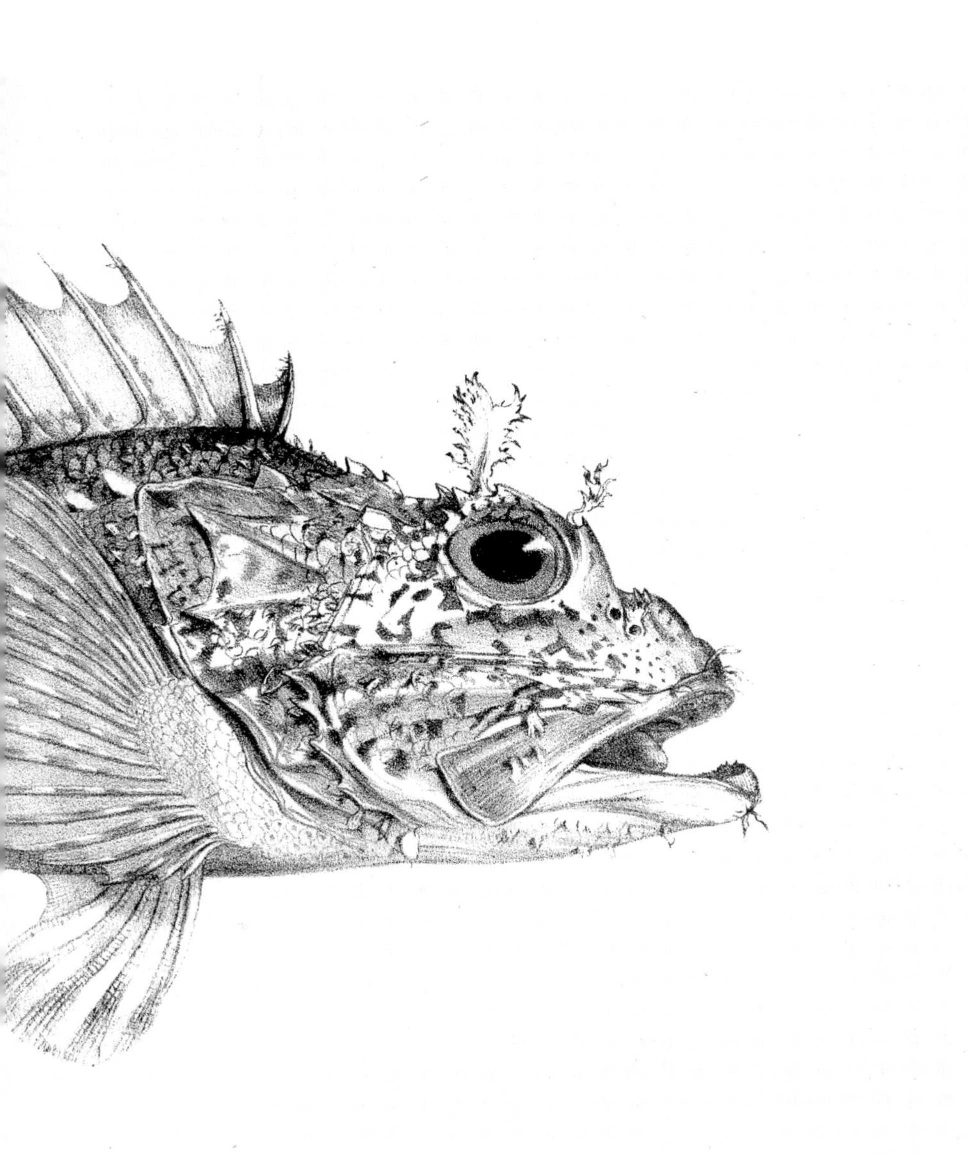
Nat. Size.

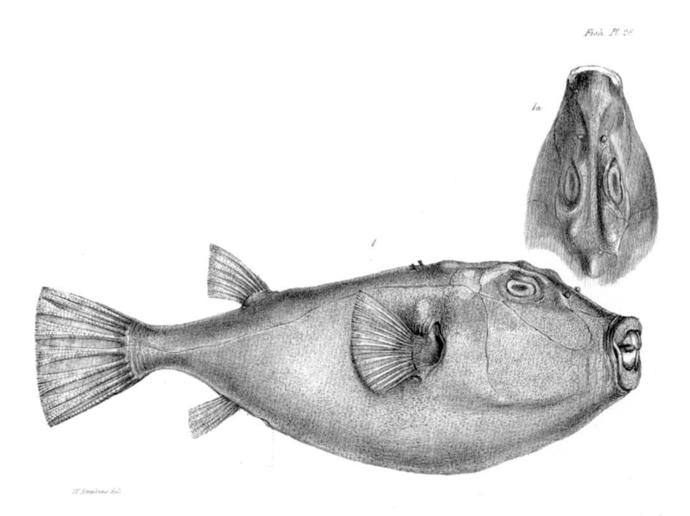

1 Tetrodon angusticeps
1 a. ——— Dorsal View
Nat Size

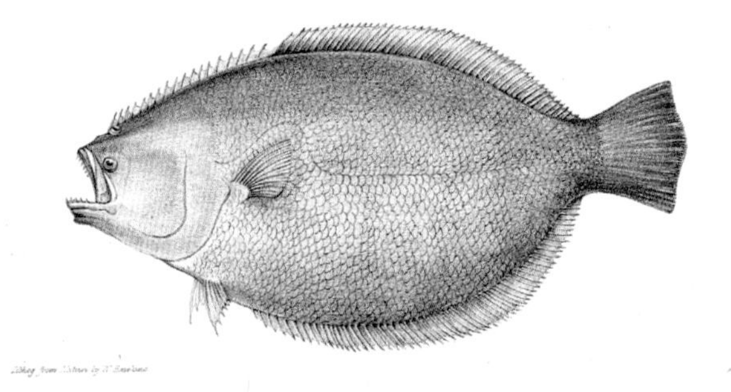

Hippoglossus Kingii.

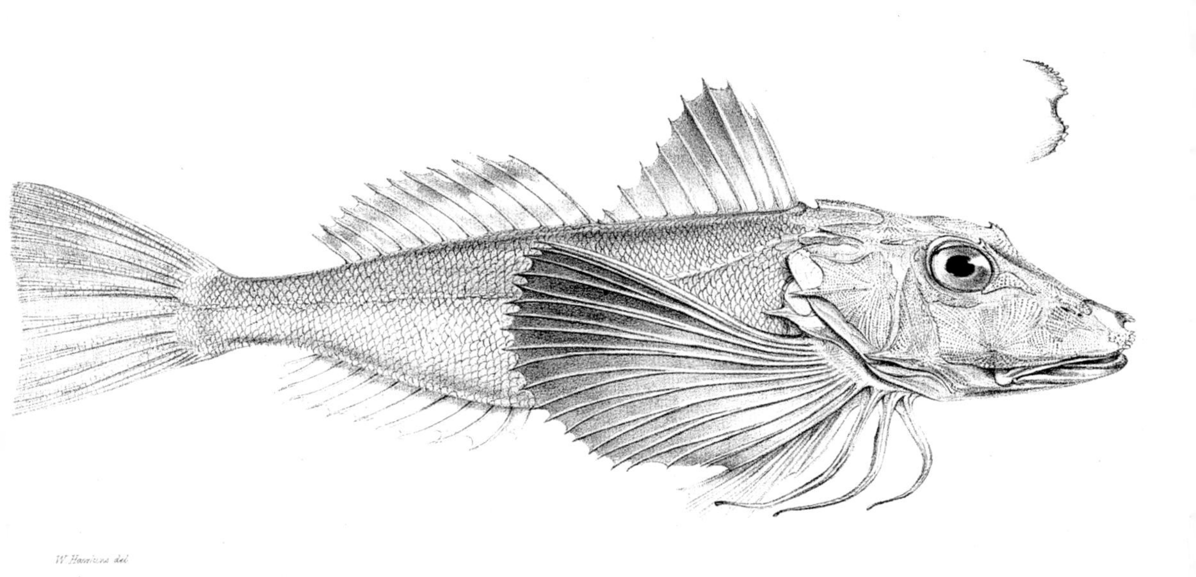

왼편 위 그림은 갈라파고스제도 인근 바다에서 잡힌 *Sphoeroides angusticeps*다. 다윈은 이 어종이 “몸을 부풀릴 수 있다”고 기록했는데, 다시 말해 위협을 받으면 공기나 물을 들이마셔 몸을 빵빵하게 부풀리고 가시를 세우는 복어였던 것이다. 그 아래 그림은 두 눈이 모두 대가리 왼편에 달린 독특한 생김새의 넙치류 *Hippoglossus kingii*로, 피츠로이에게 이 그림을 그려준 비글호 장교 필립 킹의 이름을 따 이런 이름이 붙었다. 한편 갈라파고스제도에서 위 그림 속 *Prionotus miles*를 발견한 것은 놀라운 일이었다. 이 속은 대서양에서만 서식한다고 알려져 있었기 때문이다.

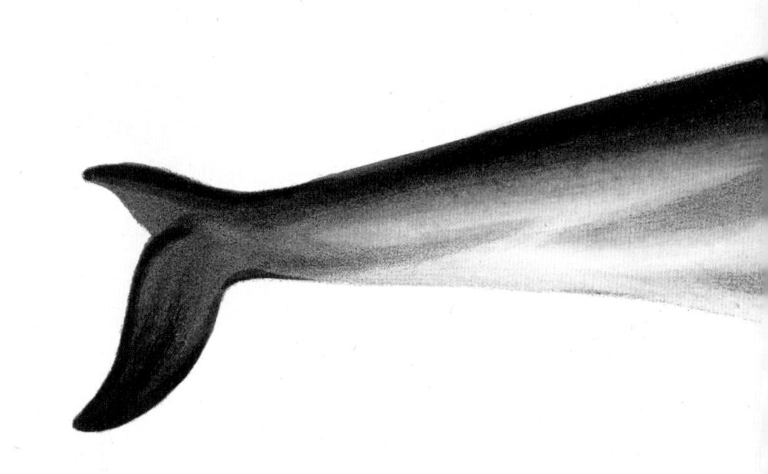

파타고니아 앞바다에서 발견된 이 돌고래는 다윈이 피츠로이를 기리며 *Delphinus fitzroyi*라고 명명했다. 피츠로이는 나중에 이에 화답하여 티에라델푸에고에 있는 산에 다윈의 이름을 붙였다(안데스산맥의 다윈산으로, 피츠로이가 다윈의 스물다섯 번째 생일을 기념해 붙인 이름이다).

Mammalia. Pl. 10.

hinus Fitz-Royi.

서로 완전히 다른 지역에 서식하는 도마뱀 두 종. *Homonota darwinii*(위)는 파타고니아 푸에르토데세아도에서 발견되었으며, 다윈의 기록에 따르면 이 도마뱀붙이는 "돌 밑에 바글바글하게 모여 있다"고 한다. 다윈은 녀석들이 잡혔을 때 끽끽거리는 소리를 낸다는 사실을 발견했는데, 그건 곧 이 종이 사실 도마뱀 소리를 흉내 내는 도마뱀붙이라는 의미였다. 보통 갈색을 띠지만 가끔 진녹색이 섞여 있기도 하며 죽은 뒤에는 색이 바랜다. 다윈에 따르면 "양철통 속에 며칠 넣어두었더니 몸이 온통 회색으로 바뀌고 얼룩무늬는 사라졌다"고 한다. 오른편의 좀더 큰 도마뱀은 *Naultinus elegans*로 처음엔 *Naultinus grayii*라고 불렸다. '고운 초록색'을 띠는 이 종은 뉴질랜드 아일랜드만에서 채집되었는데, 나무에서 서식했으며 웃음소리와 비슷한 소리를 냈다고 한다.

1. *Gymnodactylus Gaudichaudii.*
2. *Naultinus Grayii.*

Craxirex Galapagoensis.

다윈이 쓴 『비글호 항해의 동물학*The Zoology of the voyage of H. M. S. Beagle*』에 실린 존 굴드와 엘리자베스 굴드의 새 그림. 왼편 그림 속 전면에 보이는 *Craxirex galapagoensis*라고 하는 매는 갈라파고스제도에서 발견되었으며, 올빼미의 일종인 위 왼쪽 *Otus galapagoensis*를 비롯한 갈라파고스제도의 다른 새들처럼 이 새도 온순했다. 파타고니아에 있는 동안 다윈은 박물학자들이 표본을 구하지 못했던, 스페인어로 '아베스트루스 페티세Avestruz petise'라고 불리는 위 오른쪽 타조를 꼭 보고 싶어했다. 어느 날 선원 한 명이 타조를 총으로 잡아 요리해 식탁에 올렸는데, 그것을 본 다윈은 그토록 찾던 새가 눈앞의 접시에 올랐다는 사실을 깨달았다. "잡혀 온 타조를 보긴 했지만, 온전한 모습을 보고도 그저 노상 보던 흔한 종이 3분의 2 정도 자란 모습이라고만 여겼다는 게 가장 개탄스러운 점이다. 그 새가 어떤 새인지 생각해내기도 전에 선원이 껍질을 벗겨 요리해버리고 말았다. 하지만 머리, 목, 다리, 날개, 커다란 깃털들과 표피의 상당 부분은 보존되어 있었다. 그래서 그것들을 모아 거의 완벽한 표본을 제작했고, 이는 런던동물학회 박물관에 전시되어 있다." 이 타조는 *Rhea darwinii*라고 명명되었다.

Birds Pl. 38.

Geospiza fortis.

갈라파고스의 핀치들. 오른편 핀치는 선인장을 먹고 사는 데 적합한 부리를 가진 *Cactornis assimilis*(그림 속 선인장은 파타고니아산이긴 하다)이고, 위의 핀치는 찰스섬과 채텀섬(산타마리아섬과 산크리스토발섬)에 사는 *Geospiza fortis*다. 처음에 다윈은 핀치들의 각기 다른 부리 모양 때문에 이 새들을 별개의 아과亞科로 분류했다. '밀화부리'라고 분류한 새도 있었고 '되새속' 내지 '되새과'로 분류한 새도 있었는가 하면, 선인장을 먹고 사는 핀치는 대륙검은지빠귀와 오리올이 속한 '찌르레기사촌속'으로 분류하기도 했다. 다윈이 런던으로 돌아온 후 조류학자이자 출판업자인 존 굴드는 그가 가져온 모든 새 표본을 분류하는 작업을 했는데, 그중에는 갈라파고스 핀치도 있었다. 다윈은 그 새들을 완전히 새로운 조류군이라고 했지만, 굴드는 그 하나하나를 서로 다른 핀치류로 분류했다.

Cactornis assimilis.

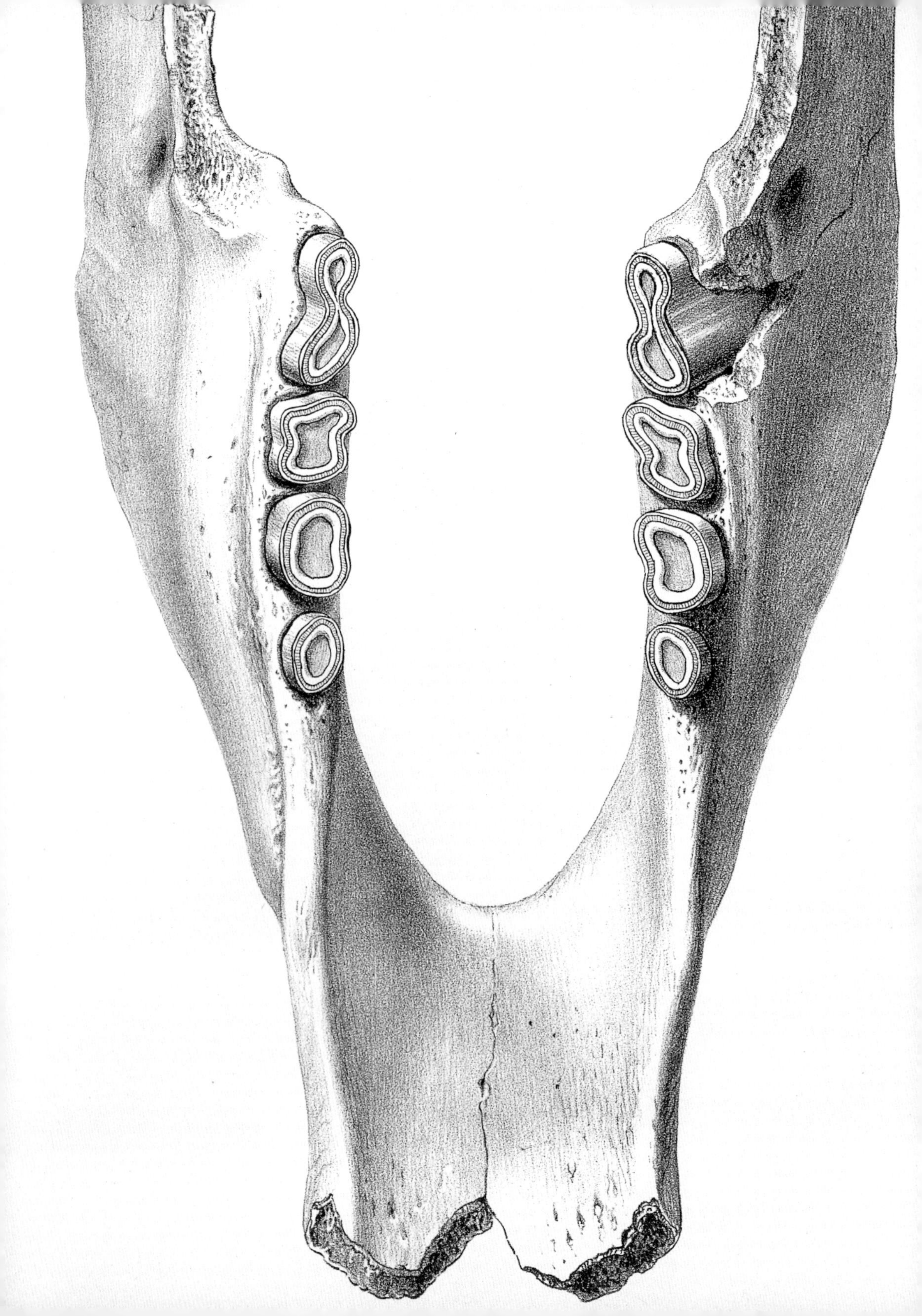

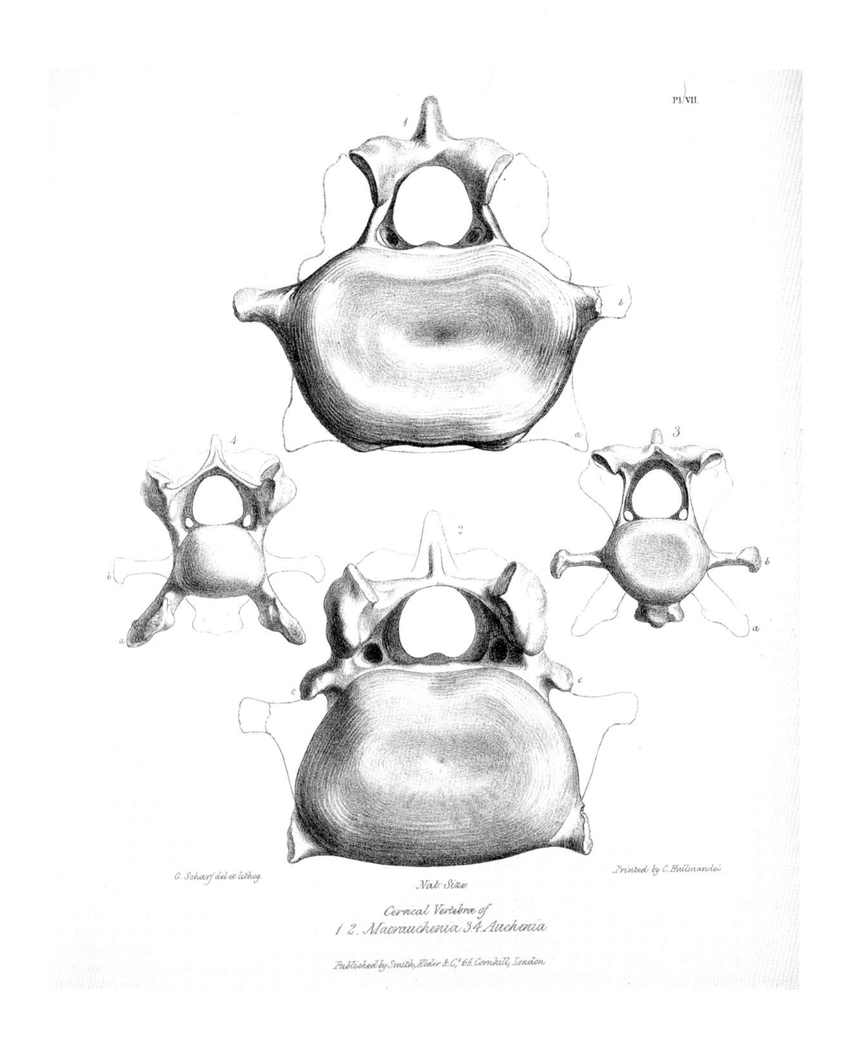

1832년 9월 비글호가 바이아블랑카에 닻을 내렸을 때, 다윈은 푼타알타의 퇴적암에서 동물 뼈 화석을 발견했다. 화석을 파내기 시작한 그는 수시로 밤까지 새워가며 작업한 끝에 *Mylodon darwinii*의 턱뼈(왼편)를 포함해 불완전한 대형 동물 뼈 세 점을 발굴했다. 뼈들을 발견한 다윈은 혼란에 빠졌다. 그것들은 분명 멸종한 동물의 뼈였지만, 현존하는 좀더 작은 동물의 뼈와 유사했기 때문이다. 과거 종과 현재 종 사이의 이런 연관성은 다윈이 진화론을 떠올리게 한 또 다른 연결고리가 되었다. 파타고니아 푸에르토산훌리안에서 다윈은 대략 낙타 크기에 생김새는 라마와 유사한 또 다른 포유류 *Macrauchenia patachonica*의 뼈 화석을 발견했다. 위 그림 속 큰 뼈들은 이 동물의 경추뼈다.

아마조니아와 그 주변

1848~1862

AMAZONIA AND BEYOND

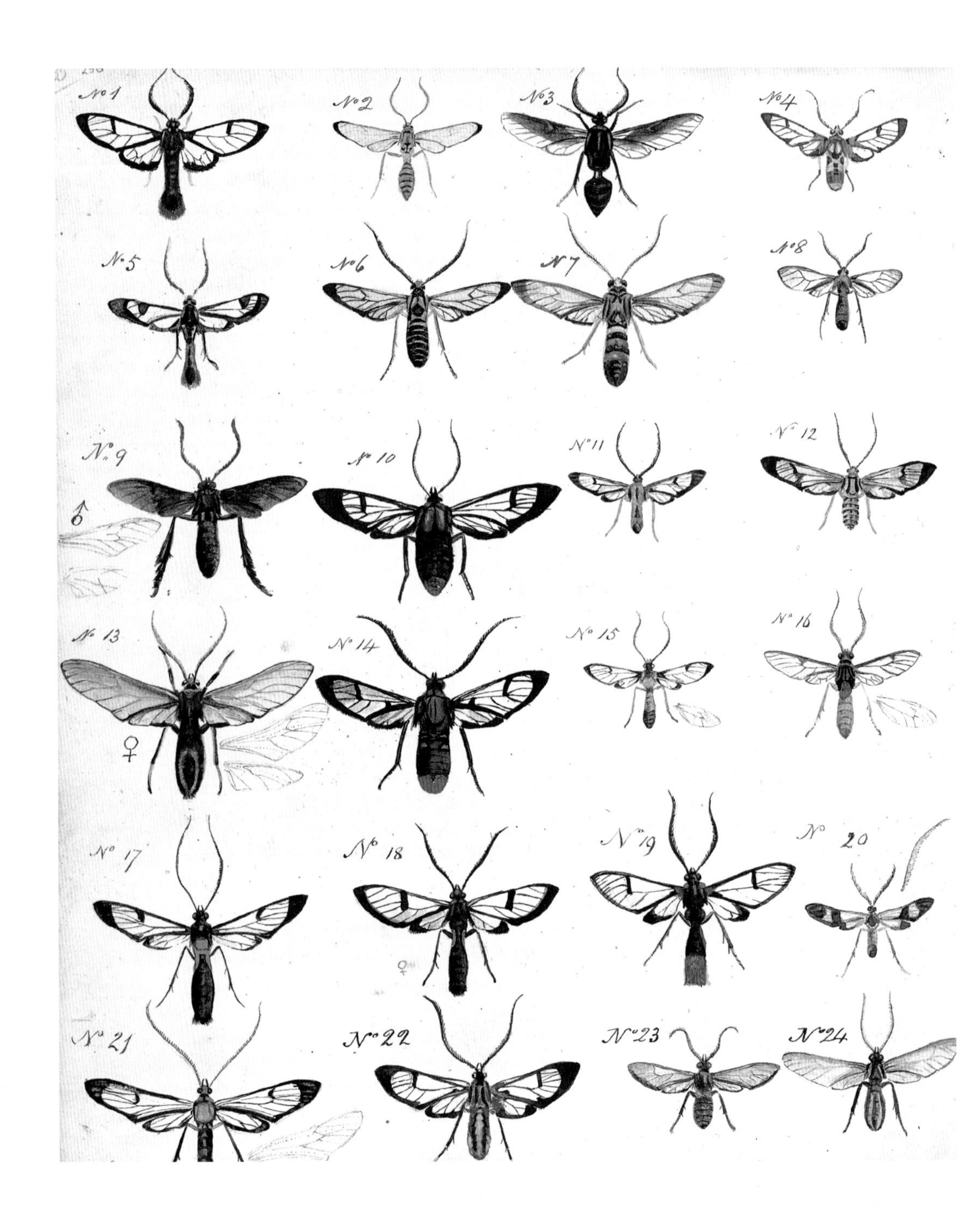

N°1
N°2
N°3
N°4
N°5
N°6
N°7
N°8
N°9
♂
N° 10
N°11
N° 12
N° 13
♀
N° 14
N° 15
N° 16
N° 17
N° 18
♀
N° 19
N° 20
N° 21
N° 22
N° 23
N° 24

1858년 봄, 지금은 인도네시아 영토인 말루쿠제도에 있는 작은 트르나테 섬. 야자 잎으로 지붕을 인 초가집 간이침대에 서른넷의 웨일스인이 누워 있었다. 그는 말라리아열로 인한 발작으로 오한과 발한에 번갈아 시달리는 중이었다. 사경을 헤매는 와중에도 앨프리드 러셀 월리스는 지난 10년에 걸쳐 인도양과 태평양 사이에 있는 이 섬에서, 그리고 그에 앞서 머물렀던 아마존 우림에서 마주친 어마어마하게 다양한 동물에 대해 생각했다. 도대체 어떻게 그 많은 종이 주변 환경에 그토록 훌륭하게 적응하며 지금까지 존재하게 된 걸까? 두 차례의 가장 심한 열 발작 사이에 그는 마침내 자기 생각을 정리한 4000단어짜리 논고를 휘갈겨 적은 다음, 이 글이 학술지에 실릴 만한 가치가 있다고 보는지 묻는 편지를 동봉해 영국에 있는 동료 찰스 다윈에게 보냈다.

석 달 뒤 편지와 글을 받은 다윈은 놀라서 할 말을 잃었다. 비글호

헨리 월터 베이츠가 아마조니아(라틴아메리카 대륙에서 열대우림에 뒤덮인 아마존강 유역의 브라질 페루 콜롬비아 베네수엘라 에콰도르 볼리비아 등지에 걸친 지역) 곤충에 대해 쓴 두 권의 노트에는 수백 점의 세밀화가 담겨 있다. 그는 정글을 탐험하는 동안 아마존강을 따라 자리 잡았던 몇몇 베이스캠프에서 이 그림을 그렸다.

WALLACE,
A.R.I. Amboyna Sept. 30th. 1859.

My dear Mr. Gould

I hasten to reply to yours of June 25th. by return of post as requested, & it is pleasing to me to find that my collections excite so much interest. The following is an extract from my notebook: "It frequents the lower trees of the virgin forest, & is in almost constant motion. It flies from branch to branch, clings to the twigs, & even to the vertical smooth trunks almost as easily as a woodpecker. It continually utters a harsh creaking cry, something between that of Paradisea apoda & the more musical note of P. regia. The males at short intervals open & flutter their wings, erect the long shoulder feathers & expand the elegant shields on each side of the breast. Like the other Birds of Paradise the females & young males far outnumber the fully plumaged birds which makes it probable that it is only in the 2nd. or 3rd. year that the extraordinary

Semioptera Wallacei. G.R. Gray.

앨프리드 러셀 월리스가 1859년 암보이나섬(암본섬의 옛 이름)에서 조류학자 존 굴드에게 보낸 편지. 두 사람은 극락조의 매력에 대해 이야기를 나누었다. 존 굴드가 1875년 첫 권을 집필하기 시작한 『뉴기니의 조류*Birds of New Guinea*』라는 책에는 월리스의 표본을 바탕으로 제작된 판화 몇 점이 실려 있다. 그 판화들은 굴드의 작품 중 가장 화려하고 다채로운 그림들로, 세상에서 가장 위대한 동물 수집가 중 한 명인 월리스의 영향력을 입증하기에 손색없는 작품이었다.

항해 이후 20년 넘게 매진해온 진화에 대한 개념, 즉 자연선택의 주요 원리를 월리스가 여기, 이 짧은 원고에 전부 요약해놓았던 것이다. 만약 월리스의 원고가 단독으로 발표됐더라면, 그는 막판 접전 끝에 패배하게 될 것이었다. 이에 다윈의 동료였던 지질학자 찰스 라이엘과 식물학자 조지프 후커가 해결책을 제시했고, 그 결과 1858년 7월 1일 월리스의 논문은 다윈의 연구를 요약한 보고서와 함께 런던 린네학회Linnean Society에 투고되었다. 월리스나 다윈이나 학회에 참석하지는 못했는데, 월리스는 뉴기니에 있었고 다윈은 학회가 열리기 직전 성홍열로 자식을 떠나보냈기 때문이다. 연구 결과를 함께 제출한다는 그 해결책은 언뜻 양측에 공평해 보였다. 하지만 요약본을 제출한 직후, 다윈은 자신의 이론을 책으로 출판할 준비를 하는 데 열정적으로 매달렸다. 그 결과가 1859년 처음 세상에 나온 이래 13년간 여섯 번의 개정판을 펴낸 『종의 기원』이었다. 초반까지는 월리스의 선도적 업적도 치하되었지만, 진화론에 대한 공로는 점차 다윈에게 집중되었고, 결국 월리스의 기여는 거의 잊히고 말았다. 하지만 놀랍게도 월리스는 이를 분하게 여기지 않았고, 만년에는 그 자신도 '다윈설'이라고 부른 이론의 창시자 중 한 명으로 기억되기보다는 놀라운 여행기의 내용이나 동물 수집가로서의 능력, 그리고 오늘날 생물지리학이라 불리는 동물 분포를 연구하는 학문의 창시자로 기억되는 것에 만족하는 듯했다.

앨프리드 월리스는 1823년 웨일스 남부 어스크에서 책을 좋아하지만 사업에는 소질이 없는 부친의 일곱째 자식으로 태어났고, 그의 가족은 1828년 허트퍼드로 이사했다. 그는 열네 살에 학교를 그만두고 측량사인 형 윌리엄, 건축업을 하는 형 존과 함께 일하다가 1844년 레스터 컬리지어트스쿨에서 학생들을 가르치게 되었다. 전부터 식물학에 관심이 많았던 월리스는 이곳에서 헨리 월터 베이츠라는 그 지역 친구를 알게 되었는데, 그도 자연사에 푹 빠져 있었고 그중에서도 특히 곤충학에 심취해 있었다. 서로의 열정을 더욱 타오르게 했던 두 젊은이는 자신들의 취미에 평생을 바치기로 했고, 가능하면 그 일로 생계도 꾸려나가고 싶었다.

두 사람은 (다윈과 달리) 일하지 않고 경제적으로 자립할 수 있을 만큼 부유하지 못했다. 그리고 그 분야에서 월리스와 베이츠가 돈을 벌 수 있는 유일한 방법은 수집가가 되어 19세기 중반 전 세계 미지의 장소에서 온 새롭고 이국적인 종을 수집하려는 개인과 공공기관의 끝없는 욕구를 채워주는 것이었다. 그런데 1846년 형 윌리엄이 사망하자 월리스는 형의 측량 사업을 건사하기 위해 웨일스로 돌아가야 했고, 둘은 몇 년간 서로 떨어져 지내게 되었다. 철도망이 빠르게 확장되면서 측량 사업이 일시적으로 매우 큰 이윤을 낸 덕분에 월리스는 자금을 넉넉히 모을 수 있었고 라틴아메리카 아마존강 주변에서 수집 활동을 하려는 두 사람의 웅대한 계획에 돈을 댈 수 있게 되었다.

대영박물관 관계 부서에서 그들이 수집하는 모든 표본을 바로 사들일 수 있다는 확약을 받은 후, 월리스와 베이츠는 1848년 4월 리버풀을 떠나 아마존 입구와 가까운 파라(지금의 벨렘)로 향했다. 토캉칭스강을 따라 160킬로미터를 여행한 것 외에, 두 사람은 지역 풍습을 익히고 동물 수집가로서 평생 해야 할 일들을 배우며 파라에서의 첫해를 보냈다. 숲속과 강 유역의 동물들, 특히 곤충들은 놀랍도록 다양했다. 채집을 시작한 지 두 달 만에, 월리스는 런던에 있는 중개상인 새뮤얼 스티븐스에게 벌써 "553종의 나비목 (…) 450종의 딱정벌레목, 그리고 400종의 다른 목 곤충"을 채집했다고 보고했다.

토캉칭스강을 따라 함께 탐사한 이후부터 월리스와 베이츠는 대체로 따로 다녔는데, 아마도 더 많은 지역을 살펴보려고 그랬던 듯하다. 4년 동안 라틴아메리카에 머물던 월리스는 1849년부터 함께 탐험하던 동생 허버트가 사망하자 이를 계기로 1852년 영국으로 돌아갔다. 허버트는 아마존강을 따라 마나우스까지 거슬러 올라가는 앨프리드 월리스의 첫 정식 탐사에 함께했지만, 1851년 황열병으로 파라에서 사망했다. 앨프리드는 아마존강 상류에서 여행을 이어가며 네그로강과 바우페스강 탐사에 집중했다. 식물과 동물, 그중에서도 새와 곤충을 부지런히 채집한 앨프리드는 채집물 일부를 스티븐스에게 보내고 그것을 판매한 돈으로 다음 여정을 이어갔다. 그는 파울리니아 핀나타*Paullinia pinnata*와 룽코카르르

푸스 니코우*Lonchocarpus nicou*라는 식물에서 추출한 '팀보timbo'라는 독을 사용해 강에서 어류를 채집했다. 그리고 수백 종의 어류를 그림으로 기록하고 기재문을 썼고, 그렇게 인상적인 컬렉션을 모아갔다. 애통하게도, 그 표본들은 돌아오는 길에 배에 불이 나면서 모조리 불에 타버리고 말았다. 다행히 그는 불타는 선실에서 양철 상자 하나를 가까스로 건졌는데, 그 안에는 네그로강과 바우페스강에서 채집한 어류에 대한 메모와 그림이 담겨 있었다. 그리고 두 강의 측량 기록과 함께 야자나무와 그가 탐험했던 지역의 스케치도 들어 있었다. 생존자들은 난파선을 타고 열흘간 표류하다가 구조되어 영국으로 돌아갔다.

그가 직접 밝힌 바에 따르면, 켄트주 딜에 도착한 월리스에게는 "5파운드와 얇은 옥양목 양복 한 벌"만 달랑 있었다. 라틴아메리카에서 사용한 비용은 스티븐스에게 표본을 보내 판 돈으로 충당했고, 이때 팔린 표본 대부분은 나중에 런던 자연사박물관으로 가게 된다. 하지만 화재로 사라진 표본들까지 팔 수 있었더라면 500파운드는 더 벌었을 것이다. 불행 중 다행으로, 스티븐스가 그 표본들에 150파운드짜리 보험을 들어놓았던 덕분에 조금이나마 보상을 받을 수 있었다. 하지만 더 큰 문제는, 월리스가 그 기록과 표본으로 자기 이름을 알릴 주저主著를 출판할 계획이었다는 점이다. 이 일이 수포로 돌아가고 아마존강 유역에서의 경험을 담은 책이 수익 면에서 그다지 성공을 거두지 못하자, 일찍이 계획해두었던 다음 채집 여행은 두 배로 중요해졌다.

월리스는 두 번째 탐험지로 말레이제도를 택했다. 그러는 동안 그의 동료 베이츠는 라틴아메리카에 총 11년을 머물면서 더욱 다양하고 때로는 위험하기도 한 채집 여행을 이어나갔다. 아마존강 하류의 산타렝, 상류의 에가와 상파울루드올리벤사, 술리몽스강 등 베이스캠프도 여러 차례

월리스의 노트에는 말레이제도 주변 각지를 다니며 관찰한 곤충과 조류에 대한 자세한 기록과 그림이 담겨 있었다.

옮겼다. 아직 서른넷밖에 안 되었던 베이츠는 1859년 영국으로 돌아갔을 때 자기 추산으로 포유류 파충류 조류 어류 연체동물 약 712종과 곤충류 1만4000여 종을 채집한 상태였으며, 그중 못해도 8000종이 세상에 처음 알려지는 종이었다.

월리스의 아마존 보고서와 달리 라틴아메리카에서 보낸 시간을 탁월한 필치로 써 내려간 1863년 출간작 『아마존강의 박물학자*The Naturalist on the River Amazons*』는 과학적 서사와 탐사에 있어서 지형, 기후, 동물상과 식물상뿐 아니라 원주민의 생활상과 관습까지 아우른 명저로 인정받았다. 베이츠는 꼼꼼한 기록과 함께 그가 영국에 있는 과학계 동료들에게 회신한 수많은 서신을 일부 발췌해 학술지에 실었다. 그는 왕립지리학회Royal Geographical Society에서 간사로 일한 27년 동안 여러 편의 중요한 논문을 발표하기도 했다.

하지만 그가 동물학 분야에서 위신을 얻게 된 건 오늘날 '베이츠 의태擬態, Batesian mimicry'라고 부르는 현상을 발견한 덕이 컸다. 베이츠와 많은 다윈 신봉자는 이 현상이 자연선택 개념을 뒷받침한다고 보았다. 이것은 포식 조류가 좋아하는 나비종과 싫어하거나 심지어 먹으면 해가 되는 나비종이 색뿐 아니라 형태까지도 매우 유사해지는 현상을 가리킨다. 포식 동물에게 기호성 높은 먹잇감이 되는 무해한 종들은, 유해한 종을 흉내냄으로써 스스로를 보호한다. 진화론자들은 이것이 자연선택의 영향력을 보여주는 훌륭한 예라고 생각했다.

같은 시간, 월리스는 자신만의 방식으로 동물학 발달에 기여하고 있었다. 16세기부터 유럽인들이 말레이반도와 오스트레일리아 사이에 있는 수많은 섬을 여러 차례 다녀갔지만, 자바섬을 제외하면 박물학자들에 의해 제대로 조사된 섬은 거의 없었다. 그곳에는 처참하기 짝이 없었던 아마존 모험을 보상받을 수 있을 만큼 새롭고 흥미로운 종이 수없이 존재할 게 분명했다. 1854년 3월 희망에 부풀어 영국을 떠난 월리스는 4월 20일 싱가포르에 도착했다. 그는 우선 말레이반도에서 싱가포르와 말라카(지금의 믈라카) 주변을 탐색하며 6개월을 보낸 다음 8년에 걸쳐 이어질 말레이 제도 탐사에 착수했다. 이 기간에 월리스는 약 2만2400킬로미터를 여행했으며 베이스캠프를 아흔 번 넘게 옮겼다. 그는 역내의 거의 모든 군도를 탐험했는데, 동쪽으로는 아루제도와 뉴기니섬까지 다녀왔다. 그리고 아마존 탐험 때처럼 채집물을 주기적으로 스티븐스에게 보냈다. 처음으로 보낸 것은 적어도 40종의 신종이 포함된 말라카 지역 곤충 표본 1000여 점이었다. 하지만 1862년 4월 1일 월리스가 영국으로 귀국할 무렵에 이르자 그 정도 숫자는 아무것도 아니었다. 그는 총 12만5000점에 달하는 어마어마한 양의 표본을 채집했으며, 그중 대부분이 딱정벌레였지만 무척추동물, 조류, 포유류, 양서류, 파충류, 어류도 다수 포함되어 있었다. 월리스가 채집한 생물들은 지금까지도 가장 의미 있는 컬렉션 중 하나로 인정받고 있으며, 그가 직접 쓴 저서들뿐 아니라 다른 수많은 과학 서적의 토대가 되기도 했다.

1869년 여행기 『말레이제도*The Malay Archipelago*』를 출판하기 전에도 그는 이미 말레이제도의 자료를 바탕으로 열여덟 편의 논문을 발표했고, 다른 박물학자들이 그의 자료로 2000종에 가까운 신종 딱정벌레와 수백 종의 신종 나비에 대한 기재문도 작성한 상태였다. 아마존 탐험기와 달리, 『말레이제도』는 호평을 받았다. 이는 부분적으로 컬렉션이 이미 그 중요성을 인정받았고 월리스가 다윈의 이론과 관련이 있었기 때문이기도 했지만, 책이 잘 쓰인 데다 사람들이 말레이제도에 관심이 있었기 때문이기도 했다.

순전히 과학적인 면에서 봤을 때, 자연선택에 대한 생각을 차치하고라도 월리스의 저작이 갖는 주된 의의는 의심의 여지 없이 그의 생물지리학적 관찰에서 비롯되었다고 할 수 있었다. 월리스는 말레이제도가 서쪽으로는 인도-말레이, 그리고 동쪽으로는 오스트레일리아라는 두 개의 거대한 동물 지리구가 접한 경계 지역[인도, 중국, 일본, 동남아시아, 말레이반도, 인도네시아, 뉴기니를 아우르는 동물 지리구로 인도말레이시아동물지리아계라 한다]이라는 결론을 내렸고, 이런 생각은 오늘날까지 받아들여지고 있다. 그의 결론을 뒷받침하는 개념, 즉 동물종의 분포와 전체 동물상이 지질학과 함께 오늘날 우리가 진화의 역사라고 부르는 것과 관련되어 있다는 생각은 당시까지만 해도 상당히 새로운 발상이었다. 월리스는 1876년에 출판한 『동물의 지리학적 분포*The Geographical Distribution of Animals*』에서 그 개념을 더 확장했고, 이 저서로 현대 생물지리학의 아버지라고 불리게 되었다. 그는 말레이제도라는 특수한 지역에 인도-말레이 지리구에 속하는 필리핀·보르네오섬·자바섬과 오스트레일리아 지리구에 속하는 셀레베스섬

1862년 영국으로 돌아간 월리스는 말레이제도에서 가져온 표본들을 판매하거나 과학 분야의 글을 쓰고 책도 몇 권 써서 얻은 수입으로 아내와 대체로 만족스러운 삶을 살았다. 만년에는 주로 정원을 가꾸며 시간을 보내다가 1913년 90세의 나이로 도싯주 브로드스톤에서 세상을 떠났다.

〔지금의 술라웨시섬〕·몰루카제도·티모르섬·뉴기니섬 사이를 가르는 가상의 선이 존재한다고 생각했다. 이 '선'은 그로부터 한 세기 반 동안 생물지리학자들에 의해 앞뒤로 옮겨지긴 했지만, 처음 발견한 월리스를 기리는 뜻에서 지금까지도 '월리스 선Wallace Line'이라고 불린다.

하지만 『말레이제도』가 독자들의 이목을 가장 집중시킨 부분을 꼽자면, 이 책의 부제인 '오랑우탄과 극락조의 땅 (…)'에 언급되어 독자들을 매료시킨 동물, 즉 오랑우탄과 극락조를 다룬 대목일 것이다. 월리스는 세 달 가까이 사라왁에 머물며 영국에서 상당한 고가에 거래되었던 오랑우탄을 주로 관찰하고 포획했다. 한편 극락조 표본은 대부분 아루제도에서 포획된 것이었는데, 극락조는 추적하기가 쉽지 않았다. 월리스는 "귀한 보물이 너무 흔해져 가치가 떨어지지 않도록 자연이 조치를 취해놓은 듯했다"라고 기록했다. 갖은 노력에도 불구하고 그는 알려져 있던 극락조 열여덟 종 중 여섯 종과 신종 하나의 표본을 구하는 데 그쳐야 했다. 대영박물관의 조지 로버트 그레이는 월리스를 기리기 위해 그가 처음 발견한 흰기극락조를 *Semioptera wallacei*라고 명명했다.

월리스는 100파운드라는 거금을 들여 살아 있는 작은극락조, *Paradisea papuana* 두 마리를 영국으로 들여오는 데 성공했는데, 그중 한 마리는 런던동물원에서 2년 가까이를 더 살았다. 그렇지만 월리스의 극락조는 조류학자이자 출판업자인 존 굴드가 훌륭한 삽화를 실은 마지막 저서 『뉴기니섬의 조류*Birds of New Guinea*』에 소개되면서 훨씬 더 널리 알려지게 되었다.

영국으로 돌아온 뒤 왕립지리학회 간사 자리를 동료 베이츠에게 넘기고 그 무렵 새로 문을 연 베스널그린박물관 관장 자리를 얻는 데도 실패하면서 투자로 생계를 꾸리기도 했으나, 월리스는 아메리카 순회 강연을 하는 등 주로 강의나 집필을 하며 돈을 벌었다. 1905년 발표한 자서전 『나의 인생*My Life*』을 비롯해 여러 저작이 큰 성공을 거두기도 했다. 최면술에서 심령론까지 관심사가 워낙 다방면에 걸쳐 있었던 그는, 인간이 자연선택 과정에서 제외되었다는 결론을 내렸는가 하면, 외계 생명체도 존재할 수 있다고 여겼다.

공식적으로 자격을 취득한 적은 없지만 월리스는 몇몇 대학에서 명예 학위를 수여하겠다는 제안을 받았고 다수의 과학 학회에서 훈장 수상자로 지목되기도 했다. 학위는 대부분 거절했지만 훈장은 기꺼이 받곤 했는데, 린네학회에서 주는 명망 높은 왕실 훈장을 받게 되었을 때는 친구에게 "귀찮은 일이 생겼네! 기껏 돈을 들여서 그동안 받은 훈장을 넣어둘 보관함을 만들었는데, 또 받게 생겼지 뭐야!"라며 농담을 하기도 했다. 그리고 1892년, 그는 고사의 뜻을 보였음에도 불구하고 마침내 과학자로서 최고의 영예라 할 수 있는 왕립학회 회원 자격을 수여받는다. 과학에 기여한 바로 치면 찰스 다윈의 공로에 비해 덜 기려지는 면이 있지만, 수집가로서는 월리스가 월등히 더 인상적인 인물로 기억된다.

월리스는 네그로강과 바우페스강을 탐험하며 가능한 한 모든 어종을 스케치하고자 했다. 선상 화재로 수집품이 거의 전소되고도 무사했던 이 두 그림이 그가 자세히 기록한 아마존강 유역의 동물 그림 중 유일한 기록으로 남았다. 메기류는 종이 굉장히 다양한데, 열대지방에서는 더욱 그렇다. 커다란 입에 작은 이빨이 촘촘하게 난 *Asterophysus batrachus*(위)는 특이하게 생긴 유목메기과 메기의 일종이다. 월리스는 네그로강 상류를 탐험하다 이 어종이 현지에서 '마미야쿠Mamyacú'로 불린다는 걸 알게 되었다. 그가 그린 또 다른 메기 종(오른편)은 더욱 위협적인 생김새를 하고 있다. 가시메기과에 속하는 이 메기는 아직 식별되지 않은 종인데, 네그로강 상류에서는 '카라카두Caracadú'라고 불렸다. 월리스는 다양한 가시메기과 메기를 그렸는데, 물 밖으로 나오면 우리 귀에 들리는 소리를 낸다고 해서 이 메기들을 말하는 메기taking catfish라고 부르기도 했다.

26

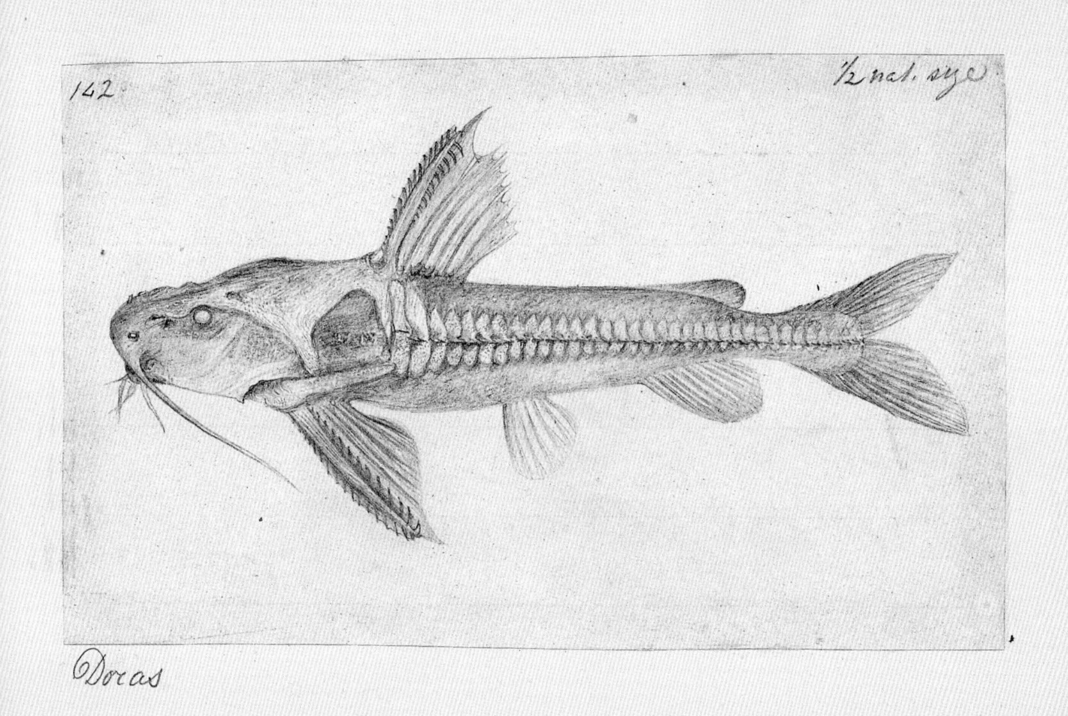
142
½ nat. size
Doras

16세기 유럽인들에게 발견된 이래, 극락조는 수컷의 특이한 색과 신비로운 깃털 발달 때문에 많은 사람에게 감탄의 대상이 되어왔다. 수컷에 비하면 암컷은 다소 평범한 편이다. 그럴 만한 상황이긴 했지만, 말레이제도에서 월리스는 최대한 많은 종을 관찰하고 수집하기 위해 열정적으로 일에 매달렸다. 월리스가 관찰한 조류 가운데는 *Parotia sexpennis*와 *Astrapia nigra*(오른편)도 있었다. 이 그림들은 굴드가 『뉴기니의 조류』에 들어갈 삽화로 그린 것이다.

17.

ASTRAPIA NIGRA.

J Gould & W Hart, del et lith. Walter, Imp.

월리스가 *Paradisea papuana*라고 이름 붙였지만 오늘날에는 *Paradisaea minor*로 불리는 파푸아극락조(왼편). 이 수려한 극락조는 뉴기니 본섬과 몇몇 주변 섬에서 발견되었다. 월리스는 보관 상태가 좋은 사체 표본을 구했을 뿐 아니라, 먹이로 줄 충분한 양의 바퀴벌레를 구해야 한다는 문제가 있긴 했지만 살아 있는 표본들도 처음 영국으로 가져갔다. 그는 배에 새장을 설치했고 몰타섬에 정박해 있는 동안에는 깡통에 비스킷을 가득 채워 넣기도 했다. 마침내 "극락조들은 건강하게 런던에 도착해 동물원에서 한 마리는 1년, 다른 한 마리는 2년을 살며 아름다운 깃털을 선보여 관람객들에게 찬사를 받았다". 한편 대머리극락조(위 왼쪽)와 멋쟁이극락조(위 오른쪽)는 그렇게 상태가 좋은 표본을 구하지 못했다.

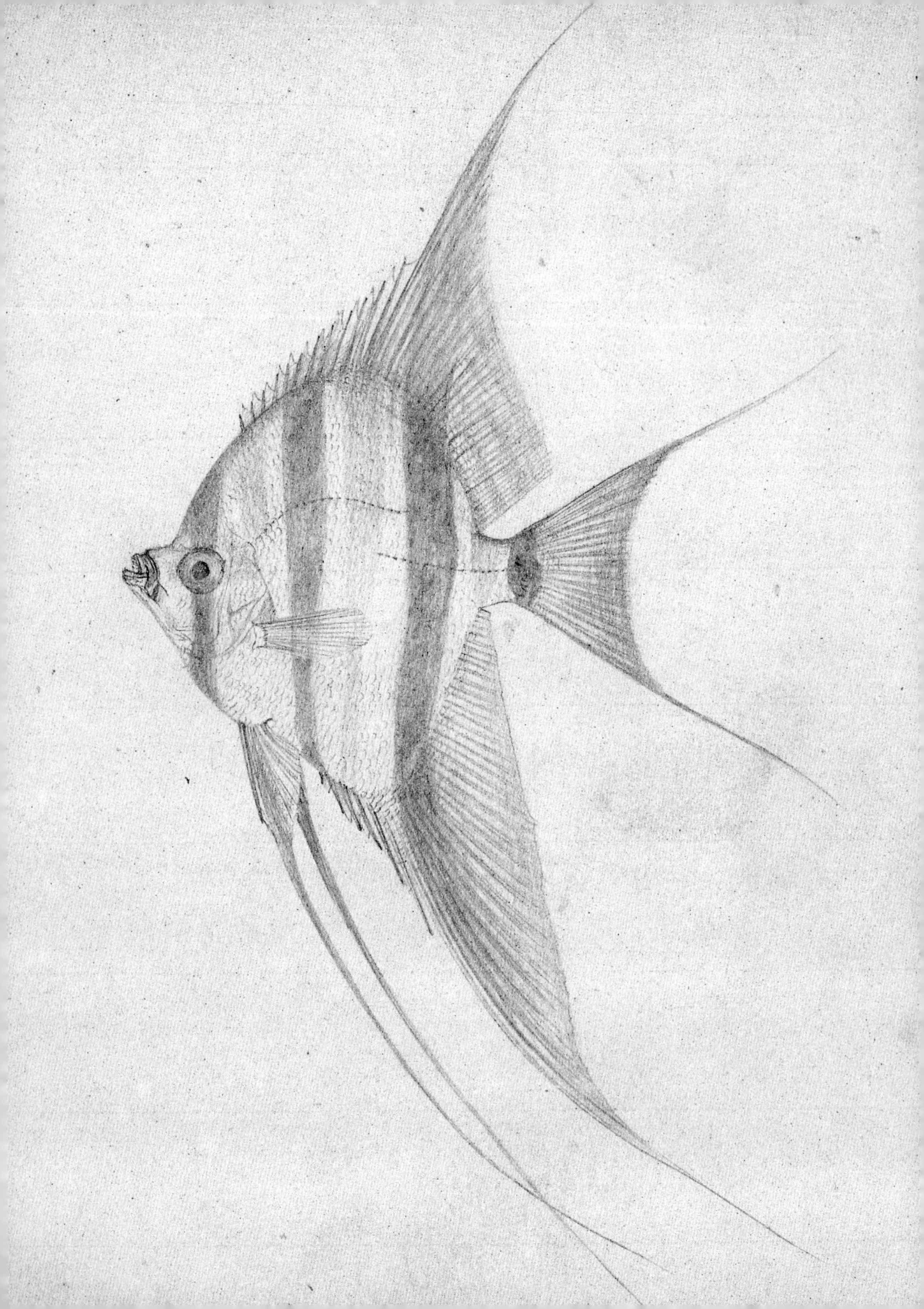

월리스가 Butterfly fish〔버터플라이피시〕라고 부른 *Pterophyllum scalare*(왼편)는 오늘날 에인절피시라는 보통명으로 더 잘 알려져 있는데, 1990년대 초 수족관 관상어로 유럽에 처음 도입되었다. 에인절피시는 소개되자마자 인기를 끌었고, 지금은 수백 가지 품종이 판매된다. 검은줄레포리누스, *Chalceus nigrotaeniatus*(위) 역시 관상어로 거래되는 품종이다. 월리스는 네그로강에서 이 어종을 스케치했는데, 현지에서는 '우아라쿠 무루팅가Uaracu murutinga'라고 불렸다.

베이츠는 25만 종이 포함돼 곤충목 가운데 가장 방대하다고 할 수 있는 딱정벌레목 딱정벌레에 지대한 관심을 보였다. 그가 그린 오른쪽 그림은 딱정벌레 진화의 끝과 끝을 보여준다. 둘째 셋째 줄은 상대적으로 원시 곤충에 속하는 육식성 (길앞잡이과) 길앞잡이 다섯 종이고, 맨 위의 두 종은 초식성인 하늘소과 '하늘소' 종으로, 일반적으로 길게 뻗은 더듬이 때문에 이런 이름이 붙었다(하늘소의 영명 Longhorn은 '긴 뿔'이라는 뜻이다).

in dung, Aveyros, riv. Tapajos July 1852
um (doubtless) 1 fully developed ♂ 1 feebly dev. ♂
found this sp. only at Sant. where it flie
time
fine, cobalt blue sp. – a ♀ – Ega, flying
y fine, brilliant green sp. one ♂ 2♀ – not very
ed to have found it near Serpa
y pretty little sp. in dung at Ega, rare
♀
uble ♂ – also in dung at Ega, rare
ble ♂ – very brilliant little sp. in dung.
7 species of Oxysternon – Ega 6 May 1856
– peculiar genus – bispinose metatho.
over decayed branches of trees, same manner
ivated like them – Ega May 11/56
– 4 specim. each one different, but I think
ne species, as found in same part of fo
by beating the lower trees.
evidently Isonychus – from canaliculated mentum
i scaly clothing I judged them at first to
as they want the projecting piece of mid.
nother scaleless sp. on foliage, once abun
few days not one was to be seen.
est sp. I have seen – foliage of trees Ega
largest sp. common at Ega
sp. fruit Ega
ly variegated sp. quite distinct from its ne
small Villa Nova sp. clearly distinct f
utrem has not any peculiarity to distinguish
allied sp.
5 more species in my box which I will ticket
Rutelidae. Its facies is different from that of any Ru
fferent – the terminal jt. being slenderer &c. In its
ything but a Rutelida, & from its unbordered hind edge of

fallen fruit of the Wixi (a hardish pulp) or Murum
palm. — Ega — both varieties I think are
Doubtless ♂ & ♀ as the more brilliant

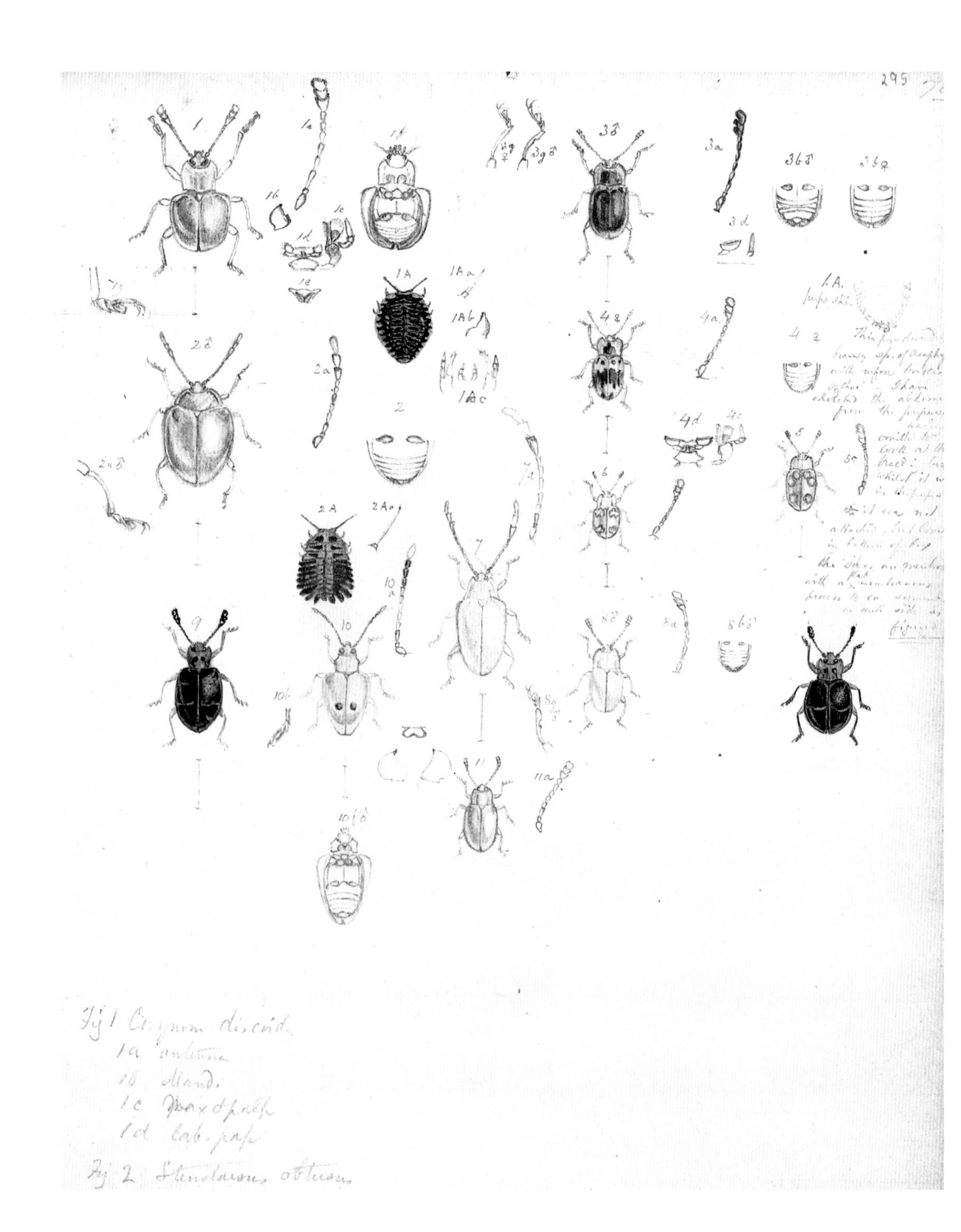
1a antenna
1b Mand.
1d Lab. palp

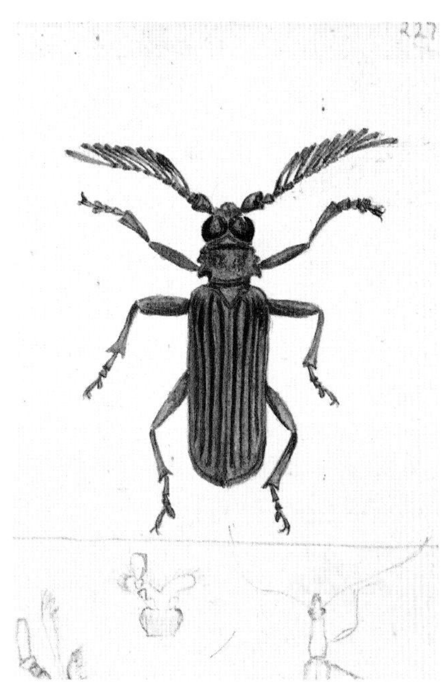

베이츠의 아름다운 딱정벌레 그림이 실린 지면은 그가 이 그림들을 그린 150년 전 그대로 여전히 생생하고 강렬하다. 복잡한 주석이 달린 그림들엔 딱정벌레과 및 소똥구리과, 잎벌레과와 하늘소과 한 종을 포함한 딱정벌레 종 전체가 식별되어 있다.

fore leg ♂

Protho.

e — c d b a

Protho. cotyloid cav. open behind

♂ Anisocerus Onca, whit

mid tib

anisocerus [illegible]. colour, shape
[...]ively resemble the elongated
[...] on branches of fallen trees
[...] close together on the
[...]55

Megaderus Stigma. The lower lip is composed of a very broad & short piece a: of the same horny consistence as the general integument: its upper edge is cut out & joined to the membranous piece b: forming the intermediate piece between mentum & palpi —
c: is the paraglossa or ligula or ligula & paraglossa united — it is white cartilaginous & flexible & spring (as I made quite sure) from the oesophagus as far down as the base of mentum it is one piece at its basal half & soft, membranous or tumid — its upper half is cleft: within there is the usual horny rib on each side running up each of the lobes. Now it appears to me that the ligula here is reduced & invisible externally the paraglossa being in recompense highly developed.

The roots of lab. palpi are visible & soft. e. There is no trace of the horny solidification of parts as in Ctenoscelis No 36 — except a small dark horny looking plate at the bottom of the cleft of paraglossa (d). This latter may be the remains of the reduced ligula. 5 Oct. 55

Allied to Lamia & especially [...]cerus. The ♂ has fore tars[...] jts. fringed on sides with long [...] the apical jt. of ant. shorter [...] the preced[in]g. jts.

The labium is on same [...] Megaderus & other Longic[...] but the mentum, altho' [...] softer than the integument, [...] coriaceous. The other pa[...] narrower & more elongat[...] Megaderus. I see no [...] of rib or keel on the insi[de of] the ligula-paraglos. 5 Oc[t]

The sp. is frequent at Ega on branches of fallen trees, [...] found in cop.

The mandibles have not [...] w. apex as in Megaderus, [...] faintly crenulated in the [...] inner side.

mid tib

d

? ♀ Antennae mere [...] length of body. In ♂ [...]yer, but the terminal jt. [...] Prostern. dilated after [...] & rather advanced [...] mesost. being broad & [...] there is a narrow slit [...] wh. renders [...] cav. not closed.
[...] as in figure. I [...]icularly the horny piece [...] elongate & narrow in [...]ts tip furnished with [...] exactly as the

Fronsin[...]

) most.

) mesostern.

prasis — the large, broad op.
dle lobe of maxillæ, greatly
ed, spoon shaped, like the
romæ & unlike Trachyderes
m — Ample expanded
d lobes. 1st jt. of maxpalpi
, — mandibles toothed
ile — &c &c.
25 March 1856

Ibidion with
maxillæ
20 June /56

mandibles

mentum, palpi

ligula
on inner side

cav. not pearshaped

Lamiidæ Trachysomus . Mandibles
broad blades, simply pointed
not toothed — Front-plane
elongate, rather narrow, eyes
notched slightly at upper border
antenniferous tubercles arising
from the notch —
Ega 27 March 1856

♂?

Lamiidæ — nearest Leiopus — the
second jt. of labial & the 2nd & 3rd of
maxipalpi — much enlarged, tip jts
thin & tapering — the lingua is
not cleft like other longicornes, but
a single piece, scarce even a sinu-
ation in its upper edge. — The
mandibles ...

Coremia hirtipes

Listroptera

Common small, wholly
½ elytra with blk stri
surface rugose-corroded

Cycnoderus b...

parts of the mouth mandib...

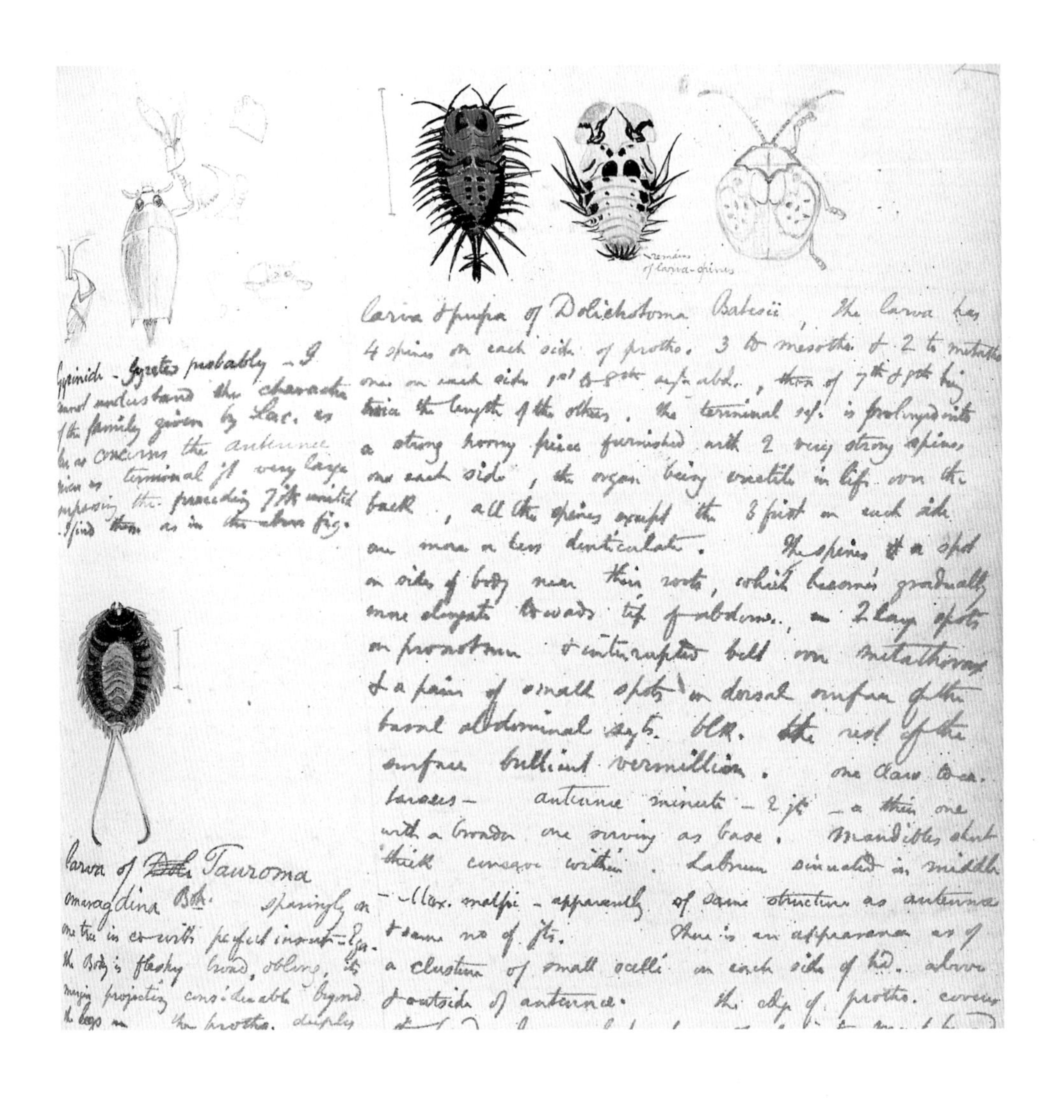

곤충의 형태학, 색, 생태와 행동을 꼼꼼히 기록한 베이츠의 메모들 사이에는 군데군데 수많은 세밀화가 그려져 있다(위). 오른편 그림은 라틴아메리카에서만 볼 수 있는 특이한 메뚜기과 곤충이 실린 면인데, 이 종은 대벌레와 놀랍도록 닮은 모습이다. 옆에 적은 글에서 베이츠는 이 곤충의 뒷다리가 뛰어오르기 좋게 변형되어 있긴 하지만 일반적인 메뚜기 뒷다리에 비하면 한참 덜 발달되었기 때문에 라틴아메리카 '메뚜기'들은 그만큼 멀리 뛰지 못한다고 지적했다.

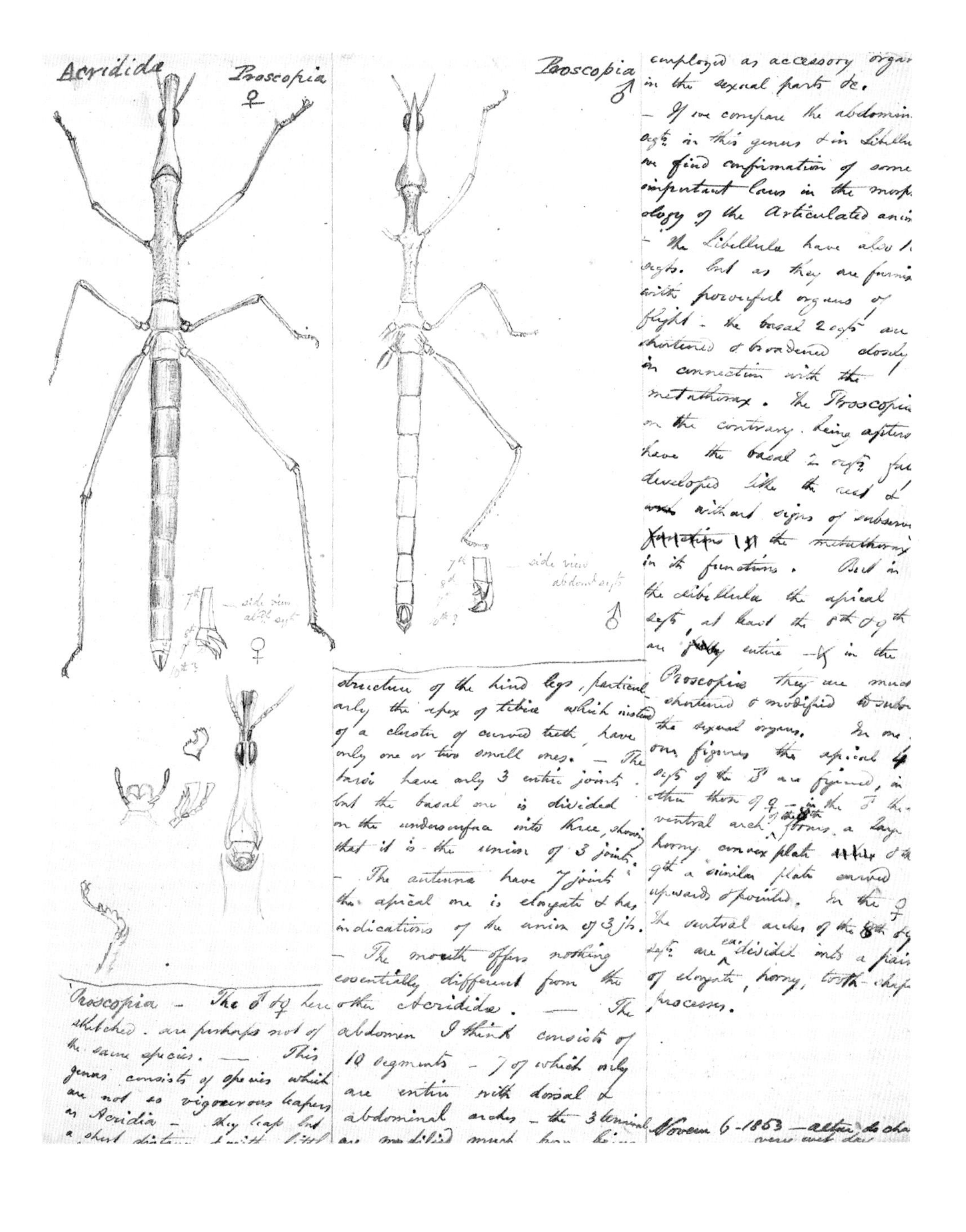

Proscopia — The ♂ & ♀ here sketched — are perhaps not of the same species. — This genus consists of species which are not so vigorous leapers as Acridia — they leap but a short distance & with little

structure of the hind legs, particularly the apex of tibiae which instead of a cluster of curved teeth, have only one or two small ones. — The tarsi have only 3 entire joints but the basal one is divided on the undersurface into three, showing that it is the union of 3 joints. — The antennae have 7 joints the apical one is elongate & has indications of the union of 3 jts. — The mouth offers nothing essentially different from the other Acrididae. — The abdomen I think consists of 10 segments — 7 of which only are entire with dorsal & abdominal arches — the 3 terminal are modified much

employed as accessory organ in the sexual parts &c.
— If we compare the abdominal segts in this genus & in Libellula we find confirmation of some important laws in the morphology of the Articulated animals — the Libellula have also 10 segts. but as they are furnished with powerful organs of flight — the basal 2 segts are shortened & broadened closely in connection with the metathorax. The Proscopia on the contrary, being apterous have the basal 1 or 2 segts fully developed like the rest & without signs of subservience to the metathorax in its functions. But in the Libellula the apical segts, at least the 8th & 9th are entire — & in the Proscopia they are much shortened & modified to subserve the sexual organs. In one of our figures the apical 4 segts of the ♂ are figured, in the other those of ♀ — in the ♂ the ventral arch of the 8th forms a large horny convex plate & the 9th a similar plate curved upwards & pointed. In the ♀ the ventral arches of the 8th & 9th segts are each divided into a pair of elongate, horny, tooth-shaped processes.

Novem 6 - 1853 —

베이츠의 채집 노트에서 아마조니아의 나비를 기록한 지면 중 일부. 정글 탐험을 하는 동안 기본적인 도구만으로 그렸다는 점을 고려하면 세부 묘사와 색채가 매우 인상적이다. 노트에 바로 그려 넣은 그림도 있고, 탐험하다 어디서든 기회가 되면 종잇조각에 그려두었다가 나중에 노트에 꽂아놓은 것도 있다.

No 5

no 6

no 7

in antennæ & palpi to

elongated wings – disc. cell

obliterated suture (not a

fore leg is hairy like No1
ungues of other legs are short
& have black palus between
them

by a nervure touching

all sides, except extreme tip

a nervure touching

h. – palpi less divergent

long pile of 2nd joint.

int suture from the

e legs very hairy

Heliconia

No 2

No 3

No1

No 9 Eueides Dombkey

No 8

Lycorea

9a

Mechanitis

No 4

no 6

Ithomia

No 10

fore leg Mechanitis

fore leg of Sais Do.

Ithomia Sao

no 7

fore leg

interm. leg

hind leg

No 5

– according with No1 in palpi, neuration of ♂ ♀ are abt. 15 species
according with No4 2 sp.

No 8 large – the pencils of hairs of tail retrac... exserted strong smell – ant. more clavate than No 4

No1 Heliconia Melpomene   discoidal cells of both pair of wings closed –

very similar to no 8 antennæ & neuration of wings widely distinct

No 2 side view of head of Do. ~~antennae~~ palpi much bent forward, divergent, clothed thin long pubescence

No 3 fore leg of Do. ♂ slightly hairy not densely pilose like Argynnites No 1 & 2 – tarsal joints conglomerate at apex with 2 short spines to ea. joint

XX – The above No1 agrees with 7 other species of Heliconiites wh. I have examin...

some species differing in more slender club to antenna & abdomen much lo...

than anal edge of hind wings. XXX

No 9 small com. ... ant. clavat. like Agraulis to wh. allied ... origin of 1st post branchlet. Disc. cells closed all by tubular nervures,
No 10 Ithomia neuration nearly identical with No4 – fore leg tarsal apices like Nymphalidæ

No 9 & 10 in page Argynnites – show tarsi & ungues of (No 9) Argynnis No1 & (No 10)

Heliconia Melpomene – No 9 the ungues are long, simple, free of the spon...

In No 10 they are double, small curved & have spongy palus between. No 10 is the c...

Agraulis, Heliconia

No 4 & 5 Heliconia ♂ Mechanitis

– XX large Diaphanous H. long elont abd. wings & ant. like No 4 but 2nd post branchlet is emitted ...
hd. small, palpi term. joint minute, fine – thin. 1/3 length abd. abd. very long clavate

베이츠가 노트에 스케치하고 표본까지 채집한 다른 아마존 나비들. 그는 모두 1만4000종의 나비를 채집했고, 그 하나하나를 동정해 영국으로 보냈다. 그는 책에서 정글의 전형적인 하루 일과를 이렇게 묘사했다. "동틀 무렵 일어나서 커피 한 잔을 마셨다. 그리고 배를 타고 새를 찾아 나섰다. 10시에 아침을 먹었고, 그 뒤로 3시까지는 곤충을 찾아다녔다. 저녁에는 채집한 것들을 보존 처리하고 보관하는 작업을 했다."

이 나비 수채화의 구도가 여실히 보여주듯, 베이츠는 나비를 비롯해 연구 대상이던 곤충들을 다루는 데 있어 체계적이었고 과학적으로 엄격했을 뿐 아니라 예술가적 안목을 갖추었다고 칭송받는다. 하지만 그림의 미적 호소력에도 불구하고 런던의 수집가들은 표본에 더 관심을 보였는데, 아마존의 어마어마한 생명다양성을 보여주는 증거로서 표본의 과학적 가치를 우위에 두었던 까닭이다.

1♂
2♂
5♂
5♂
3♂
6♂
6♂
4♂
4♀
7♂
9♂
8♂
8♂
9♂

깊은 바닷속으로

1872~1876

FATHOMING THE DEEP

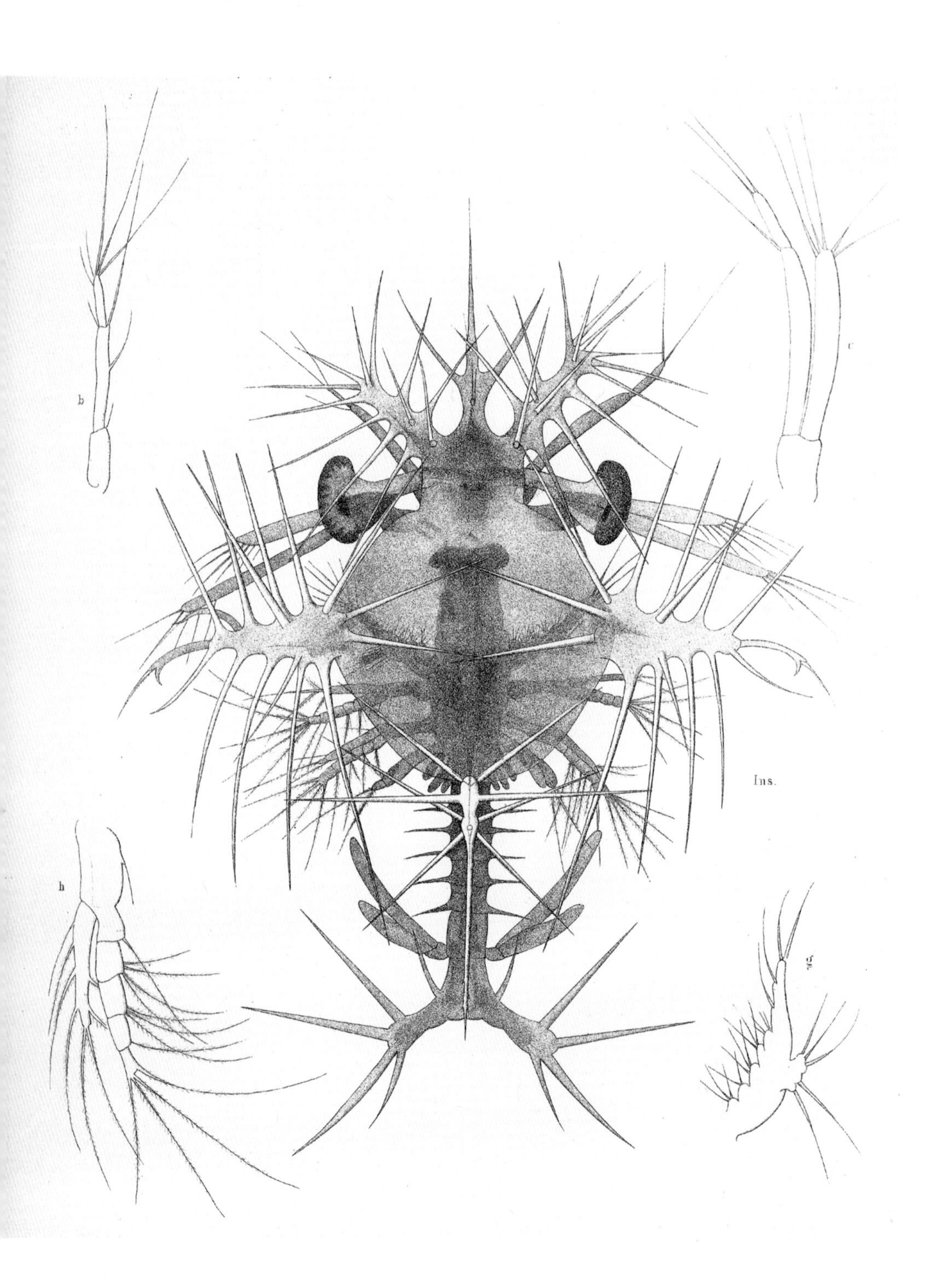
b
c
Ins.
h
g

19세기 중반에 이르러 지구상의 모든 주요 대륙과 작은 땅덩어리 대부분이 '발견되었고', 이에 대한 해안선 측량도 어느 정도 이루어졌다. 하지만 여러 국가가 200년 넘게 선박을 이용해 전 세계 바다를 구석구석 항해했음에도 불구하고, 해저의 자연은 수십 미터 깊이 아래로는 알려진 바가 거의 없었다. 칠흑같이 어둡고 수압도 높은 데다 극도로 차가운 해양 심층은 특성상 생명이 살 수 없는 곳이라는 생각이 일반적이었던 시절, 거대 해저분지는 깊이조차 파악되지 못한 채 미지로 남아 있었다. 하지만 1850~1860년대에 접어들며 여러 요인이 맞물려 상황은 완전히 바뀌었다.

우선, 해저전신망이 발달함에 따라 대륙 사이에 전신 케이블을 깔아야 한다는 주장이 힘을 얻으면서 심해저의 형태와 유형을 정확히 알아야 할 필요가 생겼다. 다음으로, 확정적이진 않지만 솔깃할 만한 자료들이 심해에 생명체가 살지 않는다는 생각이 틀렸을 수 있음을 시사했다. 초기 심해에서 발견된 동물 중 일부는 오늘날 '살아 있는 화석'이라고 부르는 종

찰스 스펜스 베이트가 작성한 챌린저호 탐사보고서 갑각류 편에 실린 유생 단계의 벚꽃새우. 엄밀히 따지자면 아마추어 동물학자였지만, 스펜스 베이트의 연구와 그림은 과학적 접근 방식과 드로잉에 있어 전문적인 수준을 보여주었다.

들이었기에, 그 무렵 출간된 다윈의 『종의 기원』에서 제시한 진화 과정의 신봉자들은 심해에 더 많은 생물이 존재할 거라고 믿었다. 심해 연구에 대한 영리적, 철학적 논쟁이 거세진 건 확실했다. 그렇게 1872년 12월 21일 왕립 해군은 포츠머스를 떠나 역사상 가장 유명한 해저 탐사를 수행할 HMS 챌린저호의 3년 반 동안 이어질 과학 탐사를 개시했다. 이론의 여지가 없는 최초의 해저 탐사였기에, 챌린저호 탐사는 바다의 과학이라 할 수 있는 해양학의 탄생을 상징한다고 여겨지곤 한다. 이전까지는 그 어떤 국가도 해저에서의 물리학, 화학, 지질학, 특히 생물학 연구를 목적으로 심해에 대규모 탐사대를 보낸 적이 없었다. 영국 재무부가 20만 파운드(오늘날 가치로 1000만 파운드—한화 약 1600억 원—가 넘는 액수다)에 달하는 재정을 투자한 챌린저호 탐사는 이전까지 단일 과학 연구에 이만한 재정이 투입된 예가 없었다는 점에서, 세계 최초의 '빅사이언스big science'(여러 분야에 걸쳐 있고 막대한 연구비와 대규모 연구 인력이 필요한 응용과학 분야) 사례이기도 했다.

챌린저호 항해는 민간 생물학자인 런던대학 교수 윌리엄 벤저민 카펜터(1813~1885)와 에든버러대학 자연사 교수 찰스 와이빌 톰슨(1830~1882) 두 사람의 발상에서 시작되었다. 챌린저호 탐사가 시작되기 몇 년 전까지만 해도 카펜터와 톰슨은 당시 대부분의 다른 과학자와 마찬가지로 심해에 생명체가 살지 않을 것이란 생각을 받아들이고 있었다. 하지만 1868년에서 1870년 사이 부실한 해군 함정을 타고 영국 해안선을 따라 몇 차례 짧은 항해를 다녀오면서 두 사람은 모든 해저층에 동물이 살 것이라고 확신하게 되었다. 이 항해로 심해가 일률적으로 섭씨 약 4도(화씨 40도)의 해수로 채워져 있다는 설도 깨졌다. 이는 민물처럼 바닷물도 이 온도에서 최대 밀도에 이른다는 잘못된 가정에 근거한 것이었다. 예비 항해에서 밝혀진 바와 같이 바다 밑바닥 주변의 온도는 그보다 훨씬 더 낮을 수도, 높을 수도 있었다. 그러나 이러한 결과는 단일한 바다의 특정 지점에서 몇 차례 관측된 결과일 뿐이었다. 지구상에 마지막으로 남은 거대한 지리적 미지의 영역을 조사하기 위해 필요한 건 적절한 장비를 갖춘 글로벌 탐사대라고, 카펜터와 톰슨은 생각했다. 이 대담한 제안은 왕립학회를 통해 해군에 전해졌고, 놀랍게도 거의 반대에 부딪히지 않고 승인되었다.

탐사를 제안했을 때 영국은 호시절을 보내고 있었다. 대영제국의 권세는 정점을 찍고 있었고, 브리타니아는 의심의 여지 없이 파도를 호령했으며, 영국의 징고이즘도 건재했다. 따라서 해군 안팎으로 영국이 혁신적 해양 사업에 앞장서야 한다고 생각하는 사람이 많았다. 게다가 해군 수

빙하 사이를 지나는 영국 군함 챌린저호 그림은 윌리엄 프레더릭 미첼의 작품이다. 챌린저호는 1874년 2월 남극에서 2주를 보냈다. 극한의 기후 환경과 위험천만한 파고에도 사망한 선원은 열 명에 그쳤으니, 당시로서는 항해 기간에 비하면 놀라우리만치 성공적인 기록이었다.

로국은 측량 및 해도 제작에 있어 수십 년간 세계 최고 수준을 자랑했음에도, 그 무렵까지 심해에 대한 관심은 제한적이었다. 그러나 해저 전신 회사들이 심해저에 대해 아직 답할 수 없는 질문들을 던지고 있는 상황이었으므로, 과학적 논쟁과 별개로 이 제안은 수로학자 조지 헨리 리처즈의 지지를 받았다.

탐사를 제안하고 18개월도 되지 않아 탐사선이 배정되었고, 여기에 특수 실험실과 민간인 선실, 권양기 등이 설치되었으며, 대규모 조사 프로그램을 위해 400킬로미터가 넘는 로프와 수 톤에 달하는 첨단 장비를 들이는 대대적인 개조 작업이 이루어졌다. 밧줄과 무거운 최신 장비도 갖추어졌다. 선장은 측량 경험이 풍부한 장교 조지 스트롱 네어스(1831~1915)가 맡았고, 약 225명의 해군 선원이 배정되었다. (쉰여덟이었던 카펜터는 너무 고령이라 참여하지 않기로 했고) 톰슨이 탐험대장이 되어 스코틀랜드의 화학자 존 영 뷰캐넌, 영국인 헨리 노티지 모즐리, 스코틀랜드계 캐나다인 존 머리, 독일인 루돌프 폰 빌리뫼스줌 등 세 명의 동물학자, 스위스 화가 장 자크 빌트까지 여섯 명이 민간인 과학 연구진으로 탐사에 참여했다. 이런 구성은 국제적 협업을 특징으로 하는 해양학의 시초로 매우 적절한 조합이었다.

시료 추출 기술을 점검하고 리스본과 테네리페섬에 잠깐 들르는 등 짧은 '적응' 기간을 마친 챌린저호는 1873년 2월 15일 카나리아제도에서 남쪽으로 약 64킬로미터 떨어진 지점, 해저 3500미터 깊이에서 본격적인 탐사 작업을 시작했다. 여기에서 챌린저호 선원들은 전 세계 바다에 분포한 수많은 공식 '탐사 지점' 내지 연구 지점 가운데 최초가 될 탐사를 벌였다. 1876년 5월 21일, 빅토리아 여왕의 쉰한 번째 생일날 스피트헤드로 돌아온 챌린저호는 인도양을 제외한 주요 대양 탐사를 모두 마친 상태였는데, 총 항해 거리는 6만8890해리에 달했다. 2엽 프로펠러가 부착된 400공칭마력〔엔진이나 보일러에 과세하거나 매매할 때 부르는 마력의 수〕의 석탄 증기기관이 있었지만 대부분은 돛을 이용한 항해였다. 탐사 중 절반 이상의 기간은 항만에 정박하면서 선원들과 과학자들이 아메리카 대륙, 남아프리카, 오스트레일리아, 뉴질랜드, 홍콩, 일본을 비롯해 대서양과 태평양의 여러 섬에 있는 이국적인 항구를 둘러볼 수 있게 해주었다. 이 기간에 장교들과 과학자들은 동식물을 채집하고 민족지학적 자료를 수집했는가 하면, 포르투갈 왕, 일본 천황부터 근래 들어서야 식인 풍습을 폐지한 피지제도 원주민까지 다양한 사람도 만났다. 이런 사건과 장면의 상당수가 공식 화가인 장 자크 빌트에 의해 기록되었다. 그러나 챌린저호 탐사는 비교적 새

챌린저호의 사진사들은 탐험 기간 내내 사진 속 카메라와 비슷한 습판 카메라를 사용해 풍경과 사람들, 그리고 흥미로운 물건들을 수없이 촬영했다. 하지만 아직 과학적 기록으로 활용될 만큼 그럴듯한 기술이 갖춰지진 못한 상태였다.

로운 기술이었던 사진술을 일상적으로 활용한 첫 사례이기도 했기에, 사진 기록도 많았다. 물론 기술적으로 아직 초기 단계였기에 노출 시간이 길어야 했으므로, 갑판에서 일하는 과학자들이나 선원들의 모습처럼 움직이는 장면을 찍기에는 부적합했다. 하지만 개인 혹은 단체 인물 사진이나 멀리 있는 풍경 사진을 남기기에는 안성맞춤이었다. 실제로 탐사 공식 지침으로 정한 임무 중에는 "기회가 생길 때마다 토착 인종의 사진을 동일한 배율로 찍어 올 것"도 있었다. 그 결과 아마도 최초의 기록일 남극 빙산 사진을 비롯해 19세기 후반 여러 장소와 다양한 사람을 담은 역사적으로 중요한 기록물이라 할 수 있는 최고의 사진 컬렉션이 남겨질 수 있었다.

챌린저호의 주요 임무는 당연하게도 바다에서 보낸 713일간 완수되었다. 해양 탐사를 할 때는 평균 2~3일에 한 번씩 362개의 공식 탐사 지점 중 한 곳에서 작업했다. 각각의 지점에서는 수심을 측정하고 해저 퇴적물 시료를 채취했다. 표층수, 해저수 및 몇몇 중간 수심에서의 수온을 측정했는가 하면 추후 화학적 분석을 할 수 있도록 해수 시료도 채취했다. 마지막으로 챌린저호는 준설기나 저인망을 이용해 해저를 가로질러 끌고 다녔고 때로는 플랑크톤 채집망을 써서 수심 1500미터 중층수에 사는 동물들을 채집하는 등 생물학적 표본도 채취했다. 잡힌 생물들은 매번 주의 깊게 분류하고 보존 처리하여 표본병에 담은 뒤 동정하여 보관하고 그 내용을 기록으로 남겼다. 표층 해류의 유속과 방향도 어느 정도 규칙적으로 기록했는데, 얕은 아표층 해류의 측정 시도는 그만큼 규칙적으로 이뤄지진 않았다.

챌린저호는 버뮤다, 헬리팩스, 희망봉, 시드니, 홍콩, 일본 등 항해 경로에서 수집한 자료들을 영국으로 보냈다. 톰슨은 과학 탐사보고서 서론에 이렇게 적었다. "시어니스에서 배에 저장해두었던 화물을 모두 내려

놓으니 563개의 상자가 나왔는데, 거기에는 포도주에 표본을 재워놓은 커다란 유리병 2270개, 그보다 더 작은 크기의 마개 달린 유리병 1749개, 유리관 1860개, 양철통 176개가 들어 있었고, 모두 알코올 액침표본이었다. 또 건조표본이 들어 있는 양철통 180개와 소금물 액침표본이 담긴 22개의 나무통도 있었다." 그리고 이렇게 덧붙였다. "전 세계에서 다양한 크기의 표본병 5000개가 보관용으로 에든버러에 보내졌는데, 그중 깨진 것은 단 네 병에 불과했고, 알코올이 휘발돼 못 쓰게 된 표본은 단 한 점도 없었다." 중요한 표본들이었지만, 그것들을 수집하고 저장하고 기록하는 과정은 지난했다. 모든 탐사 기지에서 수집된 끝없는 측정 기록을 목록화하는 과정도 마찬가지였다. 챌린저호의 과학자도 대부분 탐사 기지를 몇십 군데 거친 후부터는 신기해하는 마음을 잃어버렸고, 몇몇 장교는 개인 일지에 그런 지루함을 기록하기도 했다. 탐사 결과에 대한 권리도 인정받지 못하는데 갖은 고생을 다 해야 했던 일반 선원들은 더욱 괴로웠을 것이다. 상황이 이러했으니 여러 기항지를 거치면서 예순한 명의 선원이 배에서 이탈한 것도 놀라운 일은 아니다.

하지만 완벽하게 짜인 일과는 챌린저호 탐사의 강점이라 할 수 있었다. 챌린저호에서 수행된 작업 가운데 완전히 새로운 것은 거의 없었다. 탐사에 사용된 기술들은 주로 여러 나라의 선박에서 산발적으로 이미 시도되고 검증된 것들이었다. 그럼에도 불구하고 챌린저호 탐사가 중요한 의미를 지녔던 이유는 전 세계에 걸쳐, 특히 매우 깊은 바다를 중심으로 집중적인 관측을 수행했기 때문이다. 챌린저호가 측정한 최고 수심은 태평양 남서부에 있는 한 지점에서 측정된 것으로, 나중에 챌린저 해연Challenger Deep이라고 불리게 되는 이곳은 수심이 거의 8200미터에 달해 당시로서는 관측 사상 최저 수심이었다. 이 지점은 11킬로미터를 조금 넘겨 현재 최저 수심으로 기록되어 있는 지점[마리아나 해구]에서 매우 가까웠다.

탐사 중 수집된 방대한 생물학 자료들은 정기적으로 에든버러로 수송되어 챌린저호가 귀항할 때까지 그곳에서 보관되었다. 모든 과학 연구 수행이 그렇듯, 챌린저호가 모아들인 수많은 자료와 데이터도 집중적으로 연구되어 그 결과가 출판되고 나서야 가치를 인정받을 터였다. 이에 따라 톰슨은 항해를 마친 뒤 모든 데이터를 분석한 다음, 생물 표본들을 전문 분야의 과학자에게 보내고, 결과 보고서 출판을 총괄하기 위해 에든버러에 챌린저호 사무실을 차렸다. 이 과정은 실제 탐사보다 훨씬 더 오래 걸려서, 1882년 톰슨이 사망하자 탐사 당시 신진 박물학자로 참여했으나 후에 당대 가장 유명한 과학자 중 한 명이 되는 존 머리(1841~1914)가 인계받아 작업을 이어갔다. 시간이 지나면서 이 작업이 당초 구상했던 것보다 훨씬 더 큰 과업이었음이 드러났다. 처음 톰슨은 대략 5년 내에 15권 분량의 탐사보고서를 영국 왕실출판국TSO을 통해 펴낼 수 있을 것으로 추정했다. 하지만 마치고 보니 공식 보고서는 두꺼운 책 50권 분량으로 총 2만 9552쪽에 달했다. 마지막 두 권은 챌린저호 탐사가 마무리된 지 19년 만인 1895년에야 발표되었다.

탐사보고서를 준비하며 톰슨과 후임 머리는 일련의 갈등을 겪어야 했다. 먼저 대영박물관 당국은 챌린저호가 수집한 모든 자료를 에든버러에 있는 톰슨이 아닌 박물관 측에서 받아 정리해야 한다고 생각했다. 톰슨은 국적과 상관없이 최고의 과학자들에게 자료 분석을 맡기고자 했지만, 영국인 과학자들만 그 작업에 임해야 한다고 생각하는 사람이 많았다. 그래도 결국엔 톰슨의 뜻대로 영국을 비롯해 프랑스, 독일, 이탈리아, 벨기에, 스칸디나비아, 미국 등에서 모인 기라성 같은 전문가들에게 자료가 보내졌다. 표본들은 최종적으로 런던에 있는 자연사박물관으로 보내져

1872년 12월 초 시어니스에서 챌린저호에 승선한 왕립학회 소속 과학계 고위 인사들과 챌린저호 탐사에 참여한 과학자들. 시어니스에서 출항해 해안선을 따라 항해하여 포츠머스에 다다른 챌린저호는 12월 21일 마침내 해양 탐사를 위해 영국을 떠났다. 당시 사진술로는 촬영에 긴 노출 시간이 필요했는데, 과학계 인사들을 이끌던 둘째 줄 가운데 톰슨을 비롯해 몇 사람은 그 시간 동안 고개를 가만히 고정하지 못한 걸 볼 수 있다.

지금껏 소장되어 있다. 한편 가장 지난한 싸움은 탐사보고서 출판에 드는 막대한 비용을 대지 않으려는 재무부와의 갈등이었다. 결국엔 머리가 재무부를 설득해냈지만 말이다.

챌린저호의 탁월한 탐사보고서는 마침내 전 세계 수십 군데 연구소 서고에 소장되어 현대 해양학자들에 의해 끊임없이 참조되고 있다. 그리고 이들 연구소에서 온 방문 과학자들은 하루가 멀다 하고 런던 자연사 박물관의 어느 연구실에 앉아 보고서의 토대가 된 그 대단한 컬렉션의 표본들을 세심히 연구한다. 탐사보고서에는 수많은 사진과 빌트가 그린 수채화를 포함해 수천 점의 도판이 실렸다. 무난한 재능을 보유한 화가였던 빌트가 생생한 상태의 채집 동물을 기록한 그림도 있었지만, 보고서에 실린 원화 대부분은 분석을 위해 동물 표본을 받은 과학자들이나 그들이 고용한 화가 및 판화가가 그린 것이었다. 다시 말해, 한 명 내지 몇 명의 화가가 보고서에 실린 도판 자료를 모두 그린 게 아니라, 챌린저호에 타보기는 커녕 그 배를 본 적조차 없는 수십 명의 화가, 판화가, 석판 인쇄공이 참여한 결과였던 것이다.

챌린저호 탐사는 다음 세기에도, 다다음 사반세기에도 해양 과학자들에게 받아 마땅한 찬사를 받아왔지만, 이러한 사실도 즉각적인 여파를 감수해야 했던 영국 정부로부터 해양학에 대한 지속적인 지원을 끌어내진 못했다. 의도치 않게 막대한 자금을 지원했다 재정적 타격을 크게 입은 영국 정부가 이후 그 정도 규모의 재정이 투입되는 과학 연구 사업에 관여하기까지는 수십 년이 걸렸다. 다행스럽게도, 다른 국가들은 챌린저호의 선례를 따랐다. 19세기의 마지막 사반세기에 미국, 독일, 노르웨이, 스웨덴, 프랑스, 이탈리아, 모나코에서 일류 해양 탐사대를 파견했다. 챌린저호가 새롭게 닦아놓은 해양학의 길은 순조롭게 오늘날 폭넓은 다국적 연구

협력의 가도가 되었다.

ZF 2037
"CHALLENGER"
No 172 A ?
Depth faths
Tongatabu,
Reef.
H.B.BRADY.
FIGURED SPECIMEN.
ZF 2037
Orbitolites
complanata
Var.
laciniata
CHALL. REPS.
Vol. ix, 1884. Brady
Pl. XVI. fig 11. p. 220.

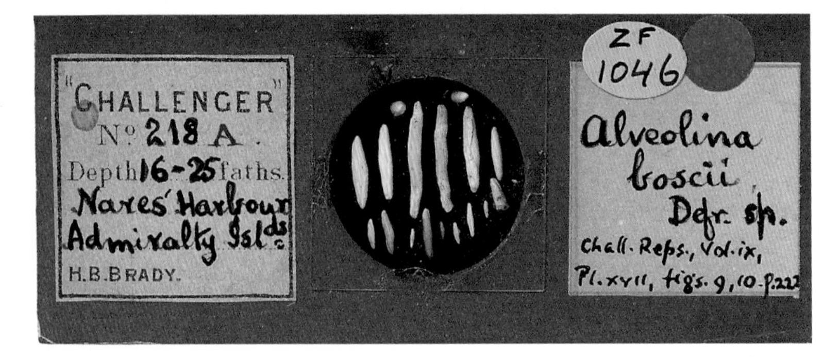
"CHALLENGER"
No 218 A.
Depth 16-25 faths.
Nares' Harbour
Admiralty Islds
H.B.BRADY.
ZF 1046
Alveolina
boscii
Defr. sp.
Chall. Reps., Vol. ix,
Pl. xvii, figs. 9, 10.

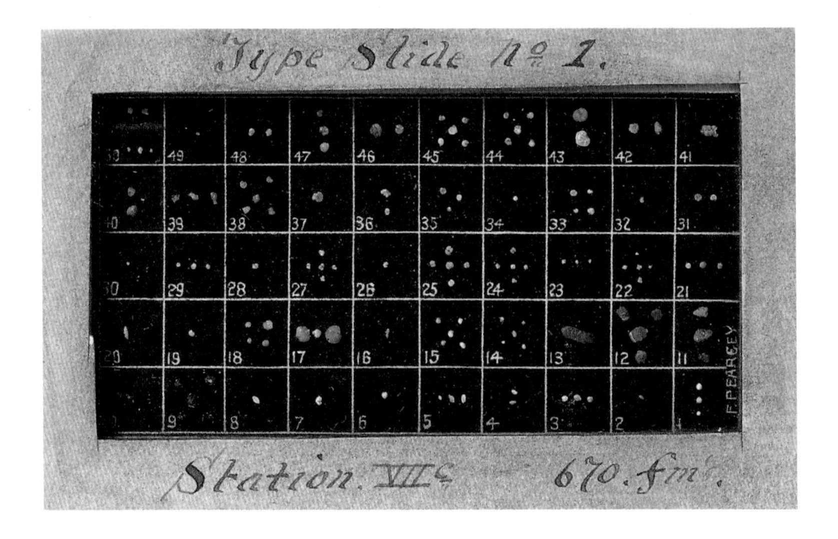
Type Slide No 1.
F. PEARCEY
Station. VII
670. fm.

챌린저호가 저인망과 준설기로 건져 올린 생물 가운데는 다세포동물과 함께 단세포유기체도 다수 포함되었는데, 특히 유공충, 방산충, 규조류가 다수 채집되었으며, 그중 대다수는 그때까지 기록된 바 없는 종이었다. 죽은 유공충 껍질은 대량의 심해 퇴적물을 이룬다. 유공충을 연구한 헨리 보먼 브래디는 말린 오니 표본을 꼼꼼히 분류하여 미세한 표본 하나하나를 슬라이드에 고정해두었는데(왼편 맨 아래), 이는 현재 자연사박물관 지구과학부 컬렉션에 포함되어 있다.
챌린저호의 연구실 모습을 담은 판화(위)에는 작업대, 현미경, 표본병을 보관하는 선반, 박피한 뒤 매달아 건조 중인 조류 표본 등이 보인다. 해양생물을 그물질로 건져 올리자마자 해야 하는 '지저분한' 작업은 거의 갑판이나 선미 쪽 주갑판에 설치된 창고에서 이뤄졌다. 온대기후 위도를 항해할 때는 건조 중인 조류 표본도 이 '창고'에 걸어두었는데, 그러지 않으면 갑판 아래서 참을 수 없는 악취가 났기 때문이다.

연기를 내뿜는 하와이 킬라우에아 활화산의 분화구(위). 힐로 항에서 출발한 길고 지루한 여정을 포함해 1875년 8월 챌린저호가 하와이제도에 도착해 들른 탐사지 가운데 가장 높은 곳 중 하나는 해발 약 1219미터에 있는 킬라우에아화산이었다. 그런데 놀랍게도 킬라우에아화산의 분화구 주변에는 관광객을 위한 그럴듯한 호텔이 세워져 있었다. 전년도 2월 챌린저호는 또 다른 극지, 남극 빙하지대에서 2주를 머물며 선상에서 빙하를 촬영했다. 옆 사진은 최초로 촬영된 남극 빙하 사진 가운데 한 장이다(아랫부분에 파도처럼 보이는 얼룩은 바닷물이 아니라 현상할 때 화학적 마스킹제를 사용해 생긴 것이다).

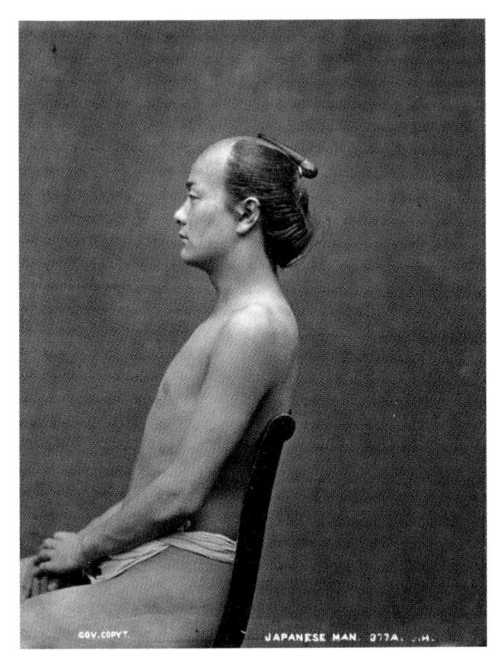

1870년대의 사진술은 가만히 자세를 잡고 찍는 인물 사진에 적합했다. 챌린저호 사진가들은 여기 실린 민다나오섬 삼보앙가에 사는 모로족 원주민(위 왼쪽), 일본인 남성(아래), 통가의 샬로테 여왕[샬로테 루페파우](위 오른쪽)의 사진 같은 인물 사진을 수없이 촬영했다. 샬로테 여왕의 사진은 포르투갈 왕 루이스 1세, 일본의 메이지 천황, 하와이 왕 칼라카우아의 사진과 더불어 챌린저호 항해에서 촬영된 왕실 인물 사진을 모은 인상적인 컬렉션에 포함되어 있다. 특히 샬로테 여왕과 부군 타우파하우 투포우 1세는 사진 찍기를 매우 두려워했는데, 부군은 해군 제복 차림, 여왕은 '유럽에서 만든 가벼운 모슬린 의상' 차림으로 촬영에 임했다. 왕실 사람들을 빼닮았던 샬로테 여왕의 고손녀 샬로테 여왕[샬로테 투포우 3세]은 1953년 엘리자베스 2세 여왕의 대관식에 참석했을 때 국제적 주목을 빼앗았다 할 정도로 각광을 받기도 했다.

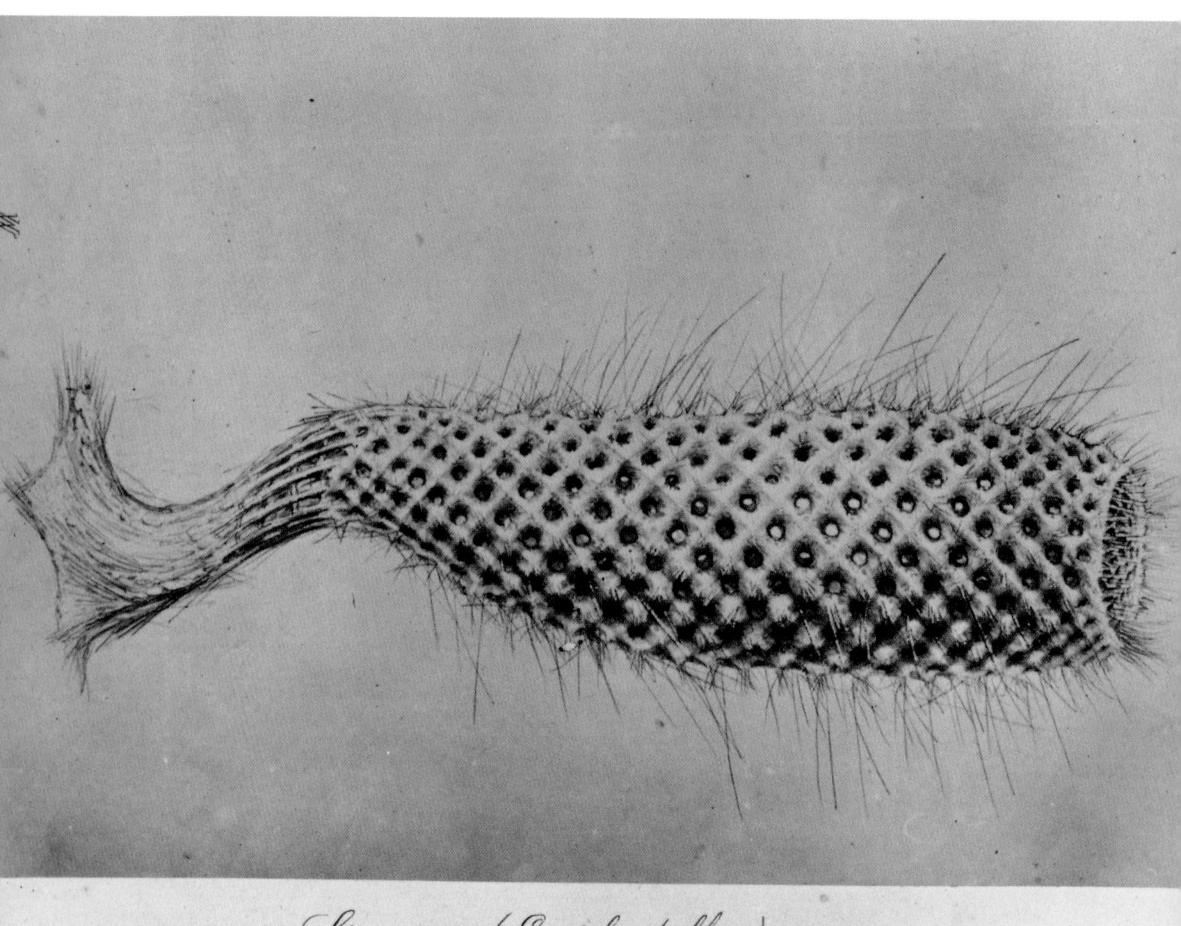

장 자크 빌트가 그린 *Euplectella suberea*로 추정되는 육방해면류. 이 그림은 지브롤터 서쪽 심해 및 라틴아메리카(브라질) 페르남부쿠주와 바이아주 사이 심해에서 챌린저호가 채집한 훼손된 표본 몇 점을 보고 '재현한' 것이다.

빌트는 해양 심층에 사는 바다조름인 *Umbellula thomsoni*〔톰슨의 우산〕도 그림으로 기록했다. 이 학명은 챌린저호 탐사에서 과학자들을 이끌던 찰스 와이빌 톰슨을 기린 것이다. 식물의 모습을 한 이 인상적인 동물은 말미잘, 산호, 해파리와 친족 관계라 할 수 있다. 바다조름은 해저퇴적물에 박혀 서 있는데, 줄기가 꼭대기에 있는 여과조직을 지탱하는 역할을 한다. 이 여과조직으로 조류에서 양분이 되는 입자를 골라낸다.

Lophiodes naresii. 오늘날에는 *Lophiodes naresi*라고 명명된 왼편의 아귀 그림은 표층수에 서식하는 어류에 대한 알베르트 귄터의 탐사보고서에 실렸다. 지금은 태평양 남서부와 인도양 남동부에 분포해 있다고 알려진 이 종은 발견 당시까지만 해도 미기록종이었는데, 챌린저호 선장 조지 스트롱 네어스를 기리는 뜻에서 그의 이름을 따 명명되었다. 유럽 해양에서 발견되는 아귀목, 황아귀속과 친족 관계다. 아귀과의 기준표본이 된 위 표본은 1870년대 제작 당시 모습 그대로 표본병에 잘 보존되어 있다.

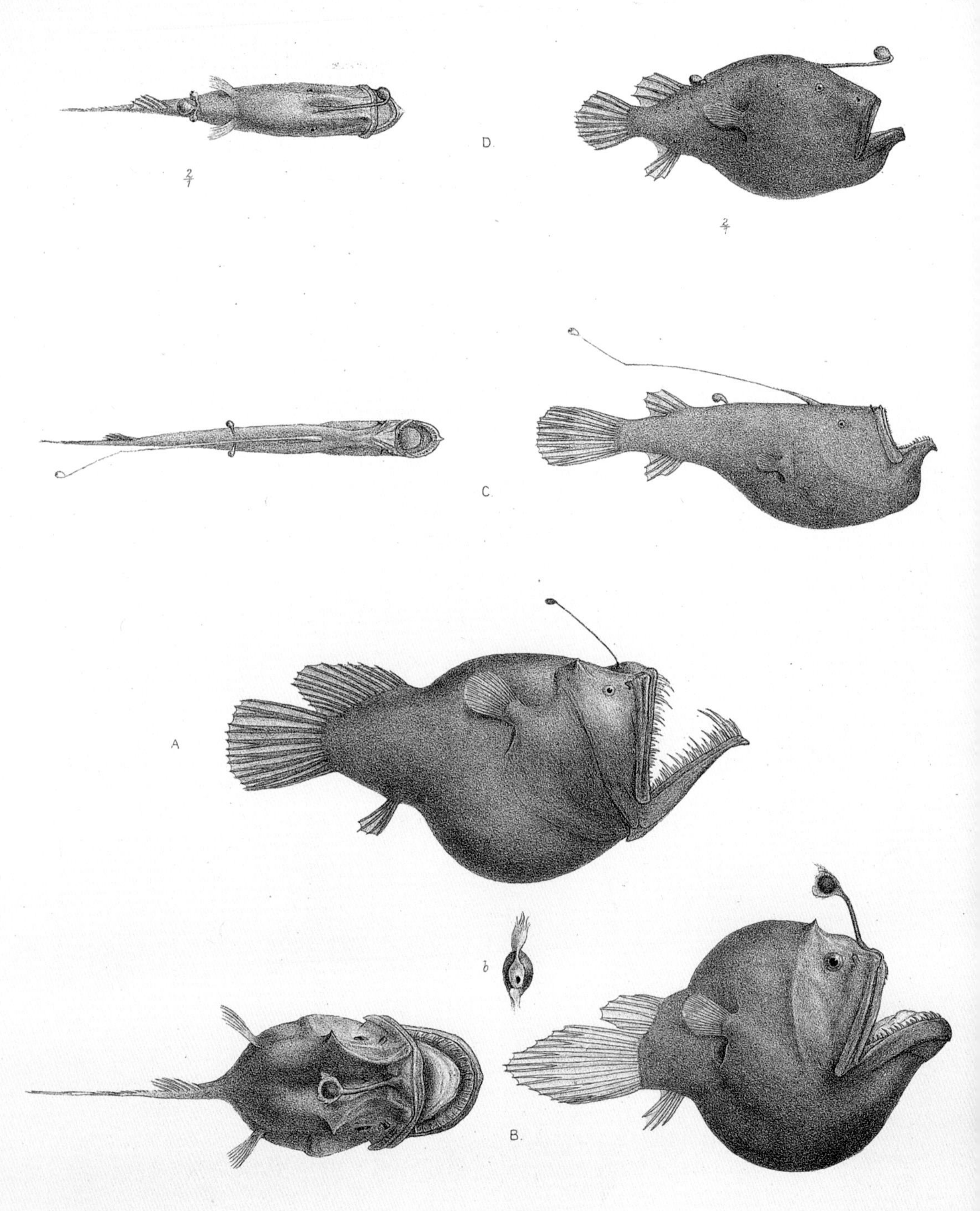

R. Mintern del et lith.

Mintern Bros. imp.

A. MELANOCETUS MURRAYI.
(Faths. 1850–2450.)

B. CERATIAS BISPINOSUS.
(Faths. 360.)

C. CERATIAS URANOSCOPUS.
(Faths. 2400.)

D. CERATIAS CARUNCULATUS.
(Faths. 345.)

왼편의 그림은 챌린저호 탐사보고서에 실린 심해 어종으로, 가운데 보이는 *Melanocetus murrayi*는 탐사에 신진 동물학자로 합류했다 후에 참여 과학자들 중 가장 유명해진 존 머리의 이름을 따 명명되었다. 챌린저호 탐사보고서에는 위 그림에서 보듯 연안 어류도 실렸다. 맨 위에 보이는 종은 *Monacanthus filcauda*(지금의 *Paramonacanthus filcauda*)라는 쥐치로 아라푸라해에서 채집되었다. 그 아래 점무늬 쥐치는 *Monacanthus tessalatus*(지금의 *Thamnaconus tessalatus*)이며 필리핀에서 채집되었다. 세 번째는 *Saurus kaianus*(지금의 *Synodus kaianus*)라는 꽃동멸로 역시 아라푸라해에서 채집되었다. 맨 아래는 악어치라고 불리는 *Champsodon vorax*로 인도양 동부와 서태평양에 분포한다.

챌린저호 탐사보고서 성게류 편에 실린 몇 장의 판화는 성게의 가시 형태를 자세히 보여준다. 오른편 그림은 하버드대학 비교동물학박물관에서 알렉산더 애거시가 연구를 위해 잘라놓은 성게 가시 박편의 모습인데, 훌륭한 작품으로 보고서를 빛내준 화가들 가운데 한 명인 제임스 H. 블레이크가 그려 판화로 제작했다. 오스트레일리아 남부의 바다생물 두 종을 그린 아래 그림은 귄터가 작성한 표층수 어류편에 실린 것이다. 전면에 보이는 종은 *Raja nitida*(지금의 *Pavoraja nitida*)이고, 그 뒤의 생물은 실고기와 해마 사이에 속하며 *Solenognathus fasciatus*(지금은 *Solenognathus spinosissimus*)라고 불리는데 오스트레일리아 남동부, 태즈메이니아, 그리고 뉴질랜드의 얕고 탁한 바다에 서식한다고 알려져 있다.

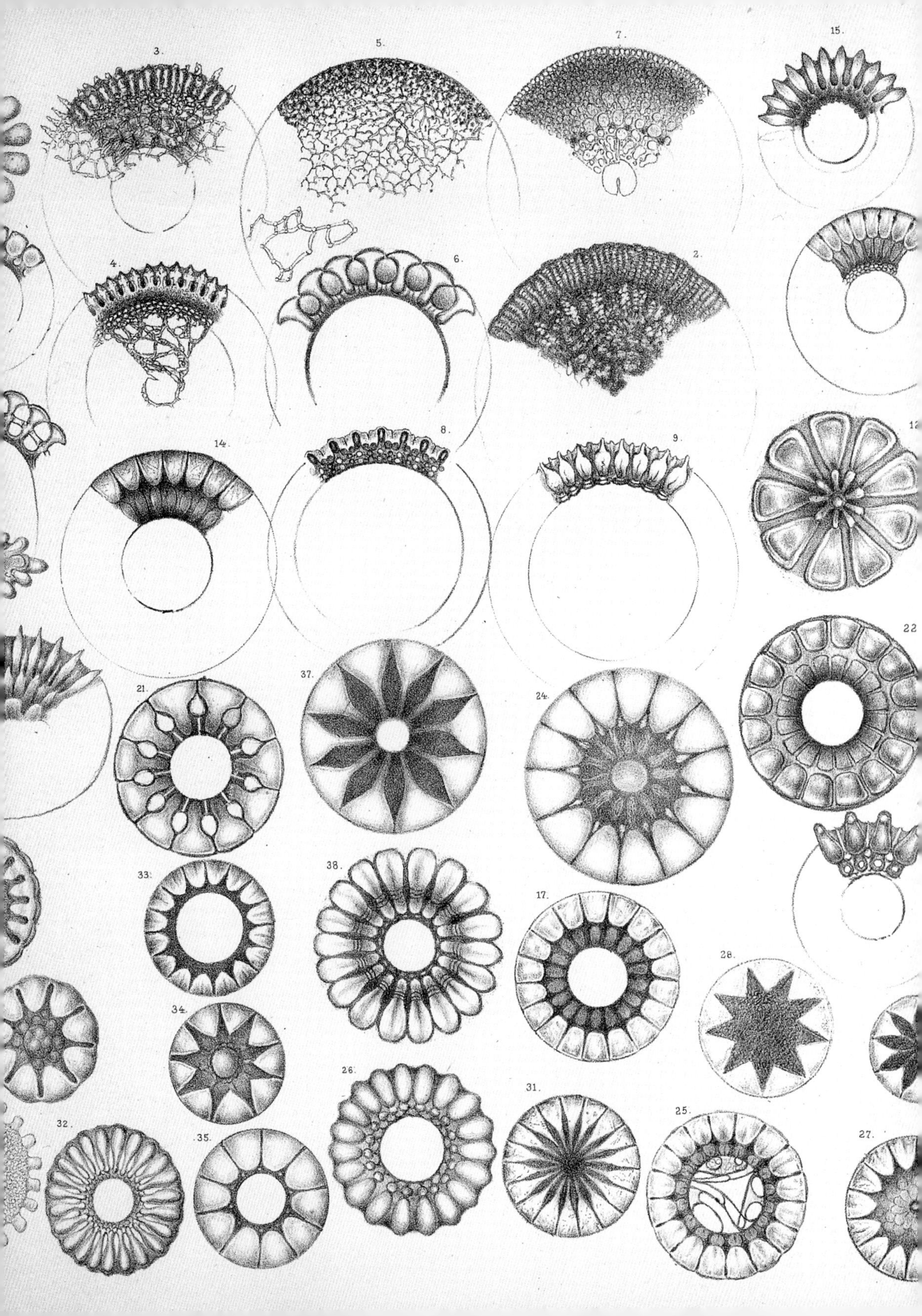
3.
5.
7.
15.
4.
6.
2.
14.
8.
9.
22
21.
37.
24.
33.
38.
17.
28.
34.
26.
31.
25.
32.
35.
27.

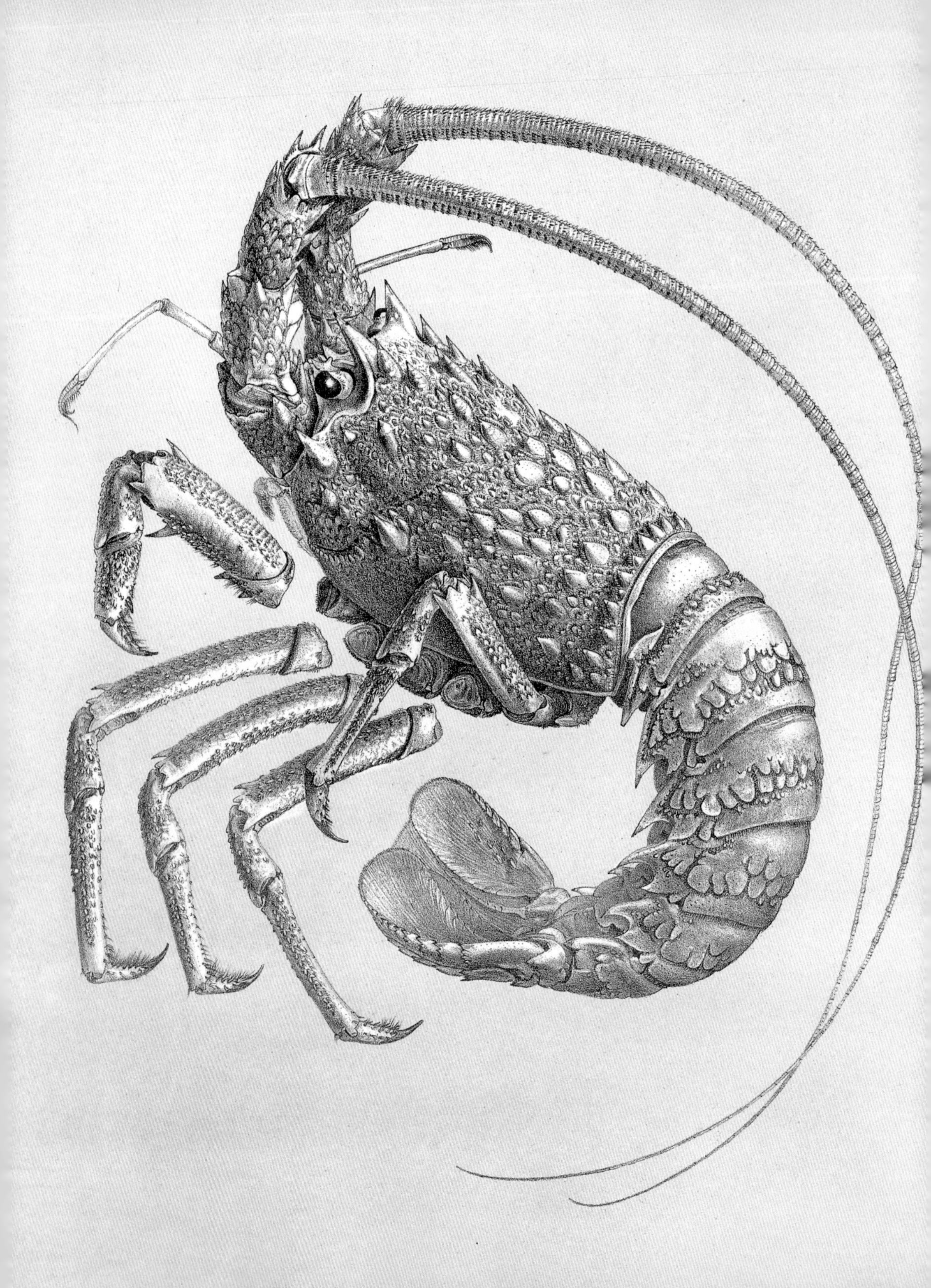

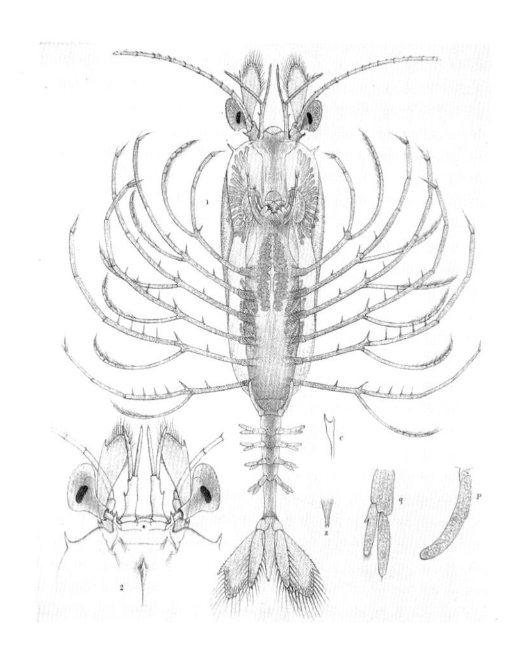

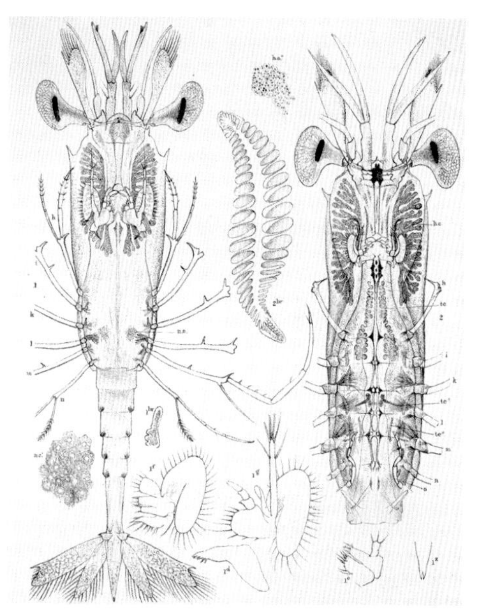

찰스 스펜스 베이트가 작성한 보고서의 긴 꼬리 갑각류 편에 실린 *Amphion provocatoris*(위 왼쪽), *Amphion reynaudii*(위 오른쪽), 그리고 닭새우(왼편)는 모두 트리스탄다쿠냐섬에서 채집되었다. 스펜스 베이트는 이 닭새우를 프랑스 동물학자 앙리 밀네에드와르가 *Palinurus lalandii*라고 명명한 종과 같은 종으로 묶으려다, 이 종이 다른 종과 꽤 차이가 있어서 *Palinostus*라는 새로운 속명을 붙일 수 있을 거라 생각했다. 이후 스펜스 베이트가 붙인 새로운 속명이 더 오래된 속명 *Jasus*로 대체되면서, 밀네에드와르가 붙였던 학명도 *Jasus lalandii*가 되었다. 하지만 사실 챌린저호에서 채집된 종은 이 종이 아니라 당시까지 명명된 적이 없었던 신종이었다. 1963년 한 네덜란드 갑각류 전문가가 챌린저호에서 채집된 그 개체를 비롯해 트리스탄다쿠냐섬에 서식하는 닭새우가 오늘날 *Jasus tristani*라고 불리는 또 다른 종이라는 사실을 알아낸 것이다.

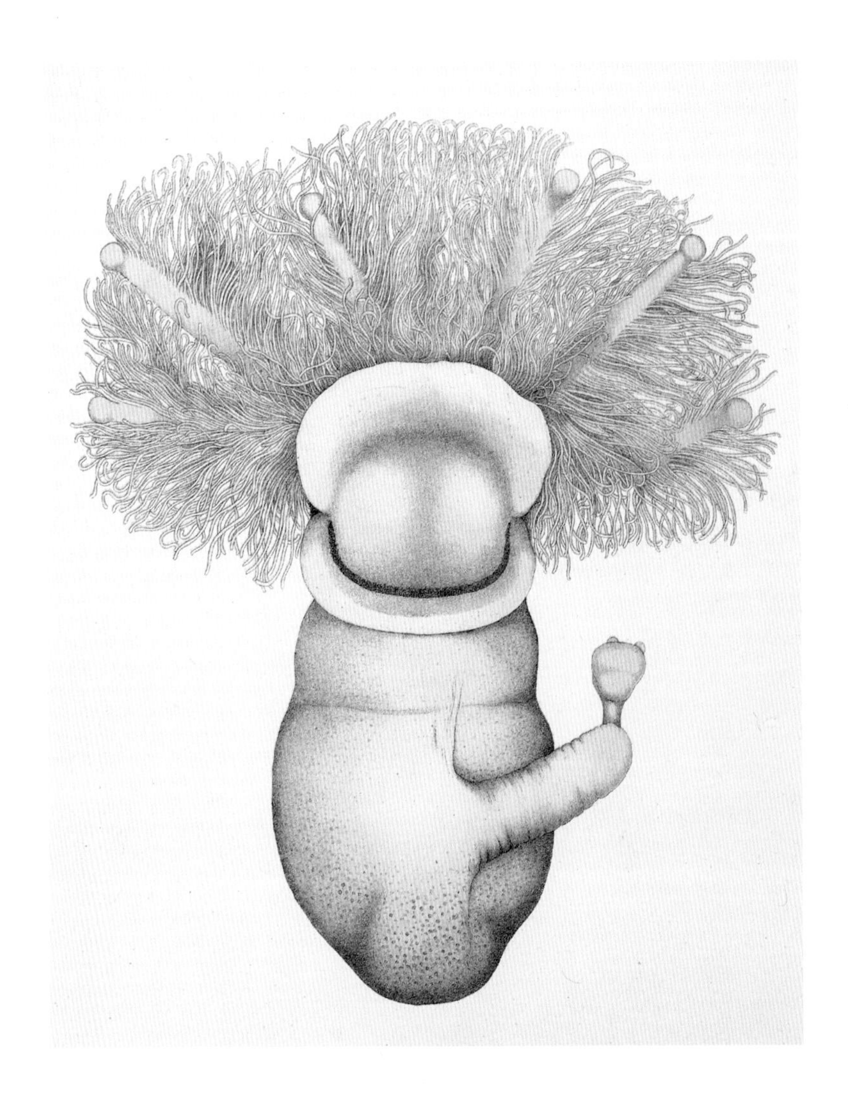

작은 장새강 동물인 *Cephalodiscus dodecalophus*는 멍게처럼 등뼈가 있는 동물(척추동물)과 등뼈가 없는 동물(무척추동물)의 중간 형태를 띠는 원색동물에 속한다. 그림에는 여섯 가닥만 보이지만, 열두 가닥의 깃털 모양 촉수로 먹이를 잡는다고 해서 이런 이름이 붙었다(두족류를 *Cephalopoda*라고 부른다). 부들부들해 보이는 장새강 동물의 윤곽과 상반되게 뾰족뾰족하게 생긴 오른편 관극성게는 챌린저호에서 채집되자마자 폴러스 뢰터가 석판화로 기록한 것이다. 이 작품은 찰스 와이빌 톰슨이 챌린저호 채집물 기록 작업을 의뢰한 비영국인 과학자들 중 한 명이었던 하버드대학 알렉산더 애거시가 작성한 챌린저호 탐사보고서 성게 편에 실린 45점의 판화 중 하나다.

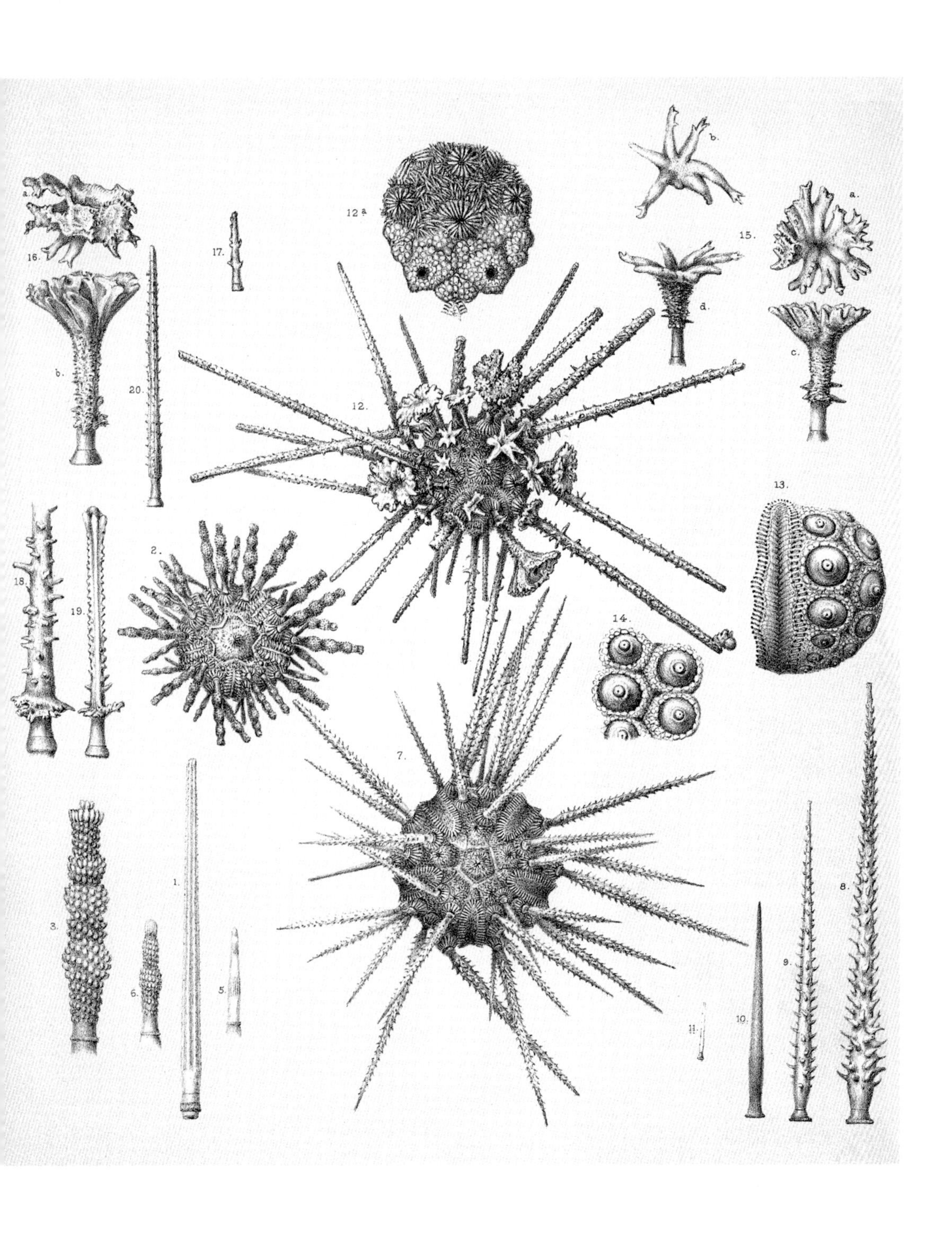
b.
a.
12 a
17.
16.
15.
d.
b.
20.
c.
12.
13.
2.
18.
19.
14.
7.
1.
8.
3.
9.
6.
5.
10.
11.

6.
7.

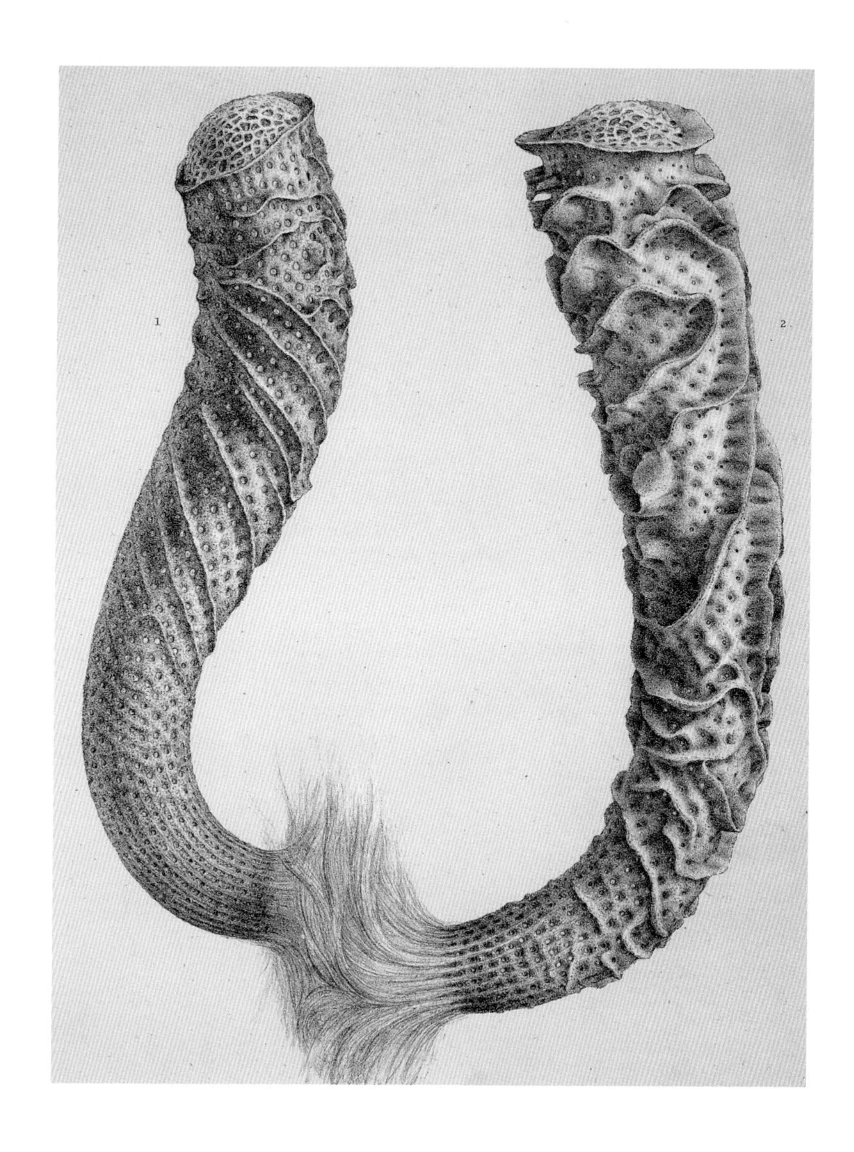

챌린저호 탐사 때 기록된 동물 그림 중에는 예술적으로 뛰어난 작품이 많다. 중층수 깊은 곳에 사는 해파리 *Periphylla mirabilis*를 그린 왼편 그림은 마치 실제로 바닷속에서 해수면을 올려다보며 관찰한 모습 같다. 영명으로 Venus's flower basket〔비너스의 꽃바구니〕이라고 알려진 *Euplectella aspergillum* 표본 두 점을 그린 위 그림도 그에 못지않게 아름답다. 해로동굴해면속 동물들은 우아하게 뻗은 몸체와 해저에 박힌 '뿌리'의 복잡한 구조가 순수하게 규질로 된 침상針箱 골편으로 이루어져 있어 유리해면이라고도 불린다.

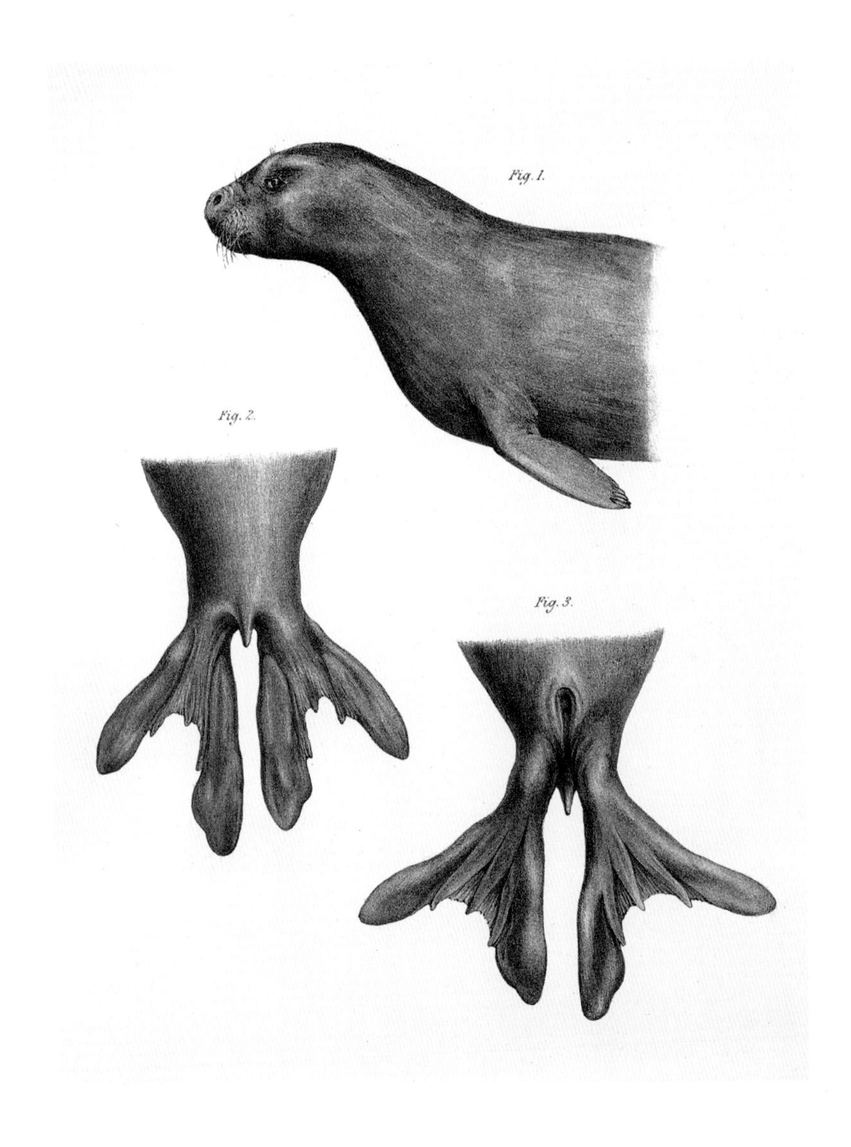

위 그림은 남인도양 케르겔렌제도에서 발견된 코끼리물범 *Macrorhinus leoninus* 암컷의 앞다리와 뒷다리를 그린 것이다. 챌린저호 탐사의 주요 목표가 심해저 탐사이긴 했지만 대원들은 민족지학적 자료도 대거 수집했다. 이들 자료는 도구나 무기, 그릇 같은 인공물이 대부분이었지만 사람의 유해도 있었다. 태평양 남서부에 있는 애드미럴티제도에서 수거한 인간 두개골(오른편)도 그중 하나였다. 애드미럴티제도에서는 사람이나 짐승의 두개골로 지붕을 덮는 일이 흔했고, 주민들은 두개골을 선뜻 판매하기도 했다.

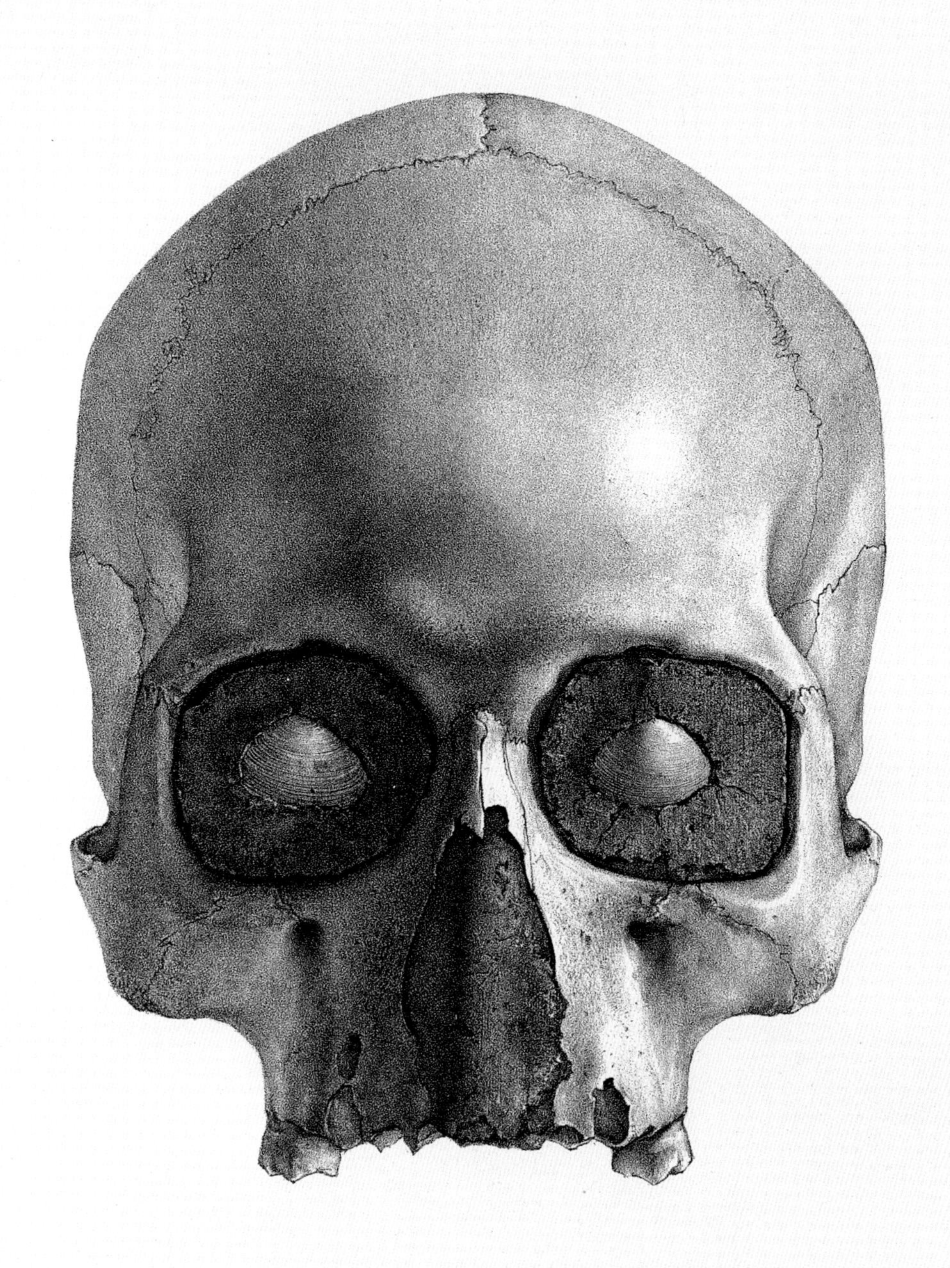

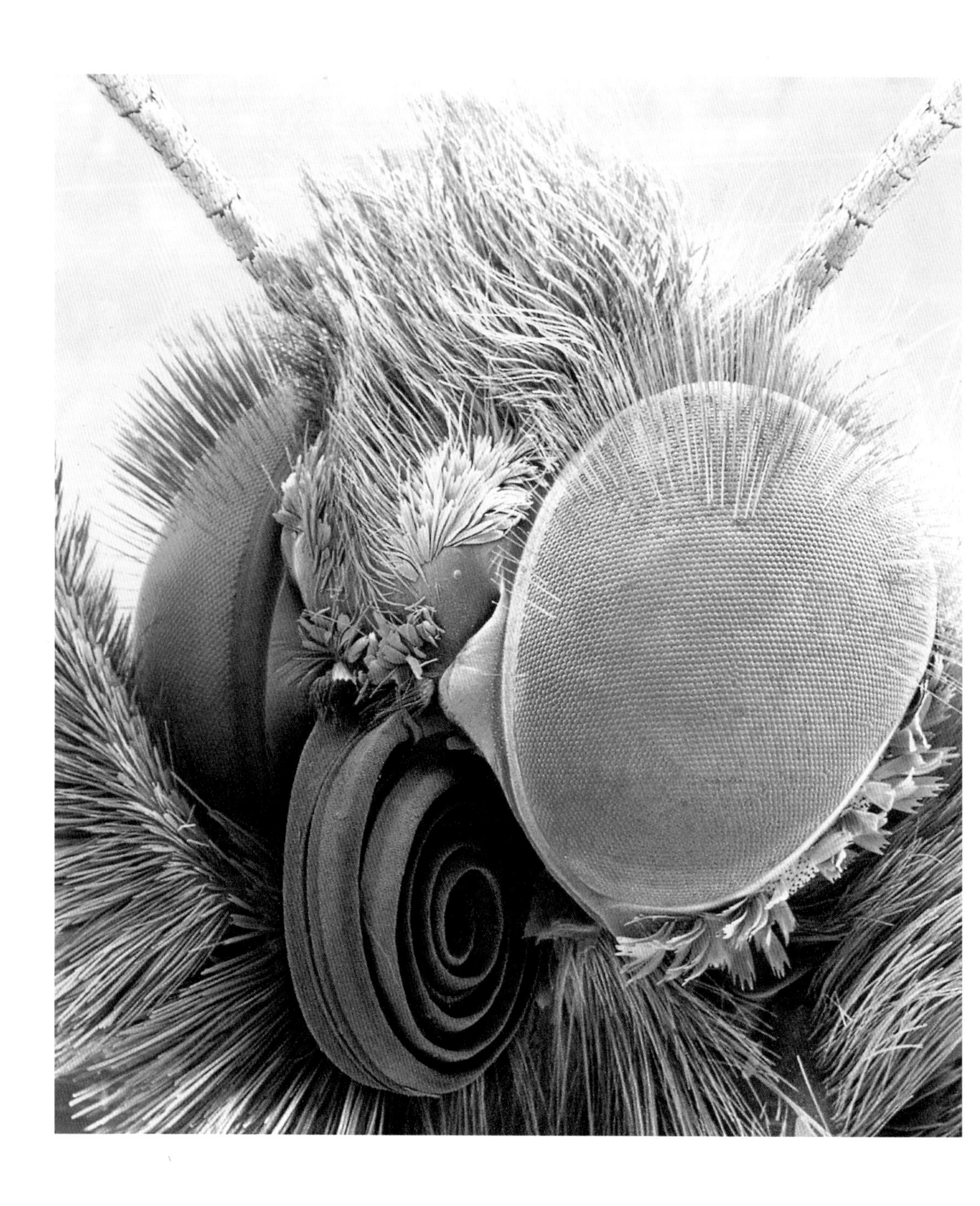

나가며

이 책에 소개된 여행들은 일반 과학사, 특히 자연사에 있어 중요하고도 매혹적인 시기에 이루어졌다. 그 시작은 자연현상에 대해서도 합리적이고 '치우침 없는' 조사를 하려는 움직임이 속도를 내던 중세 이후, 17세기 후반이다. 영국 왕립학회(1660), 프랑스 과학아카데미Académie des Sciences(1966) 같은 단체가 설립되면서 과학자들, 그중에서도 이전까지는 개별적으로 연구를 수행하던 박물학자들이 점차 조직화되기 시작했다. 그들은 논문을 전문 학술지에 발표함으로써 연구 결과를 서로 공유했다. 하지만 얼마 되지 않는 대학교수 자리를 제외하면, 과학계에서 재정적으로 자립이 가능한 직업이 생기기까지는 오랜 시간이 걸렸다. 상황이 이렇다 보니, 과학은 200년 가까이 부유한 아마추어 과학자가 전유하다시피 하거나, 성직자나 의사 같은 학식 있는 중산층이 취미 생활로 즐기는 경우가 많았다. 이 책은 법조계, 금융계, 상거래나 연예계 혹은 예술계에서 실로 성공을 거둔 사람들처럼 재정적으로 큰 보상을 누린 사례는 매우 드물었을지언정,

현대 과학 사진술은 앞선 세기의 박물학자나 화가들이 상상조차 하기 어려웠던 현미경적 세밀함을 담아낸다. 옆의 사진은 작은 호랑나비의 머리로, 전자현미경으로 수천 배 확대 스캔해 촬영한 것이다.

과학을 업으로 삼아 생계를 이어간다는 것이 가능해진 19세기 후반을 배경으로 끝이 난다. 그러나 이 시기에도 많지는 않았지만 과학계에서 주목할 만큼 꾸준히 수익을 낸 전문가 집단이 있었다. 바로 자연사 화가들이다. 이 책은 그렇게 보수는 받았지만 찬양은 받지 못했던 영웅들의 유산을 기린다.

세계 각지를 돌아다니며 일했던 당대의 식물학자와 동물학자는 시간이 흐르면 박물관에 전시된 표본들처럼 마르고 쪼글쪼글해지기 마련인 동식물이 그렇게 변해버리기 전에 자기들이 발견한 수많은 신종의 생생한 모습을 제대로 그려 기록해줄 유능한 기술자를 필요로 했다. 18세기 계몽주의 시대의 새로운 사조였던 사실주의가 요구하는 대로 대상을 정확하게 묘사할 방법이라곤 생생한 모습을 그려두는 것이 유일했던 시기다. 그래서 유럽 탐험대와 동행하는 모든 과학자 팀에는 공식적으로 전문 화가가 반드시 포함되었고, 덕분에 이들의 작업이 서구세계 전역에서 개인 및 공공기관의 소장품으로 남게 되었다.

『자연을 찾아서』에 소개된 마지막 여정인 챌린저호 탐사는 이 시기를 마무리하는 탐험이었다고 할 수 있다. 화가가 참여했을 뿐 아니라 비교적 새로운 기술이었던 사진술도 처음으로 사용되었으니 말이다. 물론 1870년대 사진 기술을 실제 탐사에서 활용하는 데는 다소 제약이 따랐다. 장비도 크고 무거웠던 데다 노출된 감광판을 거의 곧바로 현상해야 했기 때문에 기동성도 떨어졌다. 게다가 감광도가 느린 감광제를 사용해야 했기에 풍경이나 움직이지 않는 사람처럼 정지된 피사체만 찍을 수 있었다. 하지만 그로부터 불과 몇 년 만에 모든 것이 바뀌었다. 장비는 작아지고 성능은 더 좋아졌으며, 필름 속도는 더 빨라졌고, 컬러 사진은 물론 동영상cinematography도 찍을 수 있게 되는 등 기술 발전으로 전통적인 화가들이

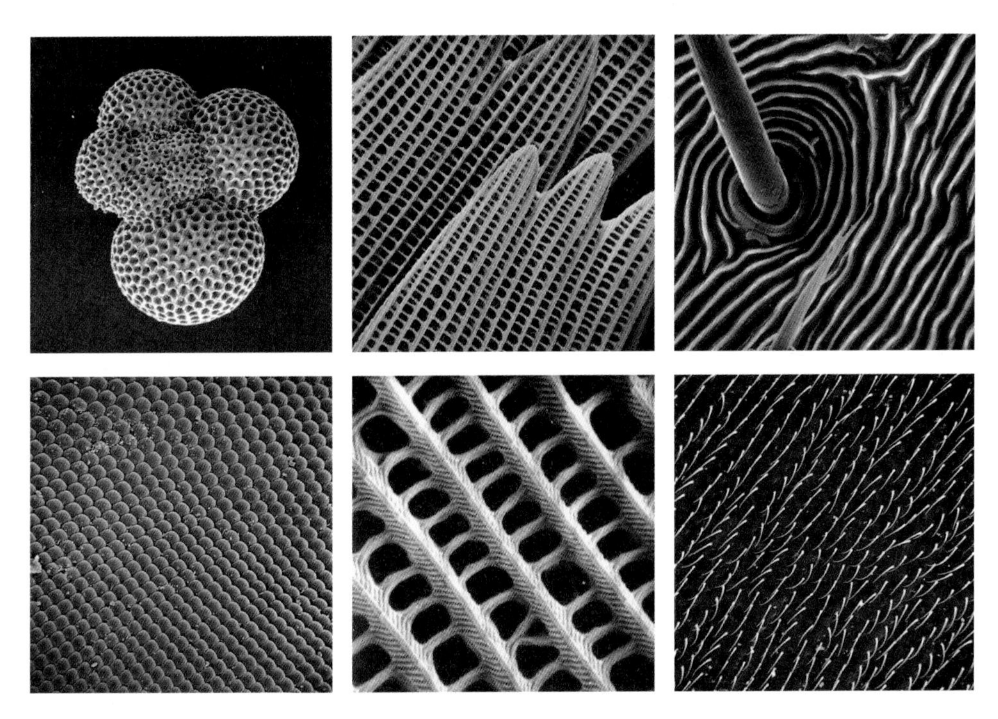

(위에서부터 시계방향으로) 유공충, 나비 날개의 인분鱗粉, 거미의 각피, 검정파리 날개의 표면, 나비 날개 인분의 일부, 검정파리의 눈. 모두 전자현미경으로 수천 배 확대 스캔하여 촬영한 것이다.

그려낼 수 없는 이미지를 만들어낼 수 있게 된 것이다. 존 굴드가 초당 약 100번의 날갯짓을 하는 벌새의 초고속 '정지' 사진—그로서는 추정해 그려볼 수밖에 없었던 장면—을 본다면 어떤 반응을 보일까? 찰스 와이빌 톰슨이 챌린저호 탐사를 떠나기 불과 몇 년 전만 해도 생물이 살지 않을 것이라고 여겨졌던 심해저에 사는 동물의 사진을 본다면? 18세기나 19세기 식물학자 가운데 누군가가, 가장 엉뚱한 꿈에서조차 결코 상상해본 적 없던 식물대 분포를 보여주는 위성사진을 본다면?

하지만 그렇다고 사진술이 화가들의 자리를 빼앗은 건 아니다. 이들은 지난 세기까지도 탐사에 동행했으며, 현지 조사까지 따라가는 필수 인력이 아니게 된 지 한참이 지난 후에도 과학책에 들어갈 삽화를 그렸다. 일례로 런던 자연사박물관에도 1960년대까지 정규직 화가들이 있었다. 화가들을 더 이상 쓰지 않게 된 건 그들이 필요 없어져서라기보다는 정해진 연구비 안에서 과제를 수행하는 데 있어 과학자들의 연구 비중이 좀더 컸기 때문이다. 홀로그래피, 디지털 사진, 컴퓨터를 사용한 화질 향상과 가상현실 등 이미지 기술의 놀라운 발달에도 불구하고, 독특한 형태학적 특징이나 미묘한 색감을 살려 생물의 특성을 최대한 드러내야 할 때는 그 어떤 기술도 훌륭한 자연사 화가의 눈과 손보다 더 좋은 결과물을 내놓지 못한다.

자연과학 분야에서는 여전히 그림이 중요한 역할을 한다. 클레어 달비가 연필과 수채화로 묘사한 지의류 그림은 사진이 흉내 낼 수 없는 형태와 질감, 색감을 고스란히 담아낸다. 표본 상태가 완전하지 못하더라도 그대로 찍을 수밖에 없는 사진가와 달리, 화가는 그런 상황에도 종이 위에서 조각조각을 결합해 완벽한 지의류 표본을 창조해낼 수 있다.

Caloplaca
verruculifera
– Claire Dalby 1981

주요 인물 전기

조지프 뱅크스JOSEPH BANKS, 1743~1820

아마추어 식물학자·수집가

뱅크스는 런던에서 부유한 지주의 아들로 태어났다. 옥스퍼드대학에 다니며 그곳에서 개인 교사를 고용해 식물학을 배웠다. 제임스 쿡의 인데버호 항해에 함께해 오스트레일리아에 다녀온 뒤로 주요 항해에 참여한 적은 많지 않았으나 책, 원고, 드로잉과 채색 그림, 표본 등 특히 식물학 관련 자료를 계속해서 수집했다. 1820년 뱅크스가 사망한 후 그의 모든 수집품이 대영박물관에 위탁되었다.

존 바트럼, 윌리엄 바트럼

JOHN & WILLIAM BARTRAM, 1699~1777, 1739~1823

선도적인 미국 원예가

존 바트럼은 펜실베이니아의 퀘이커 교도 집안에서 태어났다. 정식 교육은 거의 받지 못했지만 식물학에 열정적인 관심을 보였던 그는, 1729년 필라델피아 인근 킹세싱에 자기만의 식물원을 조성했다. 존 바트럼은 영국과 북미의 식물 애호가들과 서신을 교환하며 북미의 수많은 식물을 유럽에 소개했다. 1743년에는 벤저민 프랭클린이 미국철학학회American Philosophical

Society를 설립하는 것을 돕기도 했다. 윌리엄 바트럼은 1739년 킹세싱에서 태어났다. 15세부터는 아버지를 따라 몇 년간 식물 탐사 여행을 떠나기도 했다. 1773년에는 홀로 미국 남동부에 있는 여러 주로 채집 여행을 떠났다. 그는 미국이 독립을 선언한 이후인 1777년 1월 킹세싱으로 돌아갔다. 그로부터 8개월 후 존 바트럼이 세상을 떠났다.

헨리 월터 베이츠HENRY WALTER BATES, 1825~1892

곤충학자·수집가

10대 때부터 곤충학에 빠진 베이츠는 18세에 학술지 『주알러지스트Zoologist』에서 첫 논문을 발표했다. 1843년에 만난 앨프리드 러셀 월리스와 함께 아마존으로 가서 그 지역의 생물을 연구했다. 월리스는 라틴아메리카에 4년간 머물렀던 반면, 베이츠는 11년을 그곳에서 지내며 8000여 종 이상의 미기록종을 채집했는데, 그중 대부분은 곤충이었다. 그는 아마존 생물들을 관찰하며 생물학적 진화가 발생함을 확신하게 되었다.

페르디난트 바우어FERDINAND BAUER, 1760~1826

인베스티게이터호 화가

오스트리아에서 화가의 아들로 태어난 바우어는 부친의 재능을 물려받았고, 특히 식물학 그림에 관심이 많았다. 영국으로 거처를 옮기기 전까지 그는 빈대학에서 식물화가로 일했다. 이후 조지프 뱅크스의 눈에 띄어 인베스티게이터호 항해에 화가로 낙점됐다. 영국으로 귀국해서는 5년간 『뉴홀랜드 식물화집Illustrationes Florae Novae Hollandiae』이라는 책을 썼다. 그는 1814년 빈으로 돌아가 계속 식물 삽화를 그렸다.

[왼쪽부터] 헨리 월터 베이츠, 존 굴드, 앨프리드 러셀 월리스, 찰스 다윈, 제임스 쿡.

로버트 브라운ROBERT BROWN, 1773~1858

인베스티게이터호 식물학자

로버트 브라운은 에든버러에서 의학을 공부하고 1795년 입대해 외과의사의 조수로 복무했는데, 근무 중이 아닐 땐 식물학 공부를 했다. 1798년에 그는 1801년부터 1805년까지 이어질 인베스티게이터호 항해의 식물학자 직책을 제안받았다. 조지프 뱅크스가 처음 발탁한 사람이 그 자리를 거절한 뒤였다. 브라운은 '사서 겸 관리인'으로 1806년부터 1822년까지 린네학회에 몸담았고, 1810년부터는 뱅크스의 개인 사서이자 비서로 일하기도 했다. 뱅크스의 수집품을 상속받은 브라운은, 뱅크스의 식물 표본집에 기초한 별도의 식물학 부서를 만드는 조건으로 그것들을 대영박물관에 기증했고, 자신이 그 부서의 초대 관리인이 되었다.

제임스 쿡JAMES COOK, 1728~1779

영국 왕립해군 장교, 저명한 탐험가, 항해사이자 측량사

제임스 쿡은 요크셔주 마턴에서 농장 노동자의 아들로 태어났다. 그는

1755년 왕립해군에 입대해 탁월한 측량사라는 명성을 얻었다. 제임스 쿡은 세 차례의 주요 항해를 명받았다. 타히티에서 금성의 태양면 통과를 관측하고 남태평양을 탐험한 인데버호 항해, 미지의 남쪽 대륙을 찾아나섰던 레절루션호 항해와 어드벤처호 항해, 그리고 태평양에서 아메리카 대륙 북쪽 해안을 가로질러 대서양에 이르는 항로를 찾기 위해 떠났던 레절루션호 항해와 디스커버리호 항해. 기대했던 북쪽 항로 발견에 실패한 쿡은 다시 배를 돌렸다. 그는 1779년 1월 하와이에 정박했을 때 선주민들에게 죽임을 당했다.

찰스 다윈CHARLES DARWIN, 1773~1858

비글호의 박물학자, 『종의 기원』 저자

의사의 아들, 그리고 의사이자 시인·철학자였던 조부 이래즈머스 다윈과 도예가였던 외조부 조사이아 웨지우드의 손자였던 찰스 다윈은 슈루즈베리에서 태어나 에든버러에서 의학을 공부했다. 하지만 의학에 흥미를 느끼지 못했던 그는 부친의 뜻에 따라 케임브리지로 가서 그곳에서 신학과 자연사를 공부했다. 케임브리지를 떠난 그는 박물학자이자 선장의 동행인으로 로버트 피츠로이의 지도하에 라틴아메리카 해안선을 측량할 예정이던 비글호에 올랐다. 배는 1831년부터 1836년까지 항해를 이어갔는데, 그 기간에 다윈은 광범위한 자연사 및 지질학 자료를 수집했다. 이렇게 수집한 자료들과 관찰한 내용을 바탕으로 자연선택에 의한 진화론을 정립한 그의 가장 유명한 작업 『종의 기원』의 토대가 마련되었다.

피터르 코르넬리우스 드 베베러PIETER CORNELIUS DE BEVERE

네덜란드령 실론섬 화가

1733년경 네덜란드 동인도회사 소속 하급 장교의 아들로 태어난 드 베베러의 생애에 관해서는 1752년 실론섬 총독 요안 히데온 로턴이 오늘날의 스리랑카인 실론섬의 자연사를 그림으로 기록하기 위해 고용했다는 사실을 빼면 알려진 바가 거의 없다. 1757년 바타비아로 발령받은 로턴은 거기에도 드 베베러를 데려가 유럽으로 귀환할 때까지 그를 고용했다. 드 베베러는 1781년 사망한 것으로 보인다.

로버트 피츠로이ROBERT FITZROY, 1805~1865

영국 왕립해군 장교, 비글호 선장

찰스 피츠로이 경의 아들이자 찰스 2세의 후손인 로버트 피츠로이는 1819년 왕립해군에 입대하여 빠르게 진급했다. 그는 1828년 비글호를 타고 라틴아메리카 해안선을 측량하라는 첫 명령을 하달받았다. 그리고 1831년부터 1836년까지 다시 한번 비글호를 이끌고 라틴아메리카 측량을 이어갔다. 찰스 다윈이 박물학자이자 동행으로 함께 배에 올랐지만, 피츠로이는 변덕스런 성정과 깊은 종교적 확신으로 진화론을 떠올린 그와 마찰을 빚게 되었다. 비글호 항해에서 돌아온 후 피츠로이는 14년간 왕립해군에 몸담았지만, 다시는 배에 오르지 않았다. 그는 1865년 자살로 생을 마감했다.

매슈 플린더스MATTHEW FLINDERS, 1774~1814

영국 왕립해군 장교, 수로학자이자 탐험가

링컨셔에서 외과의사의 아들로 태어난 플린더스는 1790년 왕립해군에 입대했다. 그는 1795년 릴라이언스호를 타고 뉴사우스웨일즈까지 항해했다. 그로부터 5년이 넘도록 그는 오스트레일리아 남동부 바다를 측량하면서 오스트레일리아 본섬과 태즈메이니아섬 사이에 있는 배스해협의 존재를 입증했다. 플린더스는 1801년 인베스티게이터호를 타고 오스트레일리아 해안을 더 넓혀 측량해보라는 지시를 받았다. 오스트레일리아 일주를 마친 뒤 플린더스는 7년이 넘게 걸리게 될 불운의 귀항길에 오른다. 그는 1810년 영국으로 돌아가자마자 항해에 대한 공식 보고서 작성에 착수한다. 플린더스는 1814년 7월 세상을 떠났고, 그의 항해보고서도 같은 해 출판되었다.

요한 포르스터·게오르크 포르스터

JOHANN & GEORGE FORSTER, 1729~1798, 1754~1794

레절루션호 항해에 함께한 아버지(박물학자)와 아들(화가)

요한 포르스터는 1729년에 단치히〔그단스크〕 인근 디르샤우(지금은 폴란드 영토)〔트체프〕에서 태어나 할레대학에서 신학, 고대 및 현대 언어학, 의학, 자연사 등을 공부했다. 1766~1767년 그는 열한 살 된 아들 게오르크를 데리고 예카테리나 2세를 위해 볼가강을 따라 위치한 새로운 독일 식민지에 대한 과학적·정치적 조사를 실시했다. 그 후 가족과 함께 영국으로 이주한 그는 런던에 정착해 그곳에서 수많은 논문을 썼고, 그중 몇 편에 게오르크의 삽화를 싣기도 했다. 둘은 런던 과학계 인사들과 골동품 애호가들 사이에서 유명해지게 됐다. 포르스터 부자는 레절루션호에서 임무를 맡아 1772년부터 1775년까지 대단히 가치 있는 일을 해냈다. 그러나 누가 항해보고서를 쓸 것인지를 두고 군과 의견이 갈려 사이가 틀어지면서 독일로 돌아갔다.

존 굴드JOHN GOULD, 1804~1881

조류학자, 화가, 조류 그림 도감을 펴낸 발행인이자 화가

존 굴드는 14세에 부친이 대표 원예가로 있던 윈저의 왕립 정원에서 수습 원예가가 되었다. 그는 수습 과정 중에 박제술을 배웠는데, 그 덕분에 1827년 새로 창설된 런던동물학회에서 큐레이터 겸 보존처리사 자리를 얻었다. 조류에 관심이 많았던 굴드는 1833년 런던동물학회에서 조류과장이 되었다. 이후 굴드는 수십 년에 걸쳐 수많은 조류학 논문을 발표했으며, 갈라파고스제도에서 발견된 '다윈의 핀치'가 지닌 중대한 의미를 처음으로 알아차렸다. 이에 필적하는 굴드의 또 다른 업적은 바로 풍부한 자료가 담긴 책들을 발행한 것이다. 세상을 떠날 무렵까지 그는 3000점의 도판이 실린 41권 분량의 인상적인 폴리오[전지를 둘로 접은 최대 판형으로, 유럽에서 초창기에 많이 쓰였다] 총서를 출판했다.

파울 헤르만PAUL HERMANN, 1646~1695

식물학자

파울 헤르만에 대해서는 알려진 바가 거의 없는 편이다. 파도바에서 유럽 최고의 의과대학 중 한 곳을 졸업한 뒤인 1672년, 그는 실론섬의 네덜란드 동인도회사에서 의무를 총괄했다. 5년간 그곳에서 복무하며 헤르만은 대량의 식물 자료를 그림과 함께 모아들였다. 유럽으로 돌아간 뒤인 1679년에는 레이던대학 식물학과장으로 임명되었다. 1695년 헤르만이 사망한 후, 린네는 여러 미기록종에 대한 기재문을 그의 표본에 근거해 작성했다.

칼 폰 린네CARL VON LINNÉ, 1707~1778

보편적으로 사용되는 동식물계 명명법의 창시자

린네는 스웨덴의 스몰란드에서 태어났다. 의학도 공부했지만, 그가 가장 빠져들었던 분야는 식물학이었다. 직접 여러 차례 주요 식물 채집 여행을 다녀오기도 했지만, 문하에 있던 여러 '견습생'이 세계 각지를 여행하며 채집한 식물을 그에게 보냈는데, 린네는 이를 바탕으로 각 지역의 식물상을 출판하는 작업을 이어갔다. 그의 작업을 통해 식물 분류학과 동식물 명명법에서 괄목할 만한 발전이 이루어졌다. 라틴어 두 어절로 된 '이명법' 체계로 모든 식물과 동물이 속명과 종소명이 조합된 고유한 이름을 부여받게 됐고, 이 방식은 빠르게 전 세계 식물학자와 동물학자에게 받아들여지며 오늘날까지 사용되는 명명법의 근간을 이루게 되었다.

요안 히데온 로턴JOHAN GIDEON LOTEN, 1710~1789

아마추어 박물학자, 실론섬 총독

1710년 네덜란드 스카더슈버에서 태어난 로턴은 1731년 네덜란드 동인도회사에 들어갔다. 바타비아, 사마랑, 술라웨시 등지에서 여러 직책을 맡아 근무하다가 1752년에 실론섬 총독으로 임명되었다. 실론섬에서 보낸 5년 동안 로턴은 그곳의 식물상과 동물상을 그림으로 기록하기 위해 지역 화가 피터르 드 베베러를 고용했다. 네덜란드로 돌아간 로턴은 1759년에 영국으로 이주했고 1760년 왕립학회 회원이 되었다. 그는 1765년 네덜란드로 돌아갔다.

마리아 지빌라 메리안MARIA SIBYLLA MERIAN, 1647~1717

박물학자이자 화가

프랑크푸르트암마인에서 출판업자이자 판화가의 딸로 태어난 메리안은 꽃을 주로 그리는 화가이자 판화가로 일했지만, 점차 곤충학 작업에 몰두하게 되었다. 1679년 메리안은 유럽 나비의 한살이와 함께 먹이가 되는 식물을 소개한 책을 출판했는데, 이는 당시로선 새로운 접근이었다. 1699년에 그는 수리남을 여행하며 대표작 『수리남 곤충들의 변태』에 실릴 나비와 나비의 먹이 식물을 그렸다.

존 머리JOHN MURRAY, 1841~1914

챌린저호 박물학자

존 머리는 온타리오에서 태어났지만, 10대 때 스코틀랜드에서 조부와 함께 살았다. 의학을 공부했고 해양생물에도 관심이 있었던 그는 신진 박물학자로 자리를 얻어 챌린저호에 오르게 된다. 기사 작위를 받을 만큼 해양학에서 탁월한 업적을 쌓은 그는 왕립학회 회원 자격을 수여받았는가 하면, 전 세계 여러 대학에서 명예 학위를 받기도 했다.

시드니 파킨슨SYDNEY PARKINSON, 1745~1771

인데버호 화가

파킨슨은 에든버러에서 퀘이커 교도 양조업자의 아들로 태어났다. 파킨슨 일가는 런던으로 이주했고, 시드니 파킨슨은 그곳에서 꽃 그림, 특히 비단에 그린 꽃 그림을 전시하기 시작했다. 파킨슨의 작업을 눈여겨본 조지프 뱅크스는 그를 화가로 고용해 1768년부터 1771년까지 이어진 인데버호 항해에 대동했다. 항해 기간 그는 1000여 점의 식물 드로잉과 400여 점의 동물 드로잉을 그렸으나, 돌아오는 배에서 세상을 떠났다.

한스 슬론HANS SLOANE, 1660~1753

의사이자 식물학자, 수집가

1660년 아일랜드 킬릴리에서 태어난 한스 슬론은 의학을 공부한 뒤 런던에서 의사로 일했다. 1687년부터 1689년까지는 자메이카에 머물며 총독의 주치의로 근무했다. 일찍이 자연사, 특히 식물학에 관심이 많았던 그는 자메이카에서 방대한 동식물을 수집했고, 이를 계기로 1707년부터 1725년 사이 『자메이카 박물지*Natural History of Jamaica*』를 출판했다. 한스 슬론은 일평생 표본, 그림, 필사본, 도서, 소책자 등 어마어마한 양의 자연사 자료를 모아들였고, 이 수집품들은 그가 세상을 떠난 후 1753년 대영박물관이 설립되는 데 토대가 되었다.

찰스 와이빌 톰슨CHARLES WYVILLE THOMSON, 1830~1882

동물학자, 챌린저호 과학 연구 총괄

톰슨은 스코틀랜드 린리스고 인근에서 외과의사의 아들로 태어났다. 1845년 에든버러에서 의학을 공부하기 시작했지만, 자연사 연구를 위해 학업을 그만두었다. 톰슨은 심해에 생명이 존재할 가능성을 제기하게 된 일련의 영국 영해 탐사 항해에 참여했다. 상당히 고무적이었던 결과에 힘입어 탐사대는 1872~1876년 챌린저호를 위시한 글로벌 해양 탐사에 착수했고, 톰슨은 이 항해의 대표 과학자가 되었다. 그는 이후 탐사보고서 출판도 총괄했다.

앨프리드 러셀 월리스ALFRED RUSSEL WALLACE, 1823~1913

박물학자로 자연선택이라는 메커니즘을 공동으로 주창함

1854년부터 1862년까지 말레이제도의 동물 분포를 연구하던 영국 태생의 월리스는 동물의 진화적 기원에 대해 찰스 다윈이 발견하게 된 바와 매우 유사한 결론을 내린다. 다윈만큼 잘 알려지지는 않았지만, 과학계에서는 자연선택에 의한 진화론을 공동으로 주창했다고 인정받는다.

장 자크 빌트JEAN JACQUES WILD, 1828~1900

챌린저호 화가

스위스에서 태어난 빌트는 취리히, 베른, 라이프치히 등지에서 수학한 후 영국으로 이주해 언어를 가르치다가 마침내 벨파스트로 거처를 옮겨 그곳에서 퀸스대학 자연사 교수로 있던 찰스 와이빌 톰슨을 만난다. 이때 맺은 친분으로 빌트는 챌린저호 항해 때 톰슨의 비서로 초청되어, 공식 화가로서 임무를 수행하게 된다. 탐사 기간 빌트는 수많은 드로잉과 채색 그림을 그렸으며, 그중 일부는 공식 탐사보고서에 실리기도 했다.

감사의 말

필요한 지원을 아끼지 않고 전문적인 조언을 해준 자연사박물관의 모든 관계자께 사의를 표하며, 특히 사진부 팻 하트, 그림도서관의 마틴 펄스퍼드와 로드비나 마스카레냐스, 맬컴 비슬리, 닐 체임버스, 앤 데이터, 캐럴 괴크체, 줄리 하비, 앤 럼, 크리스토퍼 밀스, 존 새크리를 비롯한 모든 도서관 관계자께 감사드린다. 자연사박물관의 과학자 배리 클라크, 올리버 크림먼, 찰리 자비스, 샌드라 냅, 데니스 애덤스, 콜린 매카시, 나이절 메렛, 앨리슨 폴, 필 레인보, 프랭크 스타인하이머, 로이 비커리, 존 휘터커에게도 고마움을 전한다.

데이비드 벨러미, 아일린 브런턴, 유트 히크, 톰 램, 데이비드 무어에게 특별히 감사드린다.

참고문헌

1장

Brooks, E. St. John, 1954. Sir Hans Sloane. *The Great Collector and his Circle*. London, the Batchworth Press, 234pp.

de Beer, G. R. 1953. *Sir Hans Sloane and the British Museum*. Oxford University Press, 192pp.

MacGregor, A. [Ed], 1994. *Sir Hans Sloane. Collector, Scientist, Antiquary Founding Father of the British Museum*. British Museum Press, 308pp, October 23, 1998.

2장

Maria Sibylla Merian, 1980. *Metamorphosis Insectorum Surinamensium* (Amsterdam, 1705). Facsimile Edition, Pion Ltd., London.

Rucker, E. & Stearn, W. T. 1982. *Maria Sibylla Merian in Surinam. Commentary to the Facsimile Edition of Metamorphosis Insectorum Surinamensium* (Amsterdam, 1705). 수채화 원화는 윈저성 로열 컬렉션. Pion, London.

Stearn, W. T. 1978. *The Wondrous Transformation of Caterpillars*. Scolar Press, 1978.

Wettengl, Kurt [Ed], 1997. *Maria Sibylla Merian 1647~1717, Artist and Naturalist*. Verlag Gerd Hatje, 275pp.

3장

Ferguson, D. *Joan Gideon Loten, F.R.S., the naturalist Governor of Ceylon (1752~1757), and the Ceylonese Artist de Bevere.* J. Roy. Asiatic Soc. (Ceylon), 19: 217–268.

Trimen, H. 1887. *Hermann's Ceylon herbarium and Linnaeus's 'Flora Zeylanica'.* J. Linn. Soc. Botanical Series, 24: 129~155.

Blunt, W. 1984. *The Compleat Naturalist. A Life of Linneus.* William Collins Sons and Company Limited, 256pp.

4장

Bartram, W. 1791. *Travels Through North & South Carolina, Georgia, East & West Florida, the Cherokee Country, the extensive territories of the Muscogulges, or Creek Confederacy, and the Country of the Chactaws; containing an account of the soil and natural productions of those regions, together with observations on the manners of the Indians.* Philadelphia: James and Johnson, 522pp.

Ewan, Joseph, 1968. *William Bartram. Botanical and Zoological Drawings, 1756~1788.* American Philosophical Society, 180pp.

Fagin, N. Bryllion, 1933. *William Bartram, Interpreter of the American Landscape.* Baltimore, Johns Hopkins Press, 229pp.

Reveal, James L. 1992. *Gentle Conquest; the Botanical Discovery of North America with Illustrations from the Library of Congress.* Starwood Publishing Inc., 160pp.

Slaughter, Thomas P. 1996. *The Natures of John and William Bartram.* Knopf, 304pp.

5장

Beaglehole, J. G. 1974. *The Journals of Captain James Cook IV The Life of*

Captain James Cook. The Hakluyt Society, London, 760pp.

Britten, J. 1900–1905. *Illustrations of Australian plants collected in 1770 during Captain Cook's voyage*. British Museum (Natural History), 192pp and 318 plates.

Blunt, W. & Stearn, W. 1973. *Captain Cook's Florilegium*. Lion and Unicorn Press.

Carr, D. J. [Ed], 1983. *Sydney Parkinson; Artist of Cook's Endeavour Voyage*. London and Canberra: British Museum (Natural History), Australian National University Press와 계약, XVI and 300pp.

Carter, H. B. 1988. *Sir Joseph Banks, 1743~1820*. British Museum (Natural History), London, 671pp.

Joppien, Rüdiger & Smith, Bernard, 1985. *The Art of Captain Cook's Voyages*. Volume I. *The Voyage of the Endeavour 1768~1771*. Oxford University Press, Australian Academy of Humanities, Melbourne과 계약, 247pp.

6장

Beaglehole, J. G. 1974. *The Journals of Captain James Cook IV The Life of Captain James Cook*. The Hakluyt Society, London, 760pp.

Carter, H. B. 1988. *Sir Joseph Banks, 1743~1820*. British Museum (Natural History), London, 671pp.

Joppien, Rüdiger & Smith, Bernard, 1985. *The Art of Captain Cook's Voyages*, Vol 2, *The Voyage of the Resolution and Adventure 1772~1775*. Melbourne, Oxford University Press, Australian Academy of the Humanities와 계약, 274pp.

Whitehead, P. 1969. *Zoological specimens from Captain Cook's voyages*. Arch, Nat. Hist. 5 (3): 161~201.

Whitehead, P. 1978. *The Forster collection of zoological drawings in the British Museum* (Natural History). Bulletin British Museum Natural History (historical series), 6 (2): 25~47.

7장

Brosse, Jacques, 1983. *Great Voyages of Exploration. The Golden Age of Discovery in the Pacific*. David Bateman Ltd., 232pp.

Edwards, P. I. 1976. *Robert Brown (1773~1858) and the natural history of Matthew Flinders's voyage in H.M.S. Investigator 1801~1805*. Arch. Nat. Hist. 7: 385~407.

Flinders, M. 1814. *A Voyage to Terra Australis ... in the years 1801, 1802, and 1803, in His Majesty's Ship the Investigator ... 2 vols. and atlas*. G. and W. Nicol, London.

Norst, Marlene J. 1989. *Ferdinand Bauer; The Australian Natural History Drawings*. British Museum (Natural History), 120pp.

Vallance, T. G. & Moore, D.T. 1982. *Geological aspects of the voyage of HMS Investigator in Australian waters, 1801~1805*. Bulletin of the British Museum (Natural History) historical series, 10 (1): 1~43.

8장

Desmond, A. & Moore, J. 1991. *Darwin*. Michael Joseph Ltd., 850pp.

Keynes, R. D. 1979. *The Beagle Record. Selections from the original pictorial records and written accounts of the voyage of H.M.S. Beagle*. Cambridge University Press, 409pp.

Moorehead, A. 1969. *Darwin and the Beagle*. Hamish Hamilton, London, 280pp.

Tree, I. 1991. *The Ruling Passion of John Gould. A biography of the bird man*. Barry and Jenkins Ltd., 250pp.

9장

Bate, H. W. 1863. *The Naturalist on the River Amazons*. London, John Murray.

Beddall, B. G. 1969. *Wallace and Bates in the Tropics*. London, Macmillan and Co., 241pp.

George, W. 1964. *Biologist Philosopher; a study of the life and writings of Alfred Russel Wallace*. Abelard-Schuman, London, 320pp.

Moon, H. P. 1976. *Henry Walter Bates F.R.S. 1825–1892. Explorer, Scientist and Darwinian*. Leicestershire Museums, Art Galleries and Records Services, 95pp.

Wallace, A. R. 1853. *A Narrative of Travels on the Amazon and Rio Negro, with an Account of the Native Tribes, and Observations on the Climate, Geology, and Natural History of the Amazon Valley*. London, Reeve and Co., 539pp.

Wallace, A. R. 1869. *The Malay Archipelago: the Land of the Orang-utan and the Bird of Paradise; a Narrative of Travel with Studies of Man and Nature*. London, Macmillan and Co., 653pp.

10장

Linklater, E. 1972. *The Voyage of the Challenger*. London, John Murray, 288pp.

Murray, J. 1895. *A summary of the scientific results … Report on the Scientific Results of the Voyage of H.M.S. Challenger during … 1873~1876*, Summary, 1608pp, in 2 volumes, Stationery Office, London.

Wild, J. J. 1878. *At Anchor: A narrative of experiences afloat and ashore during the voyage of H. M. S. "Challenger" from 1872~1876*. London and Belfast, Marcus Ward and Co., 198pp.

찾아보기

ㅁ

ㅂ

ㅅ

ㅇ

ㅎ

도판 출처

소장처를 따로 밝힌 자료를 제외한 모든 도판은 런던 자연사박물관의 것이다.
copyright ⓒ Trustees of the Natural History Museum.

4, 9, 12, 15쪽 앨프리드 워터하우스의 연필 드로잉.
18~19쪽 앨프리드 워터하우스가 그린 런던 자연사박물관 수채화. Victoria and Albert Museum, London.

1장
22, 38~65쪽 여러 화가의 펜 드로잉과 한스 슬론의 표본집 1~7권에 담긴 원 표본들, 식물학부 자료.
26쪽 인공물들, 일반도서관 자료.
28쪽 『자메이카 항해*A Voyage to Jamaica*』 표제지, 식물학부 자료.
30~35쪽 『자메이카 자연사*The Natural History of Jamaica*』 1~2권 도판, 식물학부 자료.

2장
68~76, 82~89쪽 파울 헤르만 표본집 5권에 실린 연필 드로잉, 식물학부 자료.
78, 81, 90~105쪽 피터르 드 베베러의 수채화, 일반도서관 자료.

3장
108, 111, 125, 130, 134쪽 1981년판 『수리남 곤충의 변태*Metamorphosis Insectorum Surinamensium*』 도판 사본. 원본은 윈저성의 로열 컬렉션에 소장.
114쪽 대영박물관 지도도서관 자료.
115쪽 『수리남 곤충의 변태』 1705년판, 1719년판 표제지.

116~117, 120~139쪽 『수리남 곤충의 변태』 1705년판, 1719년판에 수록된 수작업 컬러 인쇄 도판.

134~139쪽 1719년판에만 실린 도판.

118~119쪽 『신종 화훼화첩*Neues Blumenbuch*』 1680년판에 실린 수작업 컬러 인쇄 도판, 식물학부 자료.

4장

143~167쪽 윌리엄 바트럼의 드로잉과 수채화, 식물학부 자료.

5장

170쪽 포트잭슨 화가 컬렉션에 소장된 펜화 및 수채화, 일반도서관 자료.

172~173쪽 토머스 와틀링이 그린 펜화 및 수채화, 일반도서관 자료.

175쪽 『네덜란드의 신종 식물*Plantae Novae Hollandiae*』 지면에 실린 다니엘 솔란데르의 육필 일지, 식물학부 자료.

180쪽 유화, 시드니 파킨슨의 자화상, 동물학도서관 자료.

182쪽 솔란데르의 육필 일지 『네덜란드의 신종 식물』 표제지. 식물학도서관. 솔란데르가 1784년 제작한 판화는 제임스 소워비가 그리고 제임스 뉴튼이 새겼다.

183쪽 『민꽃식물 표본집*Cryptogamic Herbarium*』에 실린 원 표본.

184~201쪽 시드니 파킨슨의 드로잉 및 수채화와 이를 바탕으로 제작된 판화들, 식물학도서관 자료.

6장

204, 210~235쪽 게오르크 포르스터의 수채화, 동물학도서관 자료.

207쪽 요한 포르스터가 수기로 작성한 식물 목록, 일반도서관 자료.

7장

238, 252~266, 269~273쪽 페르디난트 바우어의 수채화, 식물학도서관 자료.

240~241쪽 매슈 플린더스의 저서 「테라 아우스트랄리스로의 항해A Voyage to Terra Australis」에 실린 여러 화가의 판화들, 일반도서관 자료.

243쪽 펜으로 그린 인베스티게이터호 설계 도면, 그리니치 국립해양박물관National Maritime Museum 소장.

249쪽 플린더스 선장의 판화 초상, 국립해양박물관 소장.

267쪽 페르디난트 바우어의 연필 드로잉, 빈 자연사박물관Naturhistorisches Museum 소장.

8장
276, 288~307쪽 존 굴드·엘리자베스 굴드를 포함한 여러 화가의 판화들, 『비글호 항해의 동물학*Zoology of the Voyage of H. M. S. Beagle*』 1~3권 수록.
278쪽 찰스 다윈의 육필 기록, 일반도서관 자료.
282쪽 오언 스탠리가 1841년 그린 비글호 수채화, 국립해양박물관 소장.
285쪽 다윈의 *Journal of Researches* 1870년판에 실린 판화, 일반도서관 자료.
286쪽 비글호 설계도, 일반도서관 자료.

9장
310, 314, 330~343쪽 헨리 월터 베이츠가 연필 및 수채물감으로 그린 삽화, 곤충학도서관 자료.
312쪽 앨프리드 러셀 월리스가 존 굴드에게 보낸 편지, 일반도서관 자료.
316쪽 월리스의 노트들, 일반도서관 자료.
319쪽 월리스 초상 사진, 일반도서관 자료.
324~327쪽 존 굴드와 엘리자베스 굴드가 존 굴드의 『뉴기니의 조류*Birds of New Guinea*』 1권에 실은 도판.
322~323, 328~329쪽 월리스의 연필 드로잉, 일반도서관 자료.

10장
360~361쪽 케일럽 뉴볼드, 프레더릭 호지슨, 제시 레이의 네거티브 유리 검판, 고생물학/광물학도서관 자료.
362~363쪽 J. J. 와일드의 드로잉, 국립해양박물관 소장.
346, 364, 366~377쪽 챌린저호 탐사보고서에 실린 여러 화가의 도판.
349쪽 W. F. 미첼이 그린 「얼음을 헤치는 챌린저호H. M. S. Challenger In The Ice」, 국립해양박물관 소장.
351쪽 왕립사진협회Royal Photographic Society 제공.
355, 359쪽 국립해양박물관 소장.
358쪽 인공물, 고생물학/광물학도서관 자료.

에필로그
378쪽 컴퓨터로 색을 입힌 확대 사진, 사진도서관 자료.
381쪽 전자현미경 사진 스캔본, 사진도서관 자료.
383~384쪽 클레어 달비의 수채화와 연필 그림, 식물학도서관 자료, 사본은 달비의 허락하에 수록.

주요 인물 전기

387쪽 (왼쪽부터) 사진, 사진도서관 자료; 헨리 월터 베이츠의 1863년 작 『아마존 강의 박물학자*The Naturalist on the River Amazons*』 1권 표제지 그림, 곤충학도서관 자료; 너새니얼 댄스의 유화, 국립해양박물관 소장; 매리언 워커가 1875년 종이에 크레파스로 그린 드로잉, 동물학도서관 자료; 사진, 사진도서관 자료.